优质苹果新品种——蜜脆

优质苹果新品种——艾达红

优质苹果新品种——华红

优质苹果品种——礼泉短富

优质苹果新品种——弘前富士

优质苹果新品种——美国8号

优质苹果新品种——玉华早富

优质苹果品种——王林

优质苹果品种——烟富6

优质苹果品种——澳洲青苹

苹果矮化自根砧M9-T337苗木采穗圃

苹果矮化密植水泥杆立架栽培模式

苹果矮化密植木橡立架栽培模式

苹果矮化密植钢管立架栽培模式

苹果Y形立架栽培模式

竹竿立柱

欧洲三年生自根砧苹果苗木存放
运输箱

果园生草优良草种——鸡肠子草

果园种草

果园机械割草

幼园覆膜

丰产园覆膜

果园覆草加覆地布　　　　　　　　　　　　滴　灌

欧洲宽行窄株密植苹果园　　　　　　　　　高纺锤形树形

自由纺锤形树形　　　　　　　　　苹果高纺锤形树冠幅状

欧洲苹果高纺锤树形结果枝分布状

苹果高纺锤树形中上部结果枝自然分布状

苹果树牙签撑枝

幼树拉枝

陕西海升公司平凉示范园一年生矮化自根砧苹果树开花状

西北农林科技大学千阳示范园二年生矮化自根砧苹果树结果状

陕西海升公司灵台示范园三年生矮化自根砧苹果树结果状

果园防雹网

果园防霜机

贴字苹果

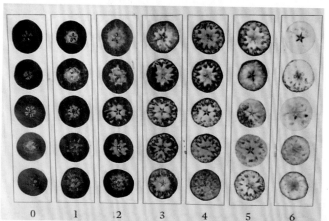

苹果成熟度图标

苹果着色度图标

果园生物防治措施——捕食螨

果园物理防治措施——太阳能杀虫灯

果园生物防治措施——性诱剂

果园生物防治措施——诱虫板

果园物理防治措施——诱虫带

果园物理防治措施——粘虫板

现代苹果
提质增效生产技术

王怀学　史小锋　主编

中国农业出版社

主　　编：王怀学　史小锋

编写人员：（以姓名笔画为序）

王怀学　王红娟　王建平　王浩贵

史小锋　史纪新　李永伟　李来贵

刘惟龙　宋旭成　贾栓勇　樊林志

樊海宁　魏海云

1997—2002 年，我国苹果在遭遇滞销、低价、挖树毁园等阵痛之后，非适生区苹果逐渐淘汰，苹果向优生区转移，产区结构进一步优化，面积不断扩大，产量、质量、效益不断提高，苹果成为部分农村经济发展、农民脱贫致富的重要产业。但与世界苹果产业发达国家相比，存在产品成本高、质量效益和产业化程度低等问题，其症结主要是产业发展模式落后，管理水平不高。2015 年以来，全国苹果市场价格下滑，多地出现滞销现象，苹果丰产不丰收，一方面是国产苹果难以走出国门，出口量下降，另一方面是优质高档果供不应求进口量急增，这种逆反状态能持续多久？苹果滞销的困局该怎样破解？发展现代果业，进行简约栽培，提高果品质量，降低生产成本，生产高品质的绿色有机、安全营养果品是时代的呼唤和要求，更是市场竞争、产业转型和果业可持续发展的需要。

甘肃省泾川县王怀学、史小锋等立足苹果产业面临的问题，从发展现代果业思路出发，以陇东黄土高原苹果管理成功经验及存在问题为基础，有针对性地编著了《现代苹果提质增效生产技术》一书，书中从现代果业发展、现代苹果园建设模式、苹果园提质增效技术等方面较系统地进行了论述，特别将影响苹果提质增效关键技术——土肥水管理等问题进行了详细介绍，抓主抓重，以其解决目前苹果产业发展上的重点问题，实为一部良好的苹果园管理工具书和自学教材。

甘肃陇东是农业部划分的全国优质苹果生产优生区，是全国最大的天然绿色苹果生产基地和出口创汇基地，区域内的市县乡（镇）村及广大果农，依托自然资源优势，把苹果产业作为农村经济发展、农民脱贫致富和推进小康社会的首位产业，通过多年的发展，培育出了国内外认可度较高的平凉金果等著名苹果品牌，提高了西北黄土高原苹果在国内外的影响力和知名度。同时，探索出了一套优质苹果生产技术。本书的编著者中有的是具有 30 多年苹果生产实践经验和理论知识的一线专家，他们在总结陇东黄土高原苹果早产优质高效和现代苹果园建设经验的基础上，针对国内外果业发展要求，借鉴他人丰硕的科技成果，提出了现代苹果园建设及提质增效的技术措施，以期通过本书的问世，对果农和苹果管理者学习掌握现代果业技术有所帮助，为提高果品质量、果业转型升级有所促进，使果业成为精致产业和高效产业，让广大农民群众从苹果种植中得到更多的实惠，加快脱贫致富步伐，共同富裕奔小康，这是编著者的最大心愿。

本人祝贺本书出版，并随笔写序，向广大苹果科技工作者和技术人员推荐这部优秀图书。

国家苹果产业技术体系栽培与机械研究室主任
西北农林科技大学千阳苹果试验站首席专家　　李丙智
西北农林科技大学教授

2016 年 8 月 2 日于陕西千阳

目 录

第一章
现代果业与现代果业建设

第一节　现代果业

一、现代果业的内涵

现代果业，就是用现代化生产工具、生产资料、管理方式经营达到现代先进水平的果业。发展现代果业，就是要用现代发展理念引领果业，用现代物质条件装备果业，用现代科学技术改造果业，用现代产业体系提升果业，用现代经营形式推进果业，用培养新型农民发展果业，实现栽植良种化、布局区域化、基地规模化、果农知识化、管理集约化、生产标准化、技术现代化、装备机械化、服务社会化、经营产业化的现代果业体系总目标。发展现代果业，顺应国内外果业发展的客观趋势，符合当今世界果业发展的规律，是今后果业发展的主要方向，是建设社会主义新农村的重要产业基础，是加快果业经济增长方式转变，实现供给侧结构调整的内在需要，是大力提高果业生产能力和质量安全水平，全力拓展国内外市场，努力实现生产上水平、质量上档次、市场上份额，不断提升果业竞争力的现实途径。现代果业核心内容有四点：一是果园机械化；二是果产品的品牌化；三是果业的科技化；四是果业生产的标准化；五是建园规模化；六是经营集约化；七是制度规范化。

二、现代果业发展的方向

（一）果园作业向机械化方向发展

果业现代化的发展与果园机械化程度密切相关，果园机械化是果业现代化的必要条件之一。国外果园机械水平已经到了相当发达的程度，但我国的果园机械发展则比较缓慢。近年来中央几个一号文件频繁提到发展高端农业装备和核心零部件，可见我国农业机械化到了必须大力发展的地步了，这是时代发展的需求，是国家政策的方向，更是果农的需求。新的种植结构生产关系正在萌芽发展，土地集约化，以家庭农场、合作社和生产企业等组织规模化种植悄然兴起，推动了果园机械化水平的提高。同时，生产关系的大力发展，打破了以农户为单位的种植结构模式，为机械化的快速发展奠定了基础。因此，果园机械化是现代果业发展的前提。

（二）生产向科技化、简约化方向发展

市场经济是规模经济。提高产业规模总量，有利于产业化经营，有利于实施名牌战略，有利于产业的优化升级。因此，根据国内外果业发展经验，果品产业在条件适宜的优生区，必须整县、整乡、整村、整区域推进，一业为主，才能将果品产业做大做强。

城镇化的高速发展，使农村产业劳动力紧缺，实行省工节本轻简栽培已成为现代果园发展的重点和必然趋势，其主要内容：

1. 推行矮砧密植栽培模式　矮砧密植苹果园 2～3 年结果，3～4 年丰产，优果率在 85% 以上，节省人工 40%。

2. 园地种植绿肥，减少肥料施用量　经调查，连续 3 年种植绿肥，可提高土壤有机质含量 0.3%，相当于每 667 米^2 增施（N、P、K 含量各 15%）果树专用肥 100 千克、有机肥 1 000 千克，每 667 米^2 减少肥料投资 500 元，节本效果十分明显。

3. 大力发展果园机械化，减少果园用工　经调查，园地土壤人工深翻每 667 米^2 需要 2～3 个工日，而机械每天可深翻 6.67 公顷（100 亩）左右，人工深翻每 667 米^2 需人工费 120 元左右，而机械每 667 米^2 只需 40 元，降低生产成本 2 倍。

4. 果园生草免耕，提高土壤肥力，降低生产成本　果园生草覆草不仅能提高土壤有机质肥力，而且生草后，每 667 米^2 可减少中耕、深翻用工 10～12 个，减少人工费 400～500 元，降低了生产成本。

5. 平衡（配方）施肥，减少肥料损失，降低果园生产成本和劳动强度　平衡（配方）施肥每 667 米^2 可节约肥料 30% 以上，节约资金 500 元左右。泾川县通过试验示范，施用高效全营养肥（如美国高乐公司绿贝水溶肥）每 667 米^2 用量为 5～8 千克，用追肥枪追施每人每天可追施 1 334 米^2，而其他低含量肥料 3～4 个工日才能追施 667 米^2。因此，高效全营养肥比低含量肥料 667 米^2/年可减少施肥用工 2～3 个。智能缓释肥每年只使用 1～2 次，比其他短效肥料每年少施 2～3 次，667 米^2/年可减少施肥用工 3～6 个，减少人工投资 400 元左右。

6. 推广覆盖、沟灌、微灌等水肥一体化技术，提高肥料利用率　果园采用地布（膜）覆盖技术，经调查，提高产量 11.38%，每 667 米^2 增产 284.5 千克，直接增加经济收入 1 678.6 元，但它的投入（地膜加人工费）为 149 元，投入产出比为 1∶11.26，增收效果特别明显。

7. 实行简化修剪，减少人工投入　选择一级结构的高纺锤形、细长纺锤形、圆柱形等高光效树形，采用简易修剪技术，每 667 米^2 可减少用工 2～3 个，减少投资 300 元左右。

8. 推行病虫害综合防治，降低果园生产成本　采取农业、生物、物理病虫害防治技术，667 米^2/年可减少人工投入 5 个，节约农药 1/3，节约资金 200 元左右。

9. 大力推广无毒苗木和无袋栽培技术，降低生产成本　无毒苗木可节省肥料 40%左右，提高产量 20%～30%，果实优果率提高 5%～10%，经济效益提高 18%左右，降低生产成本 15%左右。发展果面自然光洁、着色鲜艳、果形端正的红色或绿色苹果品种作为无袋栽培的主要措施，生产成本比套袋苹果每千克降低 0.6 元左右。

（三）管理向标准化、规范化方向发展

果园标准化管理就是在果品的产前、产中、产后过程中贯彻落实国家、省或企业相关生产标准，以达到合理利用资源、保证产品质量、提高经济效益的目的。

（四）营销向品牌化、精细化方向发展

1. 实行品牌战略　就是以其较大的生产规模，较高的产品质量，严格的生产环节监控，经过商标注册、基地认证、产品（基地）质量认证，形成健全的专业技术服务体系、贮藏加工包装体系和市场营销体系。

2. 实行精细化管理　为了提高果品质量效益和满足不同类型人员消费，生产中瞄准高端超市和定向客户，实行单果管理，生产艺术果、高钙果、富硒果、富锌果、SOD 果等功能性精品果，配套精美包装，实现效益最大化。

（五）产品向商品化、有机化方向发展

通过果园标准化管理，使果品商品率达到 95%以上，优果率达到 85%以上，果品 100%经过商品化加工处理，果品质量达到 A 级或 AA 级质量标准。通过使用 EM（益恩木）菌剂（肥），替代化学农药及化学肥料，生产有机苹果。

（六）经营向集约化、产业化方向发展

集约化是实现果业规模化、标准化、机械化、产业化的重要前提，是加快现代农业发展的重要因素。

1. 实行产业土地集约化　土地集约化是推动产业发展、提高土地利用率、节约土地、提高产业效益的有效措施。集约化模式：

（1）公司＋农户模式。公司按照"依法、自愿、有偿"的原则，对农民土地进行有序流转，建立了现代农业示范区。

（2）企业＋基地模式。企业通过订单统一收购农民的产品，经过加工包装上市，打造产品知名度。

（3）合作社＋农户模式。依托基地，成立农民专业合作社，引导农户进区入社，实行"五统一"管理。

（4）大户经营模式。产业大户、经营能手承包农户土地，建立"家庭农场"，实行规模化种植，提高劳动生产率。

（5）合作社＋托管（农户）模式。对外出打工没有劳动力的农户将土地交给合作社代管经营，合作社付给农户土地承包费，农户回乡仍然由农户经营。

2. 实行专业营销 建立区域化的专业果品营销市场或果品经销组织，针对不同市场需求和消费者需要，生产不同果品。

3. 健全科技服务和营销体系 建立区域化的包装材料市场和加工市场，将分散的水果种植业、产后处理、贮藏加工及相关的科技服务业和营销体系有机地结合起来，通过"公司＋基地＋农户"等多种经营形式，把分散的个体果农组成农工贸一体的联合组织，实现无序生产到有序经营，从追求数量到追求质量，从小农分散到规模集约经营的转化，并建立相应的管理体系和利益分配机制，从而解决目前不断加剧的小生产与大市场的矛盾，形成果品产业的协调发展，迎接市场竞争。其主要内容，一是要有产前、产中、产后的技术服务组织；二是要有生产、营销、贮藏、加工相互配套的龙头企业；三是要建立健全产加销、贸工农、科研生产于一体的社会化服务体系；四是建立健全政府、民间、企业产业管理体系。

三、现代果业发展的途径

（一）用现代发展理念指导果业

建设生态果园，发展有机果品，是现代果业发展的方向和目标。当前滥用生物、化学技术，导致土地、环境、大气、水质严重污染，使人们赖以生存的环境和食物已对人类生存产生严重问题的情况下，要求恢复固有的生态面貌，形成自然循环的生产模式，还一片净土、蓝天和纯洁的空气，远离各种污染，生产出纯天然的绿色、有机食品。在果品生产方面，要将土地、植物（苹果树、草）、动物（牛、猪、羊、鸡等）紧密地结合起来，形成（果园生草、以草养畜、畜粪肥地、枝干还田等）相互作用、相互依存的生态循环系统，再结合微生物菌剂 EM（益恩木）菌剂（肥）的广泛使用，从而生产出完全不用化肥、农药的高品质绿色或有机果品。

（二）用现代物质条件装备果业

现代果业生产要从果园基础管理入手，从增加果园投入、提高管理质量和产品质量做起，充分利用果业机械、远程监控、优质种苗、化肥农药、立架设施、水电网络、生物药械、地膜果袋、冷藏贮销等现代化设备设施，提高果业的生产经营水平，降低生产成本，提高产业效益。在苹果栽植、施肥、喷药、运输等关键环节，全面实现机械化。

（三）用现代科学技术改造果业

现代果业必须严格执行国家及地方制定的果园管理技术规程（规范），大力推广应用以生草覆草、增施有机肥、"两减"一增、平衡（配方）施肥为主的沃土养根技术，以起垄覆盖肥水偶合为主的抗旱保墒技术，以阳光树冠高光效整形修剪技术，以保花保果、疏花疏果、果实套袋、覆反光膜为主的提质增效技术，以农业、生物、物理、机械等为主的病虫害防控技术，以"果、畜、沼、草"为主的生态果园建设技术和分期采收为重点的商品化处理技术及生物与工程避灾减灾等设施栽培技术，使果园管理和果实品质达到国家规定的标准，提高果业的最大效益。

（四）用现代产业体系提升果业

通过国家部委、省市厅局、县局、乡（镇）等各级政府和合作社、协会、企业等组织形成产业管理体系，制定相关的法律法规和政策措施，推动果品产业发展；通过国家、企业和大专院校果树科研院（所）、试验站、学会等形成产业研发体系，开展果树新品种、新技术的研发和引进，提高果业的现代化发展水平；通过企业和民间建办的农资公司、果品公司、果行、合作社等形成生产经营体系，开展果品产业的产前、产中、前后服务，提高果品产业质量效益；通过建办产地集散市场、直销市场、电子商务等形成市场营销体系，积极开拓国内外市场，扩大果品销售；通过建办贮藏、加工、包装、营销等产业龙头企业，着力培育产业化经营体系，用龙头企业带动产业上规模、上水平、提质量、创效益。

（五）用现代经营形式推进果业

1. 全面推进产地（地理标志、绿色基地、GAP 等）认证、产品（绿色食品、有机食品）认证和商标注册，为果品营销创建品牌。

2. 大力加强果品产业宣传，积极参加国内外果品博览会、展销会和果品推介会，聘请知名人士为果品代言人，开展户内、外广告宣传，提高果品知名度。

3. 加强信息服务平台建设，建立健全从市场与基地的果业信息网络，用现代信息手段促进果业宣传和果品销售。

4. 大力发展集散市场、直销市场、连锁经营、网络销售、电子期货等营销平台，创新果品销售方式。

（六）用培养新型农民发展果业

大力开展果业科技进村入户活动，加强科技培训，健全科技服务体系，培育科技能人、科技大户，提高果业从业人员的业务水平和整体素质。

第二节 苹果标准化生产

一、苹果标准化生产的概念

标准化生产就是在生产过程中执行相应的标准和规程，并在执行中实施监督。生产者依据相关标准规定组织生产，国家有关部门依据标准对生产过程实施监察和督导。

苹果标准化生产是苹果从新品种选育到科学的栽植、管理、采收、贮藏、加工、包装上市等严格执行标准或规程。按照适地适树的原则，选栽什么品种、在什么地方建园、如何建园、何时栽植、何时施肥、何时修剪、剪哪些枝、何时拉枝、何时疏花、何时定果、何时采摘，都有严格的标准。生产和出售的苹果，它的形状、大小、色泽、硬度、糖度等都有严格的规定。苹果标准化的目的就是将苹果产业的科技成果和生产实践相结合，制定成文字简明、通俗易懂、逻辑严谨、便于操作的技术规程和管理标准向农民推广，以达到早产早丰、优质高产高效，不但使农民增收，同时还要以保护生态环境、保护生产者、消费者的安全健康为前提。

二、苹果标准化生产的标准

农业部提出的园艺作物标准园创建的标准与目标是：

1. 五个统一 统一生产技术规程，统一产品质量标准，统一环境监测方法，统一施肥用药方案，统一基地管理制度。

2. 六个 100% 标准化生产 100%，配方施肥 100%，病虫统防统治 100%，商品化处理 100%，品牌销售 100%，订单销售 100%。

3. 四个达到 每 667 米² 产量达到 2.5～4.0 吨，商品率达到 95% 以上，优果率达到 80% 以上，质量达到 A 级以上绿色食品标准。

三、苹果标准化生产的内容

1. 规模化种植 在苹果发展的优势区域，以乡村为单位果园集中连片面积不小于 66.67 公顷。

2. 标准化生产 全面推广优良品种、优良砧木和优化集成重大技术，建立产品质量安全和生产技术规程标准体系，实行全程质量管理制度，实现 100% 标准化生产、100% 生产资料统购统供、100% 种苗统育统供。

3. 商品化处理 大力推广分期采收、分等分级、清洗打蜡、包装冷藏等采后商品化处理和贮运保鲜技术，产品实行 100% 采后商品化处理。

4. 品牌化销售 实行产品品牌注册认证，做到 100% 达到 A 级以上绿色产品认证，100% 实现品牌销售，并且实现可追溯制度。

5. 产业化经营 以农民专业经济合作组织或龙头企业为载体，实行统一管理，做到 100% 统防统治、100% 测土配方施肥、100% 产品订单生产。

第三节 绿色果品生产

绿色果品是遵循可持续发展原则，按照特定生产方式，经过专门机构认定，许可使用绿色食品标志的无污染的安全、优质、营养类食品。绿色食（果）品特定生产方式是指按照标准生产、加工，对产品实施全程质量控制，依法对产品实行标志管理，实现经济效益、社会效益和生态效益同步增长。绿色食（果）品的优质特性不仅包括产品的内在质量还包括产品的外包装。

一、绿色食品的分类

绿色食品分为 A 级绿色食品和 AA 级绿色食品。A 级绿色食品要求生产地的环境质量符合 NY/T391 的要求，生产过程中严格按照绿色食品生产资料使用准则和生产操作规程要求，限量使用限定的化学合成生产资料，产品质量符合绿色食品产品标准，经专门机构认定，许可使用 A 级绿色食品标志的产品。AA 级绿色食品也是人们常说的有机食品，它要求生产地的环境质量符合 NY/T391 的要求，生产过程中不使用化学合成的肥料、农药、兽药、饲料添加剂、食品添加剂和其他有害于环境和身体健康的物质，按有机生产方式生产，产品质量符合绿色食品产品标准，经专门机构认定，许可使用 AA 级绿色食品标志的产品。

二、绿色食品特征

1. 强调产品来自最佳生态环境　绿色食品生产首先通过对生态环境因子进行严格检测，判定其是否具备生产绿色食品的基础条件，而不是简单地禁止生产过程中化学合成物质的使用，强调产品来自最佳生态环境，保证绿色食品生产原料和初级产品的质量，将农业和食品工业发展建立在资源和环境可持续利用的基础上。

2. 对产品实行质量全程控制　绿色食品生产不是简单地对最终产品的有害成分含量和卫生指标进行测定，而是实施"从土地到餐桌"全程质量控制，通过产前环节的环境监测和原料监测，产中环节具体生产、加工操作规程的落实，以及产后产品质量、卫生指标、包装、保鲜、运输、贮藏、销售控制，确保绿色食品的整体产品质量，并提高整个生产过程的技术含量。

3. 对产品依法实行标志管理　绿色食品标志是一个质量证明商标，属知识产权范畴，受《中华人民共和国商标法》保护。对绿色食品实行统一、规范的标志管理，不仅将生产行为纳入了技术和法律监控的轨道，而且使生产者明确了自身和对他人的责任和权益，同时也有利于企业争创品牌，树立品牌商标保护意识。

三、绿色果品生产

(一) 生产基地环境要求

1. 空气环境质量要求　绿色果品生产基地的空气环境质量应符合 NY/T391—2000 规定的"绿色食品产地环境技术条件"规定要求。空气中总悬浮颗粒物、二氧化硫、氮氧化物、氟氧化物含量不应超过表 1-1 所列指标要求。同时，要求基地周围，特别是基地上风口不得有化工厂、农药厂、水泥厂等空气污染源，以确保环境空气质量稳定。

表 1-1 空气中各项污染物的指标要求（标准状态）

项目	指标	
	日平均	1小时平均
总悬浮颗粒物（TSP）（标准状态），毫克/米³，≤	0.30	—
二氧化硫 （标准状态），毫克/米³，≤	0.15	0.50
氮氧化物 （标准状态），毫克/米³，≤	0.10	0.15
氟化物（F）（标准状态），毫克/米³，≤	7毫克/米³	20毫克/米³

2. 农田灌溉水质要求　绿色果品生产基地的农田灌溉水质要求应符合 Y/T391—2000规定的"绿色食品生产地环境技术条件"中的规定要求。

表 1-2 农田灌溉水中各项污染物的指标要求

项目	浓度指标	项目	浓度指标
pH	5.5～8.5	总铅，毫克/升，≤	0.10
总汞，毫克/升，≤	0.001	六价铬，毫克/升，≤	0.10
总镉，毫克/升，≤	0.005	氟化物（F），毫克/升，≤	2.00
总砷，毫克/升，≤	0.050	粪大肠菌群（个/升）≤	10 000

3. 土壤环境质量要求　绿色果品生产基地的土壤要求应符合 NY/T391—2000 规定的"绿色食品产地环境技术条件"中规定要求。

表 1-3 旱地果园土壤中各项污染的指标要求

项目	指标		
	pH<6.5	pH6.5～7.5	pH>7.5
镉，毫克/千克，≤	0.30	0.30	0.40
汞，毫克/千克，≤	0.25	0.30	0.35
砷，毫克/千克，≤	25	20	20
铅，毫克/千克，≤	50	50	50
铬，毫克/千克，≤	120	120	120
铜，毫克/千克，≤	100	120	120

4. 土壤肥力基本要求　作为绿色果品生产基地，仅从污染水平规定还不够全面，还应包括土壤肥力指标。为了促进果农增施有机肥，提高土壤肥力，生产 AA 级绿色果品时，转化后的耕地土壤肥力要求达到土壤肥力分级 Ⅰ～Ⅱ级指标（表 1-4）。生产 A 级绿色果品时，土壤肥力作为参考指标。这样更能保证绿色果品不仅无污染、安全，而且品质好、营养丰富。

表 1-4　土壤肥力分级参考指标

项目	土壤级别	果园肥力指标	项目	土壤级别	果园肥力指标
有机质 （克/千克）	Ⅰ	＞20	有效钾 （克/千克）	Ⅰ	＞120
	Ⅱ	15～20		Ⅱ	80～120
	Ⅲ	＜15		Ⅲ	＜80
全氮 （克/千克）	Ⅰ	＞1.0	阳离子交换量 （厘摩尔/千克）	Ⅰ	＞20
	Ⅱ	0.8～1.0		Ⅱ	15～20
	Ⅲ	＜0.8		Ⅲ	＜15
有效磷 （克/千克）	Ⅰ	＞10	质地	Ⅰ	＞轻壤
	Ⅱ	8～10		Ⅱ	沙壤、中壤
	Ⅲ	＜8		Ⅲ	沙土、黏土

（二）生产资料准则

1. 农药使用准则　果品农药残留是衡量是否达到绿色产品要求的关键指标，所以在苹果病虫害防治过程中应严格执行 NY/T 393—2000《绿色食品农药使用准则》，采用综合防治措施，少用或不用合成农药，通过选用抗性品种和无菌苗木、果园生草、树下覆盖、科学间作套作、合理负载、阳光修剪和生物防治等措施，改善生态环境，创造不利于病虫害孳生且有利于天敌繁衍的环境条件。

在 AA 级绿色果品生产中，禁止使用各种有机合成的化学农药，A 级绿色果品生产允许限量使用限定的化学合成农药，准则中列举了禁止使用化学合成农药种类，同时详细规定了允许使用的化学合成农药的种类、常用药量、施药方法、施药次数、最后一次施药与收获期的间隔天数和允许的最终残留量等。

2. 肥料使用准则　绿色果品生产使用的肥料必须有利于果树生长及品质提高，不造成土壤和树体器官产生积累有害物质，不影响人体健康，对生态环境没有不良现象。AA 级和 A 级绿色果品对肥料要求有所不同，在 AA 级绿色果品生产过程中，除可用铜、铁、锰、锌、硼和钼等微量元素及硫酸钾、煅烧磷酸盐外，不准使用其他化学合成肥料。A 级绿色果品生产过程中，则允许限量地使用部分化学合成肥料（但仍禁止使用硝态氮肥），同时要求以对环境和果树不产生不良后果的方法来使用。

第四节　现代果品生产制度

一、果品综合生产制度（IFP）

（一）IFP 制度的实施目的

苹果优质安全标准化生产是全世界苹果发展的总趋势，20 世纪 90 年代欧洲各国首先开始在苹果园推行综合管理技术体系（Integrated Fruit Production，简称 IFP），目前欧洲国家采用 IFP 生产苹果的已占苹果栽培面积的 90%，采后获得 IFP 证书的苹果产量超过 70%，带有 IFP 标签的果品在市场上的售价高出 10% 以上，成为消费市场的亮点和制高点。果品综合生产制度几乎涵盖了苹果安全生产的全过程，关键技术包括果园病虫害综合防治体系（Integrated Pest Management，简称 IPM）、水果质量保证制度体系（Fruit Quality Assurance，简称 FQA，主要包括质量检测标准、生产技术指南和跟踪检测制度等）和果园精确化施肥技术体系（Precise Fertilizer Supply，简称 PFS）三部分。

目前，由于工农业的高速发展，生态环境受到极大破坏，与人们息息相关的生态环境和农产品受到了严重的污染，严重影响了消费者的身体健康，果品生产就是其中最突出的例子。IFP 制度的基本目标就是要求人们在生产优质果品获取经济效益的同时，优先采用对环境安全的生产方式，最大可能地减少化学物质的使用及其副作用，以促进生态环境的改善和保护人类健康。IFP 要求改变过去把产量放在首位、通过高产来增加收益的生产观念，提倡通过提高质量来实现果园效益的增加，更加重视果品质量和生态效益，是生态果园的管理模式。

（二）IFP 制度的主要内容

1. 果园定植前的准备

（1）新建果园必须进行环境风险评估。包括土壤类型、侵蚀危害、地下水水位和水质、可再生的水资源、前茬作物、线虫发生情况、冰雹带、霜冻地形以及对邻近田地的影响等。

（2）公路旁建立果园时，需要种植绿篱等灌木隔离带以减少外来有害物质进入果园。

（3）确保果园邻近的农业设施（如鸡舍、猪厩）和非农业设施（如垃圾点、工业加工厂）不应对果树造成潜在的污染。

（4）新建果园应优先选择抗病虫、耐贮藏而不需要采后处理的品种。

（5）栽植健康和无病毒苗木。

（6）尽可量单行种植，以满足果树对光照的需要，减少农药（尤其是除草剂）的使用。

2. 果园土壤管理

（1）不允许使用化学药品净化土壤。

（2）力争土壤有机质含量在 2% 或以上。

（3）果园实行生草或种草。

（4）避免过量施用氮肥，抑制杂草旺长。

（5）果实采收前减少氮肥供应。

（6）当使用对蜜蜂有害的农药时，要提前割去地面的开花植物。

（7）尽量不使用或少使用有残留的除草剂。

3. 果园施肥管理

（1）平衡施肥。通过土壤分析和叶分析使氮（N）、磷（P）、钾（K）、镁（Mg）、硼（B）以及其他养分达到平衡，尽量减少单一养分的过量使用而形成养分浪费和土壤污染。

（2）禁止使用含有有毒物质的淤泥、堆肥和化肥等肥料。

（3）使用厩肥要确保充分腐熟（至少一年），并且不能在树干附近堆积，要及时撒在园地翻入土壤。

（4）避免过量施肥（可能会使果树的抗病性和果实的品质下降，可能污染地下水和水质）。

（5）大力施用有机肥料（如营养物、覆盖的草等）。

（6）避免在营养供应良好的果园内进行定期叶片喷肥，以引起果实品质下降。

（7）肥料必须保存在封闭、干净、干燥的房间，并与果树、新鲜果品和农药分开。

（8）对所有的施肥措施（土壤施肥和叶面喷肥）都要作记录，包括费用、肥料的来源与类型、施肥方法、施用量、操作人员、日期等，这些记录至少要保存5年。

4. 果园灌溉管理

（1）尽量避免树体受到干旱影响，确保土壤需水和适当的土壤湿度。

（2）灌水量应根据降水量的多少、田间最大持水量和地下水位来确定。

（3）禁止过量灌溉，防止果树生长过度、果实品质差、养分淋失、增加果实腐烂的风险及污染地下水源。

（4）采用高效利用水资源的措施，如夜间灌溉、滴灌、渗灌等，减少每次灌溉的用水量。

（5）禁止使用污水灌溉。

5. 果园整形修剪

通过整形修剪使果树通风透光，减少病虫害发生，增强无机养分的转化率，维持一定产量间的树体平衡和一定的树形，使成龄树年新梢生长量稳定在25～30厘米之间，以利果树产量和质量的提高。

6. 果品质量和产量管理

（1）提倡蜜蜂授粉和人工授粉，以提高坐果率和果实整齐度。

（2）疏花疏果，提高果实品质。根据不同品种，当年气候和坐果情况，确定疏花疏果量。

（3）控制化学疏果剂的用量，化学疏果的使用记录至少要保存5年。

（4）禁止使用高岭土、赤霉素等化学激素，以减少果锈的发生。

（5）在果实着色期摘叶转果、铺设反光膜，以提高果实着色度。

（6）禁止使用化学药品进行果实催熟或延迟成熟。

7. 果实采收、采后处理和贮藏

（1）不同成熟期的苹果品种相邻种植时，必须注意避免药液的相互漂移。

（2）根据果实硬度、糖度、可溶性固形物含量等其他指标鉴定果实成熟度，确定最佳采收期。

（3）采收前检查存放果品的箱筐，确保它们的清洁和良好的使用状态。

（4）对采摘人员进行技术培训，以确保所有的采摘人员都能够用正确的方式采摘、放置果实和使用收获工具（篮子、梯子等）。

（5）收获前确保果园车道的平整，并没有障碍物，利用果品运输机进行运果。

（6）向工人（果农）提供洁净的洗手间和清洗设备，并进行基本的卫生训练。在田间要准备突发事件使用的急救工具。

（7）收获前清洗存放箱中所有的有机残留物。

（8）如果在收获期出现霜冻，在完全解冻之前不要触摸或移动果实，以防止出现擦伤。

（9）及时将果实入库贮存，保存每个品种、果园的准确收获记录和至少5年的收获日期记录。

（10）果实采后处理时禁止使用杀菌剂。

（11）有效地使用采后处理措施，以防止果实在贮存期间发生损伤。

（12）果实应该尽可能快地运到贮存地点，以减少微生物的生长。

（13）维护贮藏和制冷设备，以确保发挥最大效率，同时定期检测以保证良好的运转状况。定期检测贮藏中果实的外在和内在状况及硬度，保存记录以便检查。

8. 保持记录及果园的监督

（1）果农应该对果园的各种管理措施进行连续且尽可能详细的记录，进行档案管理，并且必须保存至少5年。果园档案管理主要包括生产管理记录（每天的生产管理内容、管理人员情况等）、生产资料使用记录（包括肥料与农药种类、有效含量、产地、生产使用日期、使用方法、使用量等）、财务档案（收入、支出情况）、资料档案（气候、土壤、降雨、设施、其他资料）、物候期与灾害性天气记录（发生时间、持续时间、对生产管理的影响、应对或补救措施）、果品产量及销售记录等。

（2）果园管理簿必须保持更新，随时准备接受检查。

（3）每年对IFP的生产果园进行抽查，检查前3～4天，果园收到即将接受检查的通知，果园的所有者或管理者应该在约定时间向IFP组织报告以便进行果园检查。

（4）监督内容包括：检查果园记录及其条目的完整性、可信度及是否遵守IFP指南；检查参加喷药试验的喷雾器具、农药的储存设备与数量（是否与农药清单一致、是否有被禁止的农药）；检查果园生态措施的执行情况；对叶片、果实、土壤和副产物取样以分析农药残留情况。

二、良好农业规范（GAP）制度

（一）良好农业规范（GAP）的基本内涵

欧盟良好农业规范（EUREPGAP）基于果品综合生产制度（IFP），是欧洲零售商协会（超市）和他们的国际供货商自发组织起来制定的食品链质量安全保证体系，它对食品生产安全、生态环境安全、生产者健康安全、动植物保护形成了一整套安全制度，称为良好农业规范（EUREPGAP）。它通过第三方的检查认证和国际规则来协调农业生产者、加工者、供货商和零售商的生产、贮藏和管理，从根本上降低农业生产中食品安全的风险，确保了果品从果园到餐桌的整个环节卫生安全，关注了消费者、生产者的健康福利安全和生态环境保护，有利于农业可持续发展。

（二）良好农业规范（GAP）对苹果园管理的规定

良好农业规范对苹果园农药安全使用、环境保护、生产者安全及卫生安全做了明确的规定和要求。

1. 农药安全使用规定

（1）病虫害预测预报。基地植保员通过观测病虫害的发生动态，结合当地当时的气候条件、果树生长发育状况和历年病虫害发生发展规律，对未来病虫害的发生动态做出准确判断，提出用药方案和防治措施上报基地管理部门。

（2）农药的选择和购买。基地管理部门根据各基地办上报的用药方案，提出购买计划，经技术总监核准，采供部统一选购，采购的农药必须是国家登记许可，三证齐全，并标明商品名称、有效成分、出厂日期、使用说明、保质期等。

（3）农药的供应。采供部将购买的农药统一运送到各基地专供点，由基地办通知果农到专供点购买农药。

（4）农药配兑和使用。果农购买农药后，在基地技术人员的指导监督下，在基地配药点配兑，然后果农穿着防护服进行喷施。

（5）施药器械的清洗。喷完药后，在基地办清洗台清洗施药器械，施药器械先用压力设备清洗或用清水将药箱冲洗3次，然后在药箱中灌注其体积1/3清水喷洒在指定容器内，以清洗施药器械的管路和喷嘴，最后用刷子将施药器械外壁及管路外壁刷洗干净，如此重复3次。

（6）清洗液的处理。清洗施药器械的废液先集中收集在基地办的清洗液收集筒，然后在基地办技术员的监督下统一倒在远离基地果园的荒地上，并做标识牌。认真填写《剩余药液、废液处理记录》，注明药液名称、使用时间、剩余量、处理方法、操作人等。

（7）农药包装物的处理。配完农药后，将空瓶和空袋收集到基地办农药袋、农药瓶收集筒，然后由公司采供部集中返回农药厂家。

2. 保护果园环境的规定

（1）保护园地，用地与养地相结合。①实行测土和配方施肥；②严格控制化学肥料和化学农药的使用量，增加有机肥和生物肥的使用量，保持土壤的可持续生产能力。病虫草害防治以农业防治、物理防治和生物防治为主，防止有害物质对土地的污染；③完善水利设施建设，确保旱能浇、涝能排，在基地周边和道路旁种树种草，增加植被，合理开发利用水源，防止水土流失。

（2）保护水源，防止灌溉水源污染。①提水设施由专人管理，远离一切污染物；②防止杂物（空药瓶、药袋等）落入水源及水池内；③每年对水质进行监测，发现污染及时采取措施，改善水质；④水源处周边无污染源，根除生物污染、物理污染和化学污染；⑤禁止采用漫流、稀释、渗坑和其他方式排放有毒有害物质。

（3）合理处理各种废物和垃圾，防止污染环境。①生产区不得存放大田作物秸秆、枯枝落叶和垃圾；②不得在生产区内和附近燃烧大田作物秸秆和其他垃圾，果园落叶必须进行无害化处理后作为有机肥循环利用；③居民生活区应保持良好的卫生条件和建立居民安全保护措施，如卫生所、防火设备、通讯设备等；④严禁向水库、河流和其他水域倾倒垃圾、固体废弃物和其他有害弃物，自觉保护和改善生态环境。

（4）建立野生动植物和畜禽生存环境保护体系。①饲养的畜禽不得进入种植区，建立健全防疫保护体系；②加强自然保护工作，对具有代表性的各种类型的自然生态、自然景观、珍稀濒危野生动植物自然分布区域，重要水源涵养区、温泉、自然和人文古迹、古树及其他具有科学、历史研究价值的区域，采取多种措施，严禁破坏，如有必要设立自然保护区。

3. 保护生产者安全规定

（1）定期对员工及果农进行安全方面的培训，使员工和果农从思想上意识到安全的重要性。培训内容包括：突发事故和紧急情况的应对措施，防护设备的正确存放和使用方法，喷药、施肥、修剪器械的安全使用方法，灭火器的位置和使用方法，救火水源以及紧急断电断水开关的位置，个人卫生等。

（2）基地各协会所在村卫生所为基地紧急救助处，配备专门的急救药品及器材，以应对突发事件；基地办公室配备急救箱。

（3）在基地醒目处设立安全标识牌，内容包括：安全操作提示、常规自救措施、事故救助地点及联系电话；在农药库、水井、水窖、供电设施等危险场所设立危险警告牌。

（4）基地员工、果农应配备危险作业时的安全防护设备，如防护服、橡胶手套、雨靴、口罩、防毒面具等物品，以减少农药等有害物质对人体的伤害。

（5）事故发生时，应首先依据事故类别请求救助，轻伤拨打村卫生所电话或直接到村卫生所救治，重伤拨打120前往就近医院救治；然后通知基地所在协会会长，由协会会长负责事故处理并向上级主管部门报告，主管部门依据事故的严重程度做出应对措施。

（6）每年对基地内所有接触植保产品的员工进行健康体检，果农自愿参加。

（7）每年对基地内可能造成人身健康危害的物质和因素进行风险评估，并及时采取相应解决措施。

4. 安全卫生管理规定

（1）个人卫生管理。①对参与生产的人员要集中进行个人卫生基础知识培训，培训内容包括：手的卫生要求，一般伤口的包扎，日常个人卫生习惯，防护服的使用等；②采收前对所有采收人员集中进行规范采收培训，并填写培训记录；要求其做到不佩戴饰物、不留长指甲，采前洗手，着工作服或穿干净的便装，衣着整洁，不吸烟、不吐痰、不吃零食、不嚼口香糖、不涂香水，头上戴网帽防止头发等异物混入果实造成污染；③人员健康要求：与产品有接触的人员每年到当地卫生防疫部门进行一次健康检查，必要时进行临时健康检查，检查合格后方可上岗，凡患有以下疾病之一者，不得从事相关工作。ⓐ活动性肺结核；ⓑ病毒性肝炎；ⓒ肠伤寒和肠伤寒带菌者；ⓓ细菌性痢疾和痢疾带菌者；ⓔ化脓性或渗出性脱屑性皮肤病。④对于患病的员工及时报告，并采取适当的措施。

（2）卫生设施要求。①基地内必须设有专门的吸烟区和饮食区；②采收地要有干净方便的厕所或流动厕所，且厕所卫生条件良好，有洗手液和自来水或相当于此功能的设备；③果实采收前集中对所用器具、运输车辆、包装物等检修、清洗、消毒，并分别填写维护记录和《采收运输工具清洗消毒记录》；④果实采收时应达到农药安全间隔期，采前进行取样化验，化验合格后方可采收；对不合格果实单独采收后，由公司收回集中进行无害化处理。

第五节　生态果园建设模式及实施方案

生态果园就是利用果园本身的功能，将土地、植物（苹果树枝干、叶、草）、动物（牛、猪、羊、鸡等）与农业、生物、物理及化学防控病虫害紧密地结合起来，形成（果园生草、以草养畜、畜粪肥地、枝干还田等）相互作用、相互依存的生态循环系统，从而生产出完全不用化肥、不用或少用化学农药的高品质绿色或有机果品。

一、生态果园建设模式

(一)果、畜、沼、窖、草"五配套"生态工程模式

"五配套"模式是以农户土地资源为基础,以太阳能为动力,以新型高效沼气池为纽带,形成以农带牧、以沼促果、果畜结合、配套发展的良性循环体系。其主要内容是,以每户 3 333 米^2(5 亩[*])果园为基本单元,果园行间种草,庭院或果园建一个 8～10 米^3 沼气池、一个太阳能暖圈(棚)、一眼 80～100 米^3 蓄水窖、一套节水滴灌保墒系统、一座 10～20 米^2 猪圈或鸡舍(养猪 4～6 头,鸡20～40 只)。实行果园种草,以草养畜,畜粪建沼气池,池上搞养殖(猪、鸡),鸡粪喂猪、猪粪入池产沼气、沼液还田的立体养殖和果园生态经营系统,达到相互促进、相互提高、保护环境、提高效益的目的。

(二)"牛—沼—果"工程模式

基本内容是"户建一口沼气池,每户养两头牛,人均种好一亩果"。该模式充分利用果园树叶、杂草、小果、落果喂牛,牛粪进入沼气池,产生沼气用于生产、生活,沼肥施于果园培肥地力,沼液作为添加剂用于喂猪,并用于树冠喷施可提高果品质量。"牛—沼—果"模式不仅可获取新能源,节约养牛饲料,加快出栏,减少果园农药化肥使用量,而且生产的苹果个大、色艳、口感好,含糖量提高 2%以上,优质安全,实现了能源、生态、经济效益的协调统一。

(三)"猪—沼—果—草"工程模式

"牧—沼—果—草"的基本模式,就是在 3 333 米^2(5 亩)苹果园建造体积为 8～10 米^3 的沼气池一座,在沼气池上修建猪舍一座,年存栏 5 头,年出栏 15头猪。果园行间种植豆类绿肥(可选三叶草),割草用于养猪,猪粪尿水经过沼气池发酵产生的沼气可解决 5 口之家的生活用能,同时年产沼肥、沼液约 15 吨,可以满足 3 333 米^2(5 亩)盛果期苹果园对有机肥的需求,从而形成良性高效的果园生态循环体系。

二、生态果园流程化病虫害综合防治方案

(一)农业防治

苹果不能与桃、梨等果树混栽,周边不能栽植刺槐、花椒、桧柏等树木;秋季清园、深翻土壤、秋施基肥;防止干旱和积水,合理修剪,克服大小年结果,使树冠保持良好的通风透光条件。

(二)生物防治

保护瓢虫类、草蛉类、小花蝽类、食蚜蝇和食虫蝽等有益昆虫,控制以虫治虫,使用苏云金杆菌、白僵菌、青虫菌及春雷霉素、青霉素、井冈霉素防治

---

[*] 亩为非法定计量单位。1 亩≈667 米^2。——编者注

病虫害。

（三）人工和物理防治

应用太阳能杀虫灯、诱虫带（板）、果实套袋、树盘覆膜、悬挂粘虫板、糖醋液和性外激素谜向丝防治病虫害。

（四）应用高效低毒农药

在以上农业、生物、物理措施不能控制的情况采取下列化学防治。

1. 清园　膜力易清＋毒死蜱＋海之宝。

2. 花露红　罗克＋粉锈宁＋四螨哒＋45％甲维盐＋海之宝＋肽神锌。

3. 花后　朴菌灵＋安歌＋功夫＋肽神＋海之宝。

4. 花后第二遍　罗克＋朴菌灵＋吡虫啉或啶虫脒＋肽神＋海之宝。

5. 套袋前　小凯歌＋金家托＋朴真＋肽神＋海之宝。

6. 套袋后　大凯歌＋朴真＋灵雨＋甲维盐＋海之灵＋肽圣＋光满。

7. 套袋后第二遍　金家托＋朴真＋灵雨＋甲维盐＋海之灵＋肽圣＋光满。

8. 摘袋后　灵雨＋肽神钾＋光满。

三、生态果园追肥方案

1. 秋施基肥　每 667 米^2 施农家有机肥 4 000 千克或商品生物菌肥 160～260千克（如益恩木）或商品有机肥 200～250 千克。

2. 花后坐果肥　每 667 米^2 施 2 桶贝农斯＋2 瓶巴姆斯。

3. 套袋后膨果肥　每 667 米^2 施 2 桶贝农斯＋（N14 - P14 - K14）住商可溶性肥料（根据挂果量确定每桶用量 5～15 千克）。

4. 采果前 1 个月着色膨大肥　每 667 米^2 施 2 桶贝农斯＋（N16 - P6 - K21）住商可溶性肥料（根据挂果量确定每桶用量 5～15 千克）

第二章

优良品种与矮化苗木繁育

第一节　优良品种

　　品种是建园的基础，选择适宜的品种，配合优良的管理技术，就可以达到早果早丰优质高产高效的目的，才能充分发挥果园的经济效益。在目前苹果市场激烈竞争的情况下，如何最大的发挥果园经济效益，首先在品种选择上要树立"人无我有、人有我优、人优我转"以及差异性的经营理念。所以，在选择苹果品种时，要根据当地的土壤、气候条件和市场需求，选择适销对路、有前瞻性的品种，但也不可盲目追求新奇特。

一、早熟品种

　　1. 早捷　美国品种。果实发育期约 65 天，果实较大，平均单果重 160 克，大小整齐。果柄短粗，梗洼浅广，萼洼浅，果点小而不明显，扁圆形或近圆形，果皮底色黄绿色，果面深红色，外观美丽。果肉乳白色，肉质松脆，汁液多，风味甜酸而浓，有香味，可溶性固形物含量为 12.5% 左右，品质中上等。

　　树冠开张，树势中庸，萌芽率高而成枝力较低，早果性好，较丰产，有腋花芽结果习性，初果期以腋花芽结果为主，后期逐渐转化为以短果枝结果为主。

　　2. 藤牧 1 号　美国品种。果实发育期约 90 天，圆形或长圆形，萼洼处有不明显的五棱，果个较大，平均单果重 200 克。果皮底色黄绿色，表色为深红色或鲜红色条纹，着色度 70%～80%，果面洁净。果肉黄白色，肉质松脆多汁，甜酸适口，有香味，采收时平均硬度为 12.3 千克/厘米^2，可溶性固形物含量为 12% 左右，品质上等。

　　树势中庸，树姿开张，萌芽率在 60% 以上，成枝力较强，易成花，有腋花芽结果习性，高接后第二年结果，定植后 3 年开花结果。初结果以腋花芽结果为主，以后逐渐转为以中、短果枝结果，丰产性能好。藤牧 1 号坐果率较高，常形成串果枝，既影响果实发育，又影响花芽的形成，因此，生产中应注意疏花疏果，合理负载。果实着色及成熟期不一致，采前有不同程度的落果现象，有条件的可分期分批采收，或采前 20 天喷 1 次 30 毫克/升萘乙酸溶液，减轻采前落果。

3. 信浓红　日本品种。果实发育期约 100 天，圆锥形，果形端正、高桩，平均单果重 180 克，最大果重 260 克。果皮底色黄绿色，表色鲜红色，着色度达 95％以土，外观鲜艳。果肉白色，肉质松脆多汁，甜酸适口，有香气，可溶性固形物含量为 13％～14％，品质上等。

树势强健，萌芽率和成枝力中等。开始结果早，高接树第二年开花株率在 80％以上。坐果率高，花序坐果率 75％左右，应注意及早疏花疏果，以增大果个。

4. 美国 8 号　美国品种。果实发育期 115 天左右，圆形，果个整齐，无偏斜果，平均单果重 240 克。果面光洁，着鲜红色霞，果实全红，有蜡质光泽，果点较大，灰白色。果肉黄白色，肉质细脆、多汁，风味酸甜适口，具芳香味，可溶性固形物含量为 14.2％～15.8％，品质上等。室温下存放 15 天左右不发绵，甜味不减。

该品种适应性广，对土壤、气候条件要求不严格，较抗轮纹病、炭疽病和斑点落叶病。抗寒性较强。树势较强，幼树生长旺盛，结果后逐渐趋向中庸。萌芽率中等，成枝力强，易形成花芽，有腋花芽结果习性，进入结果期早，定植后第三年开花株率在 90％以上。初结果以腋花芽和长果枝为主，以后逐渐转向以中、短果枝结果为主。

5. 华硕　由中国农业科学院郑州果树研究所苹果育种课题组培育的抗病、优质、早中熟苹果新品种，2015 年通过了国家林木品种审定。

该品种的培育成功，是我国苹果育种的重大进步，改变了早中熟品种主要以国外品种嘎拉为主的局面，可替代嘎拉成为我国早中熟的主栽品种。华硕由美国 8 号和华冠杂交培育而成。该品种 2009 年通过河南省林木品种审定、2014 年通过山东省成果鉴定、2015 年通过云南省农作物品种鉴定，并获得河南省科技进步二等奖。自 2008 年起已在国家苹果产业技术体系烟台、泰安、熊岳、运城、宝鸡、三门峡、石家庄、商丘、伊犁、昭通等试验站开展多点区域试验，并在其示范县进行生产示范，全国累计推广面积已超过 2 000 公顷（3 万亩）。国家苹果产业技术体系内各专家达成共识，普遍认为华硕为目前苹果销售市场上不可多得的早熟品种之一，可取代或部分取代皇家嘎拉品种。

该品种成熟早、果实大，在千阳 8 月 10 日前后成熟，比美国 8 号晚熟 3～5 天，比皇家嘎拉早熟 3～5 天。单果重 241 克，比皇家嘎拉果个大 80 多克，其果实大小与晚熟品种富士相当。贮藏性比皇家嘎拉好得多，一般皇家嘎拉贮藏期 10 天左右，华硕可达 30 天左右。初步认为果实在室温条件下可贮藏 30 天左右肉质不沙化、冷藏条件下可贮藏 3 个月，其耐贮性远超过同期成熟的所有品种，鲜果销售可从 8 月中旬前后一直延伸到双节期间。采前不落果，克服了早熟品种普遍存在的采前落果缺点，果实可提前采收也可充分成熟后集中采收。

二、中熟品种

1. 蜜脆 美国品种。果实发育期 120～125 天。果实圆锥形，果形指数 0.88，平均单果质量 300 克，最大 500 克。果点小、密，果皮薄，光滑有光泽，有蜡质，果实底色黄色，果面着鲜红色，条纹红，成熟后果面全红，色泽艳丽。果肉乳白色，微酸，甜酸可口，有蜂蜜味，质地极脆但不硬，汁液特多，香气浓郁，口感特别好，稍贮后口感更好。果实采收时果实去皮硬度为 9.2 千克/厘米^2。可溶性固形物 15.03%，总糖 13.1%，酸 0.41%，维生素 C 36.3 毫克/千克。在甘肃陇东果实成熟期为 8 月下旬至 9 月上中旬。与弘前富士、新红星苹果同期上市，是供应双节的不可多得优良品种，在 M26 中间砧或 T337 自根砧上表现极丰产。该品种的主要特性是树势中庸、强健，树姿较开张；叶片肥厚，较大，萌芽率高，成枝力中等；新梢长 30～50 厘米，枝条粗壮，中短枝比例高，秋梢很少，生长量小。以中短果枝结果为主，腋花芽较少。壮枝易成花芽，成花均匀，连续结果能力强。

2. 嘎拉 新西兰品种。果实发育期约 125 天，果个中大，平均单果重 150 克。果实圆锥形或圆形，萼端五棱明显。果面底色橘黄色，阳面有浅色红晕或红色断续条纹。果形端正、美观，果皮较薄。有光泽，果梗细长。果肉乳黄色，肉质致密细脆，果汁中多，风味甜，略有酸味，芳香浓郁。可溶性固形物含量为 13.8% 左右，品质上等。

3. 皇家嘎拉（新嘎） 新西兰从嘎拉中选出的优良变异。果实发育期约 125 天，近圆形或短圆锥形。果个中大，单果重 150～200 克。果皮光滑洁净，有光泽，无果锈。果皮底色黄绿色，全面着鲜红色条纹，外观美丽。肉质细脆，甜酸适口，汁多，香气浓郁，品质上等。

4. 千秋 日本品种。果实发育期约 130 天，圆形或长圆形，果个中大，平均单果重 200 克。果皮光滑，底色绿黄色，全面被鲜红色彩霞和明显的断续条纹。皮薄而脆，果心中大。梗洼内不着色，残留绿色是明显的特征，另一特征是萼洼比一般品种狭小。果肉黄白色，肉质致密细脆，汁液多，酸甜适口，微有香气，可溶性固形物含量为 13.5%～15%，品质上等。

幼树生长旺盛，枝条直立，进入结果期后，树势中庸，树姿较开张，萌芽力强，成枝力弱（剪口下平均抽生长枝 2 条），短果枝比例占 60%，结果枝细弱，成花容易，腋花芽数量较多，进入结果期较早。长、中、短果枝及腋花芽都能结果，但以短果枝结果为主，坐果率高。果台枝连续结果能力较强，丰产稳产。适应性和抗逆性较强，既抗寒，也较抗旱，对斑点落叶病和白粉病有较强的抗性。

5. 津轻 日本品种。果实发育期约 135 天，圆形或近圆形，果形指数 0.86，端正整齐。果个较大，平均单果重 200 克。果面平滑，果皮底色黄绿色或淡黄色，全面被红霞及红色条纹。果粉少，蜡质多。果点较多但大小不一。果皮薄脆，果肉黄白色，肉质较细，松脆多汁，风味甜酸适度，有淡香气，可溶性固形物含量为 14％左右，硬度 7 千克/厘米 2，品质上等。

6. 红系津轻 果实发育期约 135 天，平均单果重 200 克。果面平滑有光泽，无果锈，全面着暗红色条纹，色泽优于津轻，可溶性固形物含量为 13％左右，品质上等。

7. 新红星 美国品种。元帅系第三代品种，果实发育期约 150 天。果实高桩，果顶五棱突起。果个较大，平均单果重 180 克，最大单果重达 600 多克。果皮底色黄绿色，全面着深红色，鲜艳美观，果面光洁无锈，果点较稀，果粉较薄，果皮厚而韧。果心中大，果肉黄白色或绿白色，肉质脆甜多汁，香气浓郁，甜酸适口，可溶性固形物含量为 13.5％左右，品质上等。

树势较强或中庸，树冠紧凑，节间短，树姿直立。萌芽率高达 70％以上，而成枝力仅有 16％左右，短枝性状明显，形成花芽容易，结果早，丰产性强，以短果枝结果为主，连续结果能力较差，适应性较强。

8. 首红 美国品种。元帅系第四代品种。果个发育期约 150 天，高桩，五棱突出，圆锥形，大小整齐端正。果个中大至大型，在河北省中南部山区平均单果重 185 克，最大单果重 260 克。果皮底色黄绿色，全面浓红，有不明显的条纹，果面光洁无锈，蜡质多。色泽极为鲜艳美观，着色均早于元帅系第三、第四代短枝型品种，树冠内外均可着色。果点较小，灰白色，果粉薄。果心小，果肉乳白色，肉质细脆多汁，甜酸适口，香气浓郁，无涩味，可溶性固形物含量约为 13.5％，品质极佳。树势中庸，树冠紧凑，树姿直立，属于半矮化型。萌芽率高，成枝力较弱，短枝多。花芽形成容易，结果早。由于首红结果早，丰产性强，所以对肥水条件要求也高，并注意严格控制产量，及时疏花疏果。

9. 阿斯 美国品种。元帅系第五代品种，1988 年引入我国。果实发育期 145 天左右，果个硕大，果形高桩、五棱突起，为元帅系苹果的典型形状，果实着色早于新红星，色泽鲜艳美观，完全着色后为紫红色。果肉乳白色，松脆多汁，香甜，涩味极轻，品质优良。成熟期比其他芽变系早 3～7 天，耐贮藏性强。树势较强，年生长量比新红星大 25％左右，树冠较开张，属半矮化品种。进入结果期早，丰产性能好，短枝性状明显，树势缓和，优质果率高，全红果可达 98％以上。阿斯既耐高温又有较强的抗晚霜能力。

10. 俄矮 2 号 美国在俄矮红中发现的芽变品种，为元帅系第五代品种。1992 年引入天水。该品种半矮化，长势均匀，短枝结果，易丰产，果实着色较早，8 月下旬达满色期。

该品种果实圆锥形，果形指数 0.91～0.95，果顶五棱突出明显，平均单果重 180～200 克，最大 400 克。果实全面鲜红或浓红，色相条红，光滑，富有光泽，鲜艳美观。4 月下旬初花，9 月中下旬成熟，发育期 145～150 天。果肉细嫩多汁，风味香甜，可溶性固形物含量12.0%～14.0%，品质上等。

11. 弘前富士（玉华早富） 弘前富士是由日本青森县从富士中选育出的优良中晚熟苹果芽变品系，1998年引入江苏丰县，2001年始见果。幼树生长势强，顶端优势明显，萌芽率64%，成枝力较强，一般剪后发3～4个枝，高接第三年开始结果，早期以中长果枝结果为主，短果枝和腋花芽也有相当的比例，果台多抽生1～2个果台副梢，连续结果能力较强；花序坐果率80%～90%，花朵坐果率35%左右。果实发育期为150天左右，成熟期为9月中下旬。叶片与富士十分相似，果实对轮纹病抗性较差。叶片对斑点落叶病的抗性稍优于富士。

果实近圆形，果形与富士相似，部分果实稍偏斜，平均纵径8.0厘米，横径8.5厘米，平均单果重300克。底色黄绿，条状浓红。套袋后果实呈条状鲜艳红色。果实8月中旬开始着色，着色比富士苹果容易，可以达到全红。果点小，果面清洁。果肉乳黄色，肉质细，较爽脆，汁液多，风味甜酸适口、稍有香味。品质上等，可溶性固形物含量14.7%，硬度6.4千克/厘米^2，品质佳，常温下可贮藏80天。不宜过晚采收，过晚果肉易变软。弘前富士属长枝型品种，和其他富士品种一样，一年生枝淡褐色，细长，多年生枝黄褐色。皮孔多，圆形或椭圆形，黄褐色，微突出。叶中大，复锯齿顺缘，先端渐尖，叶脉突起，叶柄淡紫红色。每花序大多为5朵花，花蕾红色，初开时淡粉红色，开放后白色。

三、晚熟品种

1. 红将军（红王将） 日本品种。果实发育期约160天，近圆形，果个大，平均单果重307克，最大单果重416克，果形端正，果形指数0.86。果面光洁、无锈，蜡质中多，果皮底色黄绿色，表面鲜红，片红，美观艳丽。果肉黄白色，肉质细，松脆爽口，汁多，酸甜适度，味芳香。可溶性固形物含量为13.5%左右，品质上等。树势中庸，树姿较开张，萌芽率在70%以上，成枝力强，一年生枝红褐色，初果期以长果枝结果为主，一年生旺枝花芽较多，随树龄增加，逐渐转为以短果枝结果为主。

2. 王林 日本品种。果实发育期约180天，单果重200～250克，长卵圆形或长圆锥形，果形指数0.94，端正整齐。果皮全面黄绿色，在河北省中南部太行山区，果实阳面常被有浅红色晕，果面光滑无锈，有蜡质，有果粉，果点褐色，多而明显。果肉黄白色，肉质致密、脆而多汁、甜酸适口、有芳香，果心小。可溶性固形物含量为13.5%左右，品质上等。树势强健，幼树生长快，分枝角度小，树姿直立而紧凑，萌芽率及成枝力强。叶片大，中厚。易形成花芽，并有腋花芽结果习性，进入结果期早。进入结果期后多以短果枝结果为主，兼有长、中果枝和腋花芽结果。坐果率高，连续结果能力强，能早期丰产。

3. 2001富士 日本品种。是富士系枝变的优良品种，1993年引入我国。果实生长期180天，果实圆形或近圆形，果形指数0.88～0.90，平均单果重300～

400 克；底色黄绿，着密集鲜红色条纹，果面光滑，蜡质多，果梗细长，果皮较薄；果肉黄白色，肉质较脆，汁液多，可溶性固形物含量 14％～17％，果实硬度 12～13 千克/厘米^2。该品种幼树生长旺盛，成枝力强，萌芽率高，腋花芽占总花量的 23.2％，腋花芽坐果率为 10.5％～15.5％，顶花花朵坐果率为 16.2％，较长富 2 号高 4％。4 月上旬为初花期，4 月中旬盛花期，4 月下旬落花，10 月下旬成熟，具有早结果、早丰产的性能，适应性强，果实着色和品质好于长富 2 号，即使不见光的树冠内膛也全红，综合性状在普通红富士之上，是当前优秀的苹果换代品种。品种名称有面向 21 世纪的意思。

4. 澳洲青苹　澳大利亚品种。果实发育期约 185 天，短圆锥形，果形端正，果个中大，平均单果重 180 克左右，最大单果重 230 克。果皮颜色为翠绿色，有的阳面具淡红色晕，果面光洁无锈，有光泽，蜡质层较厚，果点灰白色，多而大，极明显。果皮韧、厚，果肉白色，肉质稍粗、脆而多汁。酸味重，无香气，可溶性固形物含量为 12％左右，品质中上等。树势强健，树姿开张，萌芽率强而成枝力较弱，枝条较硬。有腋花芽结果习性，幼树以腋花芽和短果枝结果为主，以后逐渐为短、中、长各类果枝结果，坐果率高，丰产性强，大小年现象不明显。该品种结果早，幼树定植后 3 年开花结果，丰产稳产，极耐贮藏运输，果实酸味浓，适合欧、美国家消费者的口味，既可生食，又可作为菜肴或加工，我国引进后发展不快，主要是乔化或 M26 中间砧结果性能差，效益低。西北农林科技大学千阳苹果试验站及陕西海升公司利用自根砧 M9 - T337 嫁接栽植的澳洲青苹，第二年就结果，第五年每株结果 120 多个。随着膳食结构的变化，果品加工产业的发展和加入世界贸易组织后国外市场的开拓，该品种越来越受到国人的重视。

5. 粉红女士（粉红夫人、粉红佳人）　澳大利亚品种。果实发育期约 200 天，近圆柱形或长圆形，果形指数 0.94，果个大中型，平均单果重 220 克，最大单果重 306 克。果皮底色黄绿色，全面着粉红色或鲜红色，果面洁净，无果锈，蜡质多而果粉少，外观美。果肉乳白色、较粗，肉质硬脆、汁液多、酸味较重、无香气。经存放 1～2 个月后，果肉变成淡黄色、酸甜适口、香味浓、风味佳。可溶性固形物含量为 16.65％左右，品质中上等。生长势强健，树姿直立，萌芽率高，成枝力强，成花容易，进入结果期早。用 M26 作中间砧的苗木定植后翌年开花，第三年挂果，第四年进入丰产期。有腋花芽结果习性，丰产稳产。粉红女士对土壤条件要求不严，适应性强。对苹果褐斑病、白粉病、早期落叶病、炭疽病、轮纹病及金纹细蛾也有较强的抗性。

6. 长富 2 号　日本品种。果实发育期约 190 天，圆形或近圆形，果个大，平均单果重 250 克，最大单果重 500 克。果皮光滑，有光泽，蜡质多，果粉少，无锈。果皮底色黄绿色，被有鲜红色条纹（有的果实色相变成片红），色泽艳丽。果梗长，中粗。果肉黄白色，肉质细而致密、松脆多汁、酸甜适口、芳香浓郁，可溶性固形物含量为15%左右，最高可达18%以上。品质上等或极上等。

7. 岩富10 日本品种。果个大，平均单果重340克，最大单果重420克。果实近圆形，较高桩，果形指数0.97，着色深红或鲜红（属Ⅰ系），果点稀。果肉淡黄色，肉质似富士，可溶性固形物含量为16%左右，品质上等。

8. 烟富3 由山东省烟台市果树工作站1991年从长富2中选出的优系。果实发育期约190天，圆形至长圆形，果形端正，果形指数0.86～0.89，大型果，单果重245～314克。易着色，全红果比例78%～80%，着色指数95.6%，属Ⅰ系色相，色调深红艳丽。果肉致密脆甜，可溶性固形物含量为14.8%～15.4%，品质上等。果实贮藏性能同长富2，综合性状优于长富2。

9. 福岛短枝红富士 日本福岛县从普通型红富士中选出的短枝型优良芽变，1984年引入我国。果实发育期约190天，平均单果重231克，最大单果重495克。果实圆形，果形指数0.85，果面光洁，全面被深红色彩霞，色相为Ⅰ系，蜡质和果粉较多，果点中大，稀而明显。果肉黄白色，肉质致密细脆，果汁多，甜酸适口，可溶性固形物含量为15.5%左右，品质上等。树体紧凑，树姿开张，树体矮小，比普通富士小1/3～1/4。幼树生长旺盛，新梢粗壮，叶片肥厚深绿，萌芽率高，成枝力弱。容易成花，结果早、坐果率高，并有腋花芽结果习性，定植后3年结果。幼树以短果枝结果为主。

10. 烟富6 由山东省惠民县林业局果树工作站从惠民短富中芽变选出的短枝型红富士，果实发育期约190天，圆形至长圆形，果形指数0.86～0.9，果形明显高于原品种——惠民短富。果个大，单果重253～271克，最大单果重457克，大小整齐。果面有光泽，无锈，蜡质多，果粉少，果面着色容易，全面深红色，色相为Ⅰ系，全红果比例为80%～86%，着色指数95%～97.2%，果皮较厚，果点中大，多而明显。果肉淡黄色，肉质致密而硬脆，果汁多，酸甜适度，有香气，可溶性固形物含量为15.2%左右，品质极佳。树体矮小，树势健壮，树冠紧凑，树姿半开张，其树体仅为普通型红富士的2/3～3/4。新梢粗壮，节间短，萌芽率高而成枝力低，短枝性状明显。成花容易，结果早。以短果枝结果为主，短枝系数为71.2%，并有腋花芽结果习性，坐果率高，丰产稳产。

11. 礼泉短枝红富士 由陕西省礼泉县从当地栽培的红富士中选出，果实发育期约190天，短圆柱形，果个大，平均单果重300克，最大单果重500克，大小均匀。果实片状着色，色相属Ⅰ型，色泽鲜红美观，果皮光滑，果点小，果粉及蜡质厚。果肉淡黄色，肉质细脆，汁多，酸甜爽口，可溶性固形物含量为15%～17.4%，品质甚佳。

12. 烟富10（烟富0） 山东省蓬莱市刘家沟镇木基杨家王钟惠在其烟富3果园中发现的芽变新品种，2012年通过山东省农作物品种审定。果实发育期约190天，果实长圆形，果形指数平均0.9，高桩端正；果个大，平均单果重326g；果实着色全面浓红，色相为片红、艳丽；果肉淡黄色，肉质致密、细脆，平均硬度 9.1 千克/厘米^2；汁液丰富，可溶性固形物含量为 15％；10 月下旬成熟，品质特佳。

树冠中大，树势中庸偏旺，干性较强，枝条粗壮，树姿半开张。幼树长势较旺，萌芽率高，成枝力较强。成龄树树势中庸，新梢中短截后分生 4～6 个侧枝，以短果枝结果为主，有腋花芽结果的习性，易成花结果。

13. 烟富 8（神富 1 号） 由烟台现代果业科学研究所在烟富 3 苹果园中发现并选育的浓红芽变新品种，2013 年 12 月通过国家审定。果形高桩，果个较大，果肉黄色，甜度高，其经济性状优于烟富 3。特点：①摘袋后果实上色速度快，4～5 天果面就达到全红，比烟富 3 早 5 天，色泽艳丽，初为条红，后转为片红，全红果率 81％。②不用反光膜，树冠内膛的果也可以达到全红，苹果萼洼处也可以上满色。③色泽褪老慢，果皮抗皱缩。摘袋上色后，不采摘，也可在树上待 20～30 天，果皮颜色退老慢，色泽仍然鲜艳。④果点小，表光好。果点明显小于烟富 3，而且表光也比烟富 3 好。⑤树体生长和管理特性与烟富 3一致。

四、加工品种

我国苹果业长期以来以鲜食为主，目前苹果加工能力还不足产量的 10％。在鲜食苹果过剩的形势下，苹果深加工势在必行。苹果的加工品有果酒、果汁、果干、果醋、果酱、膨化果品、罐头、果脯、果冻等，其中以果汁市场潜力最大，最受欢迎的是高酸度苹果汁，但我国加工苹果汁多用鲜食苹果品种，酸度值不够。目前，国内外推荐的主要加工品种有瑞丹、瑞林、上林、瑞连娜、瑞拉、瑞星、酸王、小黄、甜麦、甜格力、苦开麦、苦绯甘、美那、大比耐、贝当、邦扎等品种，另外，红玉、国光、澳洲青苹、粉红女士、金冠等也可作为加工品种栽培。另外，近几年青岛农业大学培育出加工品种鲁加 1～8 号，中国农业大学培育出系列加工品种，如高糖高酸系列 53－0402、04－033、52－135，高糖中酸系列 52－191、51－139 等，可在试验示范的基础上推广应用。

五、观赏品种

1. 芭蕾苹果 英国品种。芭蕾苹果的树冠由一个直立的中心主干和其上着生的大量小侧枝组成，呈一个瘦高的圆柱状。既不需要矮化砧木，也不用立支柱即可高密度栽培，定植后翌年便能开花结果。栽培技术简便，修剪量很小，管理省工省料。因其树形修长，花、果、叶皆具观赏价值，微风吹拂中恰似风姿绰约、翩翩起舞的芭蕾美女，故取名"芭蕾苹果"。首次推出的芭蕾苹果共 4个品种，即舞乐、舞佳、舞姿、舞美。

2. 乙女 日本品种。果实发育期约 160 天，小型果，单果重 40～50 克，圆形或椭圆形，端正整齐。成熟后果皮底色淡黄色，全面被深红色，色泽艳丽，有蜡质、有光泽，果点稀少。果肉黄色、松脆多汁、风味甜酸适口，有微香，品质上等。

树势中庸，树姿开张，萌芽率高，成枝力强，枝条细密，易形成花芽，结果早，坐果率高，并有腋花芽结果能力，果台枝连续结果能力强，丰产性好，无采前落果现象。乙女果实鲜艳美观，既可以陆地栽植，又可以盆栽，还可以作盆景，既有观赏价值，又有食用价值，佐餐、鲜食、加工均可，其经济效益并不低于大苹果。

3. 红肉苹果 瑞士一名花农采用天然异花授粉技术花了近 20 年时间精心培育出的红肉苹果新品种，取名为 Redlove，有的称为"红色之爱"。外观酷似番茄，果肉是红色的，苹果中所含的花色素（花青苷）要比普通苹果多出很多。无论是烹饪还是压榨成汁，色彩都不会消失。

果实圆球形具长柄，初为红色，成熟后则为浓红色，表皮光滑，经冬不落，可持续到第二年的 2～3 月。树形俏丽，春季繁花满树，秋季果实累累，小巧晶莹剔透，色彩艳丽，观果期长。

红肉苹果适应性强，易栽易活，能耐 −30 ℃ 低温，北方大部分地区均可安全越冬。红肉苹果春季可观花、夏秋能赏叶、秋冬还有串串果实宿存，是目前北方地区常用景观植物中为数不多的拥有多种观赏效果的品种之一。由于此树种适应性强，特别适合公园景区、道路与广场、单位附属绿地、居住区绿地及容器、盆景栽植观赏。

第二节 优良矮化砧木

利用矮化砧木进行矮密栽培是苹果生产的方向，也是苹果发展的必然趋势。世界各国都在大力发展矮砧苹果栽培。目前，荷兰苹果矮砧密植已占 100％ 以上；法国苹果生产中有 80％ 以上为矮砧密植；加拿大新栽苹果树有 80％ 为矮砧树；日本矮砧密植发展迅速，相继培育出了一大批矮化砧木，并应用于生产。

我国现有苹果矮化砧资源有：SH 系、S 系、JM 系、M 系、MM 系等。河北省农林科学院石家庄果树研究所和河北农业大学等单位近年来对苹果矮化砧木进行了筛选，找出了适应河北省气候条件的砧木种类及配套栽培技术。在河北省中南部表现较好的有 SH3、H38、SH40、M26 等。目前，生产上应用最多的矮化砧木有 M 系、MM 系、SH 系等。

一、M 系砧木

英国选育出的 27 个苹果矮化砧木类型，即 M1～M27。

1. M26 矮化砧木 易繁殖，压条生根好，繁殖率高，抗白粉病，与苹果品种嫁接亲和力强，植株生长矮化、产量高，果实品质好，但根系浅，不抗绵蚜和颈腐病，有"大脚"现象，在一些地区越冬抽条严重，不宜在沙质土和贫瘠干旱地域栽植。宜作中间砧，在黄土高原地区适应性，但要求较好的土壤和管理条件。

2. M9 及 M9 - T337 矮化砧木　生根比较困难，压条繁殖率低，与苹果嫁接有"大脚"现象，根系浅，抗旱、抗寒、耐涝和固地性均较差，树易折断和倾倒，需立支柱，但嫁接苹果早果性很强，对结果晚的富士品种更为突出。适于比较肥沃的土壤和较好的土壤管理。适合作自根砧及中间砧。在华北地区用作中间砧，砧段要埋入地下。其中 M9 - T337 矮化砧木是 M9 的芽变砧木，生长旺盛，早果性强。世界发达国家新建苹果园 60％以上选择 M9 - T337 矮化自根砧苗木。

3. M7 半矮化砧　压条生根力强，繁殖系数高，适应性强，耐瘠薄，抗旱、抗寒力强，与苹果嫁接亲和力强，早果性虽不如 M9 和 M26，但适应性很强。不耐涝，易生根头癌肿病。最好用自根砧。

二、MM 系砧木

英国选育出的 15 个苹果矮化砧木类型，即 MM101～MM115。

MM106，半矮化砧。易生根，根系发达，树势强健，固地性好，适应性强，抗苹果绵蚜及病毒病，与一般苹果品种嫁接亲和力好，早果丰产，但易感白粉病。作中间砧矮化效果不够理想，最好用自根砧和嫁接短枝型品种。

三、SH 系砧木

山西省果树研究所用国光与河南海棠种间杂交育成。极矮化的类型有 SH4、SH20、SH21 等，矮化的类型有 SH5、SH6、SH9、SH10、SH12、SH17、SH38、SH40 等，半矮化的类型有 SH3、SH15、SH22、SH24、SH29 等。经在河北省试栽，SH3、SH38、SH40 等矮化性及与嫁接品种的亲和性好，并有早花、早果、果实品质好等优点，比 M9、M26 的抗逆性强，尤其耐旱性突出，也抗抽条，抗倒伏。但经过甘肃庆阳、平凉等地观察，发现 SH 系在土壤 pH7.5 以上地区，叶片黄化严重，不宜大面积推广。

四、克 M256 系

青岛果树研究所选育，黄海棠×M 系选育，矮化，抗寒，早果，丰产，宜作中间砧，"山定子＋克 M256 系＋寒富"组合效果好。

第三节　优良矮化自根砧苗木繁育技术

一、苹果矮化自根砧苗木的特点

苹果矮化自根砧苗木是用矮化砧作为基砧（根系），将品种直接嫁接在矮化砧木上而生长的苗木，其特点：

1. 保持着优良的遗传特性 它是从母株上分离下来的一部分营养器官，在繁育过程中没有发生性细胞的结合和分裂，染色体也未进行重新组合，只是进行简单的有丝分裂，新形成的苗木个体仍然保持着母株固有的优良遗传特性。

2. 矮化效果显著 苹果矮化自根砧苗木是把品种直接嫁接在矮化砧的根系上，其矮化效果不受砧段长度的限制，矮化砧木的特性表现突出，苗木的矮化效应好，矮化效果显著。而苹果矮化中间砧苗木的矮化效果参差不齐，中间砧段越长，树体越矮小；但过长会妨碍树体生长，太短则没有矮化效果。山东省果树研究所王贵平等人研究也证明了这一点，测定其 M9 自根砧富士苹果的树高相当于乔砧富士树的 72.61%，M26 中间砧富士苹果的树高相当于同龄乔砧的 76.59%，M9 自根砧和 M26 中间砧树的平均冠径分别相当于乔砧树的 66.86% 和 73.64%。所以，苹果矮化自根砧苗木矮化效果突出，特别适合于矮化密植栽培，每 667 米^2 可栽植 150～220 株，最高可达到 267 株。

3. 果树果实整齐度高 苹果矮化自根砧苗木的砧木利用无性繁殖，因而表现为株间的遗传差异小，苗木的一致性高，建园果树生长整齐，大小年现象不明显，生产的果实果个也均匀一致。而矮化中间砧苗木在基砧为实生砧时，果园的整齐度较差，且同一型号矮化砧的矮化效应和一致性的表现比其作为自根砧时要差一些。

4. 早果丰产性强 苹果矮化自根砧苗木与矮化中间砧和短枝形苗木在早果丰产上有相似之处外，突出的表现是中短枝比例高达 24.4%，比乔化树（为 17.3%）高 41.2%，成花能力强，主干长势强产量高，光合效能强着色好，糖度高，果个均匀。所以，苹果矮化自根砧苗木由于主干长势强，树冠紧凑，特别适合于高纺锤形整形，果园容易管理，用工量小，可获得较高的经济效益。在美国 M9 - T337 自根砧的红富士苹果栽植达到当年栽植当年开花，第二年每 667 米^2 产果 1 吨，五年生树每 667 米^2 产果达到 5 吨，栽植前 5 年每 667 米^2 产量可达 10 吨。陕西海升公司在千阳县试验示范，栽植 4 年每 667 米^2 产量可达 3 吨。当然，苹果矮化自根砧苗木密植栽培所获得的优质高产稳产与其较高的肥水条件和较大的投入有很大的关系。

二、苹果矮化自根砧苗木繁育技术

（一）砧木苗培育

1. 组培繁殖 即利用果树组织茎尖培养技术进行繁殖，需要组培室、设备及炼苗温室等设施。

2. 压条繁殖 压条繁殖有直立压条、水平压条等方法。

（1）直立压条。春季栽植苹果矮化自根砧时，按 2 米行距开沟作垄，沟深、宽各为 30～40 厘米，栽植密度为 0.5 米×2 米。当年定植苗木根系栽深 10 厘米，上面覆土。栽植生根后或新梢长到20厘米左右时，在地面培25～30厘米高的锯末（锯末以松木或桦木最好，锯末中混合牛粪或驴粪，锯末和牛、驴粪的比例为5∶1，既保水、透气又有较好的养分），培堆的锯末底宽120厘米、上宽36～45厘米。要及时抹除树干高度30厘米以下的枝芽，以利嫁接。到秋季时一般砧木根长应在12～20厘米之间，主要取决于树龄。到秋季扒垄分株起苗，在美国使用起苗机将苗木起出，从垄的基部将带有发达根系的砧木苗剪下。对留下的压条老根下一年从苗子基部上再抽生新梢，再压锯末木屑，如此年复一年，至少可以维持15年以上，在此母本上收获自根砧苗木。

　　（2）水平压条。以行距1.5～2.0米（其中大行2.0米，小行1.5米，在大行便于车运送锯末）、株距30～50厘米定植矮化砧母株，植株与沟底呈45°角倾斜栽植。压条时先剪去顶梢生长不充实的部分，沿压条方向开一深15厘米的浅沟。当年秋季降霜后，立即将枝条用手工编的方法压水平，用30厘米长细竹竿固定在地面。待抽出新梢15～20厘米后培锯末，第一次高度为10厘米、宽度约25厘米。1个月后，新梢长到40厘米时，第二次培锯末或锯末加土，高度20厘米、宽度40厘米。两次培锯末长成自根砧苗木。在秋季进行分株起苗，然后再嫁接品种。

（二）大苗繁育

1. 嫁接　嫁接是自根砧苗木繁育的关键，对分株的自根砧苗木，要选择无毒品种接穗可在室内枝接（粗度0.8厘米以上）或定植在田间（粗度0.8厘米以下），在8月再进行田间芽接（T形芽接或带木质嵌芽接）。根据用户要求对庭院栽植的苗木可以多品种嫁接，每株苗木可以嫁接2～4个品种，但要做好标记。其他品种也要用颜料标注所有砧木和品种。冬季接前接穗浸蜡，接后嫁接口用接蜡封口。自根砧嫁接高度为42～45厘米处。秋季嫁接苗或冬季嫁接苗在苗圃地起出后必须放置在冷库内保存，用湿锯末覆盖根部直到翌年春季栽植。

2. 栽植　春季选择的繁育苗圃，土壤要疏松肥沃，有灌水条件，以确保苗木生长。嫁接后的自根砧苗木，春季按80～100厘米×30～40厘米的行株距栽植。定植后立即为每一株苗插一根1.5米长的金属支架或竹竿，以支撑小树。如果是芽接苗，定植后要在接芽上方0.5厘米处下斜剪截。当年嫁接苗抽生的新梢分次绑缚于支架或竹竿上，以确保苗木主干通直。

3. 短截　如果培育2～3年生的大苗，当年购买砧木，加强培育，夏季（8月）芽接。第二年春季进行剪砧，加强管理让其旺盛生长，当年培育为单干苗木（有些当年在70厘米处摘除幼叶，发出分枝，2年出圃）。第三年春季在基部嫁接口50厘米处进行短截，只保留一个品种芽让其生长，其他芽尽早去掉，不需要去叶、喷发枝药剂处理，会自然长出侧枝，成为优质带分枝的大苗。

4. 整形　矮化自根砧苗木第一年新梢可长到1.2～1.5米，但还不能出圃。第二年春，将该苗于70～80厘米处剪截，具体高度可根据用户的要求而定，该短截处直径应达到 1 厘米。发芽后保持第一芽直立生长，在整个生长季随时除掉其他萌芽，使 70~80 厘米短截处以下保持光滑，上部长出侧枝，第一个侧枝距地面 0.8~1.0 米，即剪口芽新梢生长至 20 厘米时，抽生第一个二次梢。一级苗要保证至少有 7 个长度超过 30 厘米的侧枝，通常在 10 个左右。这样的苗木在果园定植后的 2~3 年中基本不用修剪，几乎所有的侧枝都可用于结果。

圃内整形的关键是如何在当年生新梢上促发二次梢，以形成足够的侧枝。可采用 3 种方法促发二次梢：

(1) 去叶法：顶部嫩叶含有激素，抑制新枝生长。因此，去掉枝条顶部未成熟叶片，可促发二次枝。方法是，掐掉需要发枝部位新梢顶端尚未完全展开的嫩叶的上半部分，具体做法是左手拇指和食指捏住新梢顶端，使母指甲盖略高于新梢生长点，露出顶端幼叶的上半部分，同时用右手拇指甲掐掉这部分幼叶，保证不伤及新梢顶芽。这样可以部分解除新梢顶端对侧芽的抑制，使侧芽很快萌发成二次梢。照此方法 10 天一次，如果新梢生长很快，也可 3~5 天一次，连做 2~3 次。

(2) 喷布普洛马林 (Promalin)：普洛马林含 50％的 GA4＋7（赤霉素）和 50％的 6 - BA（细胞分裂素），可以促进新梢侧芽的萌发。一般新梢生长至 15~20 厘米时喷布，只喷一次，常与剪除幼叶结合使用。普洛马林使用浓度为 2.5％~5％，加少许展着剂。用手持喷雾器着重喷新梢顶部，顶部喷湿均有液滴下滴为止。

(3) 喷布 6 - BA（6 - 苄氨基嘌呤，又叫细胞分裂素）：只喷布 6 - BA 也可促进侧芽萌发。在剪口芽抽生新梢长至 15~20 厘米时，喷布浓度为 250 毫克/千克 6 - BA，加少许展着剂。展着剂要适量，不加或太少则药液不能附着到带毛的幼叶上，太多有可能灼伤幼叶。每周一次，连喷 2~3 次。实际上也是只喷 1~2 次并与剪除幼叶相结合会取得更好的效果。

在生长季对促发的二次新梢要随时注意开张角度，以控制侧枝的生长粗度，促进部分当年成花。最终形成三年生根系、二年生主干、一年生中心干并着生 6~12 个二次侧枝的矮化自根砧苹果苗木。

5. 圃地管理

(1) 水分管理。苗木栽植或压条后，地下 50 厘米要保持良好的水分，土壤含水量保持在 14％左右。因此，最好采取滴灌、喷灌或管灌，在降雨较少的春季一般每隔 6 天喷灌一次，降雨较多的秋季每隔 10 左右天喷灌一次或根据墒情决定灌水次数和灌水量。

(2) 养分管理。在给苗木供水的同时，施用苗木营养液给苗木施肥，或采取滴灌的方式给苗木施肥，一般每隔 1 个月左右施肥一次。

(3) 清理杂草。严格控制杂草生长，对生长的杂草及时清除干净，不要影响苗木生长。

（4）抹芽。对繁育的大苗要及时抹除主干 70 厘米以下生长的萌芽和无用的徒长枝。

（5）病虫害防治。在苗木生长期针对苗木病虫害及时进行预防和防治，确保苗木正常生长。

（三）出圃分级与贮藏

1. 脱叶　秋季当苗木长够所需要的标准时就可以出圃，但叶片仍然长在苗木上，可采取人工落叶、药剂落叶或机械脱叶的办法去除叶片，以便出苗时存放。喷布 0.7% $ZnSO_4$ 溶液，一周左右可脱叶。

2. 起苗　起苗前拔除苗木支柱、卷起滴管水管、标注清楚品种，然后用人工挖或机械起苗，在美国有调节宽度的大型起苗机械，有单侧起苗机和双侧起苗机，机械起苗能保证苗木根系不受损伤，且起苗速度快。

3. 装运　苗木起出后，用长 2.5 米、宽 1.5 米、高 1.5 米两边无挡板的木箱装运苗木，苗木运到加工厂冷库贮藏等待分选贮藏销售。

4. 分选　将苗木从冷库取出运到加工厂或车间，按苗木分级标准，人工清除断伤的根系，剪平个别嫁接口的高茬，剪除无用的枝条。

5. 分级　在苗木分选后，用苗木分级板进行砧木和品种粗度分级，按同一级别进行人工或机械捆绑，根据苗木大小每 5～10 株为一捆，每株苗木上都要用标签标注砧木名称、品种名称、产地和生产厂家。

6. 装箱　将捆绑后的苗木装在一个长宽高各 1.5 米、1 米、1.5 米的木箱，其中箱子下部四周木板高度 0.4 米，中上部四周用木条连接，苗木竖立存放，箱子底部和苗木周围用湿锯末填实，锯末的湿度为手捏成块松手散开。包装箱外面要标注品种、数量、规格、生产厂家、联系电话。

7. 入库　将装箱后的苗木运送到苗木专用冷库贮存，库内温度控制在 0 ℃，湿度 100%，待春季向客户调运。

果树苗木繁育的另一重要环节是严格控制砧木和品种接穗的来源，确保品种纯正、没有病毒。对每一株果苗都要挂牌，提供详细信息，确保可追溯。在美国果树苗木生产基地，所有这些都严格按程序进行，我国的苗木繁育也正在逐步进入规范化和标准化管理。

第三章
苹果园标准化建设技术

建园是果园的基础工作，质量好坏直接关系到果园面貌、果树生长和产量效益等问题。因此，建园应严格要求、合理选址、科学规划、精心配制、规范建设、标准栽植，提高苗木成活率和果树保存率，确保幼树生长正常，达到全、齐、壮、优的要求。

第一节　合理规划，高标准建设

根据果树生长的特性和优质安全、低投入、高产出的生产目标，建园前首先进行科学规划，从建立生态果园出发，选择无污染的产地环境，做到适地适树、因地制宜、集中连片、集约经营，以满足苹果商品化、标准化、机械化、产业化、现代化的生产需求。

一、园地选择

1. 要建在土壤、水质和空气没有污染的地方　拟建果园地块前3年没有栽种过同类果树，果园河流或地下水的上游没有排放有毒有害物质的工矿企业。

2. 要建在生态良好和交通方便的地方　在陇东地区，一般塬地、川地均可栽植，山地要求建在背风向阳、光照充足、空气流通的山台地，尽量避开北坡。

3. 要避开自然灾害频发地段　在建园时塬区要避开容易发生晚霜危害的地坑、胡同等低洼地带，山区和川区要避开迎风、寒冷、气温变幅较大的地段，冰雹易发生的区域，尽量避开为好。

4. 要适当集中规模　提倡发展果园大户、家庭农场和果品生产企业，实行整区域、整村发展，农户种植规模不小于3 333米^2（5亩），大户在3.33公顷（50亩）以上，以便于统一管理、统一技术指导、统一产品销售及商品化加工，避免分散栽植。

二、规划设计

（一）园地规划

1. 道路系统　在果园小区建设生产作业道路，路宽4～6米，生产作业道贯穿果园，使主干道与公路相通。

2. 水利系统 配套管灌、渗灌、滴灌等微灌系统，无灌溉设施的，应修建蓄水池，建设简易滴（管）灌设施。规模较大的果园应以生产道路为框架，对果园划分小区，一般6.67公顷（100亩）左右分一小区，以小区为单位建设滴灌控制系统。

3. 营造防护林 在果园四周选择速生杨、柳等速生树种营造防护林，株距1～2米，一般栽植双行。

4. 搭设立架 矮化自根砧果园和应用纺锤形树形的苹果树树体容易偏斜，中央领导干易弯曲，造成树势不均衡，影响果树产量和质量，应进行立架栽培。立架的搭设方法：

（1）固定架杆。顺树行每隔10～20米（自根砧10米、中间砧20米）栽一立柱，高400厘米，长宽各为10厘米的水泥杆或木橼、钢管，栽植深度70厘米，地上高度330厘米，立柱周围埋土夯实，立柱与地面垂直。地块两头立柱高400厘米、长宽各为12厘米的水泥杆或粗木橼、钢管，栽植时向外倾斜，与地面夹角80°左右。

（2）埋设地锚。将地锚拉线［镀锌钢（铁）丝］固定在两端立柱顶部20厘米处，地锚拉线与立柱夹角为45°～60°，地锚埋置在地下80厘米处，埋土夯实，地锚线用紧线器拧紧。

（3）固定拉线。用镀锌钢（铁）丝做立架拉线，在架杆上固定四道，每道铁丝相距80厘米，分别用紧线器拉紧。

（4）栽植竹竿。果树栽植后，在树干旁栽植竹竿或钢管，竹竿固定在铁丝上，树干用扎绳绑在竹竿上，一般当年前季栽植不缚绑，后季再缚绑，以利发枝。

5. 配套设施 现代果园要配套所需的管理用房、生产资料库房、临时果品贮存库、电力、滴灌设施等，以满足果园管理的需要。

（1）建设生产资料库房，每667米^2 5米^2。

（2）建设临时简易果品贮存库房，每667米^2 10～12米^3。

（3）建设排灌（水）系统。

（4）配套电力设施和滴灌（管道）施肥、喷药系统。

（5）果园周边建设1.5米高的围栏，阻止带病菌的人、畜入侵。

（6）配置果园气象站，适时测定气温、地温、土壤含水量、降水量、风速等，为果园科学管理奠定基础。

（二）选择品种

选择优质品种是果园早见效、见高效的关键。根据适生的地域条件，整体发展要早、中、晚熟种合理搭配，以分期供应市场，解决集中用工、集中上市等问题。泾川县窑店镇坳心村果农杨福荣生产的弘前富士苹果2010—2015年每千克高于长富2号红富士2～3元出售，较正常苹果价格高出30%；泾川县飞云乡闫崖头村薛宝成生产的蜜脆苹果 2012—2015 年每千克 7～10 元价格出售,高出红富士苹果 40%,供不应求,667 米² 收入两万元以上。因此,选择优质品种对果园效益至关重要。按主栽品种规模化的要求,面积在 20 公顷(300 亩)以上的果园应规划主栽品种 2～3 个,便于人工、机械合理使用和果品分期销售。

1. 优良鲜食品种

(1)富士优系:2001 富士、烟富 3、烟富 10、烟富 8、烟富 6、礼泉短富、红将军、玉花早富等。

(2)嘎拉优系:新嘎拉、丽嘎、早红嘎拉、秋红嘎拉、红盖露、秦阳等。

(3)元帅系:矮鲜、俄矮 2 号、天汪 1 号、首红等。

(4)其他品种:蜜脆、华硕、美国 8 号、华冠、信浓红、新世界、红盖露。

2. 优良加工品种 鲜食兼用品种:澳洲青苹、新乔纳金、红津轻、王林、秦冠。

(三)授粉品种

苹果自花结实坐果率低,果形偏斜,严重影响果品产量和质量。如果进行人工授粉,会加大果园投入。因此,建园时必须为主栽品种合理配置授粉品种。一般 1 个主栽品种配置 1 个授粉品种,但三倍体苹果品种必须配置 2 个授粉品种。授粉树的要求:

一是选择开花时期相同、与主栽品种亲和力高、经济价值高的品种作授粉树。

二是授粉树的量要足。一般要求 5:1 或 4:1。

三是配植方式要合理。5:1 的每 5 株主栽品种栽一株授粉品种,4:1 的每 4 行主栽品种栽一行授粉品种,切忌乱栽,力求达到最佳授粉效果和便于管理。

目前,欧美国家和日本大力推广苹果园海棠授粉,简单易行,效果很好。由于海棠花粉量大,一般主栽品种与授粉品种按 15～20:1 配置,最好在株间或行间栽植。面积在 2～3.3 公顷(30～50 亩)的果园授粉海棠栽植到果园四周,3.3 公顷(50 亩)以上的果园每隔 15～20 株栽植一株授粉树。目前发展的苹果品种适宜授粉品种组合见表 3-1。

表 3-1　苹果适宜授粉品种组合

主栽品种	苹果授粉品种	海棠专用授粉品种
富士	元帅系、津轻系、红玉、秦冠、金冠、嘎拉系	北美海棠(雪球、红绣球)、东北野苹果(楸子)
短枝富士	首红、新红星、金矮生	
乔纳金系	津轻、嘎拉系、元帅系、富士系、秦冠、金冠	
红将军	津轻、嘎拉系、元帅系、富士系	
元帅系	富士、金矮生、嘎拉	
金冠	津轻、嘎拉系、元帅系、富士系	北美海棠(绚丽、红丽、钻石)
津轻	元帅系、富士系、金冠、嘎拉、红玉	

（续）

主栽品种	苹果授粉品种	海棠专用授粉品种
华冠	嘎拉系、元帅系、富士系、美国 8 号	
嘎拉系	富士系、元帅系、美国 8 号、津轻、金冠	
蜜脆	嘎拉系、元帅系、富士系	
藤牧 1 号	元帅系、嘎拉、美国 8 号、津轻	北美海棠（凯尔斯、火焰）
澳洲青苹	津轻、嘎拉系、元帅系、金冠系	北美海棠（雪球、红绣球）、东北野苹果（楸子）
美国 8 号	藤牧 1 号、嘎拉系、元帅系、津轻	
信浓红	嘎拉系、元帅系、红将军	北美海棠（绚丽、红丽、钻石）
红香脆	美国 8 号、元帅系、富士系	
玉华早富	嘎拉系、元帅系	

第二节　整地改土，培肥地力

果园管理的关键是土壤管理，良好的土壤条件是果园优质高效的基础。因此，建园前要对园地进行分析改造、培肥地力，确保果树健壮生长。

一、土壤分析

果树栽植前要对园地土壤进行理化分析，根据土壤营养元素的盈亏，采取种草、增施有机肥、配施磷钾肥、石灰等措施对土壤有机质、酸碱度（pH）和养分进行调节，使土壤理化指标达到果树生长的最佳要求。

二、整地改土

为了创造有利于苹果根系生长发育所必需的土壤环境条件，使果园土壤水、肥、气、热始终保持适、足、稳、匀的状态，在川、塬区平地规划建园时，根据确定的行向和行距，开挖宽 1 米、深 0.8～1.0 米、上下一致的栽植沟（穴），疏松沟底土壤。开挖时间最好是夏挖秋栽或秋挖春栽，使深层土壤有足够的时间熟化。开挖时，表土、底土分开堆放，沟（穴）下部分层回填作物秸秆、杂草、树叶等有机物，并株施有机肥 40～50 千克、尿素 0.1 千克或硫酸钾 0.1 千克或氯化钾 0.15 千克、磷肥 1 千克；沟（穴）上部填入表土与有机肥、磷肥混合，最后覆上底土，促其熟化，为果树苗木栽植做好准备。但栽植自根砧果园，如果土壤为熟土地，不要挖大坑，仅挖 30 厘米坑就可栽树。

山地建园应先修筑梯田。一般坡度在 15°以下的山坡地建成较宽田面的水平梯田，修筑梯田要尽量做到"死土搬家，活土还原"，整好后的田面应及时翻耕和人工培肥。

三、土壤消毒

一般种小麦农田收获后经过翻耕和几个月的伏天强日照暴晒可消灭土壤中的病菌，但对于前茬曾经栽植过苹果树的园地，要采用土壤暴晒、施用石灰、喷40%甲醛100倍液、追施（EM）益恩木、木美土里菌肥、深翻换土、隔行栽植等措施进行土壤消毒。土壤暴晒是一种简单易行的土壤消毒技术，方法是在已经准备好建园的土地上，于炎热夏季用塑料薄膜覆盖土壤4周以上，以提高土壤温度，杀死或减少土壤中有害生物。一般土壤暴晒可引起土壤中铵态氮、硝态氮、镁离子、钙离子浓度和土壤导电性增加，土壤结构改善，团粒结构增加；土壤中的芽孢杆菌、荧光杆菌、青霉菌、曲霉菌、木霉菌等有益微生物种群数量增加，而土壤传播的有害生物群落数量降低，发病率减少。

四、种植绿肥或种草

为了确保果树栽植后健壮生长和优质高产，园地土壤有机质含量必须达到1%以上，达不到所需指标的果园，在果园栽植的前1～2年在园地采取种植绿肥、种草、增施有机肥等措施培肥地力。在陇东地区，一般可种植麦黑豆、油菜、芸芥、箭筈豌豆等产草量高的作物，于盛花期翻压土壤中，一年可种植两茬。种植两茬绿肥相当于每667米² 增施有机肥5 000千克。种植绿肥后对园地进行种草，选择黑麦草或黑麦草与白三叶草混合播种，可有效地提高土壤有机质含量，促进果树生长。

第三节　选用壮苗，精心栽植

一、选用优质苗木

优质苗木是建园和果园早果早丰、高产高效的基础。苹果苗木分乔化和矮化两种，在自然条件相对较好的川、塬平坦地方，应以发展矮化自根砧、中间砧果树为主，短枝型和乔化果树为辅。在有灌溉条件的地方，大力发展矮化自根砧果树，但均要栽植优质大苗。

（一）优质大苗选择

优质大苗由于根量大、苗干粗、芽眼饱、营养物质贮藏多，一般栽后成活率高，缓苗期短，发芽早，萌芽多，抽梢快，叶片大，成形快，结果早，易丰产。所以，大苗建园缩短了果园幼树期，减少了果园管理费用，使果树提早2～3年挂果和丰产，提高了果园效益。大苗的标准为：根系（砧木）2～3年，苗干（品种部分）1～2年，高度1.5米以上，干径1.5厘米以上，整形带内有6～

9 个分枝，长度在 40～50 厘米，分布均匀，根系健壮，超过 20 厘米 侧根 5 条以上，毛细根密集；矮化中间砧苗木的矮化砧长度 20～30 厘米，矮化自根砧苗木根砧长度 20 厘米左右。

一般建园时应按照国家有关苗木标准选择优质苗木（表 3-2、表 3-3）。

表 3-2　苹果实生苗质量标准（GB9847）

项目		一级	二级	三级
根	侧根数	5 条以上	4 条以上	4 条以上
	侧根基部粗度	0.45 厘米以上	0.35 厘米以上	0.30 厘米以上
	侧根长度		20 厘米以上	
	侧根分布		均匀、舒展而不皱缩	
茎	砧段长度		5 厘米以下	
	高度	120 厘米以上	100 厘米以上	80 厘米以上
	粗度	1.20 厘米以上	1.00 厘米以上	0.80 厘米以上
	倾斜度		15°以下	
	整形带内饱满芽数	8 个以上	6 个以上	6 个以上
	根皮与茎皮		无干缩皱皮，无新损伤处；老损伤处总面积不超过 1.00 厘米^2	
	结合部愈合程度		愈合良好	
	砧桩处理与愈合程度		砧桩剪除，剪口环状愈合或完全愈合	

表 3-3　苹果营养系矮化砧苗木的质量标准（GB9847）

项目		一级	二级	三级
根	侧根数	15 条以上	15 条以上	15 条以上
	侧根基部粗度	0.25 厘米以上	0.20 厘米以上	0.20 厘米以上
	侧根长度		20 厘米以上	
	侧根分布		均匀、舒展而不皱缩	
茎	砧段长度		10～20 厘米	
	高度	120 厘米以上	100 厘米以上	80 厘米以上
	粗度	1.20 厘米以上	0.80 厘米以上	0.70 厘米以上
	倾斜度		15°以下	
	整形带内饱满芽数	8 个以上	6 个以上	6 个以上
	根皮与茎皮		无干缩皱皮，无新损伤处；老损伤处总面积不超过 1 厘米^2	
	结合部愈合程度		愈合良好	
	砧桩处理与愈合程度		砧桩剪除，剪口环状愈合或完全愈合	

矮化自根砧苗木的国家标准尚未出台，但按生产实际栽植要求，一级自根砧苗木高度应在 1.5 米以上，干径 1.2 厘米以上，且带 6～9 个分枝，长度 40～

50厘米，根系发达；二级自根砧苗木高度应在1.2米以上，干径1.0厘米以上，带4～5个分枝，长度30～40厘米，根系发达；三级自根砧苗木高度在1.0米以上，干径0.8厘米以上，带有少量的分枝，根系发达。

（二）选用矮化苗木

苹果园矮化栽培是现代果业发展的方向，是优质高产高效的保证。现代果园的重要标志是苗木基砧的现代化，其次是栽培措施的现代化。所以，选用以自根砧或中间砧为标志的优质苗木，在不增加其他任何投入的情况下就可实现果园的早果、早丰。因此，应用矮砧苗木是苹果园早果早丰、高产高效的基础。乔化苹果树与矮砧苹果树栽培特点见表3-4。

表3-4　苹果乔化栽培与矮化密植栽培主要特点对照

栽培类型	乔化苹果园	矮化中间砧苹果园	矮化自根砧苹果园
适生地点	年降水量400毫米以上、年均气温大于8℃的山川塬地均可栽培	年降水量500毫米以上、年均气温大于9℃并有抗旱保墒条件或有灌水条件的山川塬地均可栽培	年均气温大于10℃，极端最低气温不低于−25℃，有灌水条件或抗旱保墒条件的山川塬地均可栽培
树形特点	树冠高大，果园易密闭，通风透光不良，光合效能低，营养消耗多积累少，不易成花和着色，丰产期较迟，但抗旱抗瘠薄能力强	树冠矮小，通风透光较好，光合能力强，消耗较少，营养积累多，较易成花，果个大，易着色，品质好；耐旱、耐瘠薄能力较差，需高水肥	树冠极矮小，通风透光好，光合效能强，营养积累多，果个大，易着色，品质好，优果率高，耐旱、耐瘠薄能力差，需高水肥和滴灌设施栽培
管理特点	管理技术复杂，难于标准化生产，不便于机械化作业，生产效率低，劳动强度大，劳动用工多，每667米²需劳动力工日80～90个	管理较方便，管理技术较简单，易于标准化生产，便于机械化作业，生产效率较高，节省劳动力，每667米²需劳动力工日60～70个	管理极方便，管理技术简单，易于标准化生产，便于机械化作业，生产效率高，节省劳动力，每667米²需劳动力工日30～40个
结果特点	结果晚（3～4年），早期产量低（每667米²500～1000千克），见效慢	结果较早（2～3年），产量高（每667米²3000～4000千克），见效较快，收益率较高	结果特早（0～1年），极易丰产，产量高（每667米²5000千克左右），见效快，收益率高
丰产机理	种子培育基砧，有性繁殖，苗木、树体、果品易变异，差异性较大，营养生长强，每个果实需50～60片叶，不易成花结果，丰产期较迟	叶片效能高，生殖生长强，易成花，20～25片叶子可以满足一个果实生长，中短枝多，养分积累多，易成花和早期丰产	基砧直接用矮化砧木，通过组培或扦插培育，无性繁殖，不易变异，苗木、树体、果品整齐度高，矮化作用强，叶片效能强，极易成花，丰产期早。但根系固地性能较差，需立架栽培

（续）

栽培类型	乔化苹果园	矮化中间砧苹果园	矮化自根砧苹果园
基础品种特点	海棠：抗旱耐寒，抗病力强，抗瘠薄，结果早，丰产，果实品质好，但不耐涝 山定子：根系发达，抗寒、抗腐烂病能力强，树体较高大、产量高。不耐旱，不耐盐碱，某些品种亲和力不强，不抗黄化病 野苹果：根系发达，耐旱耐寒，嫁接树体高大，产量一般，不抗白粉病 楸子：根系发达，抗旱能力强，抗逆性强，嫁接树体高大、产量高、品质好、寿命长	同乔化苹果一样，用海棠、山定子、野苹果、楸子做基础	M9-T337，特点：矮化效果显著，苗木、果树、果实整齐度高，早果丰产性强，宜作自根砧，是目前矮化自根砧的主要基础品种
中间砧品种特点	无中间砧，在基础上直接嫁接苹果品种	M26：矮化效果显著，果树果实整齐度较高，早果丰产性较强，苗木繁育速度慢，宜作中间砧 M9：根系浅，抗旱、抗寒、耐涝和固地性均较差，早果性很强，宜作中间砧或自根砧 MM106、MM111：半矮化易生根，树势强，固地性好，抗苹果绵蚜及病毒病，早果丰产，易感白粉病，宜作中间砧或自根砧或嫁接短枝型品种 SH1、SH6、SH40：嫁接亲和性好，早花、早果、品质优，比 M9、M26 的抗逆性强，耐旱、抗抽条，pH 高于 8.0 的土壤不抗黄化病	无中间砧，在矮化基础（M9-T337）上直接嫁接苹果品种即可形成矮化自根砧苹果苗木

（续）

栽培类型	乔化苹果园		矮化中间砧苹果园	矮化自根砧苹果园
栽植苗木标准及规格	国家 级苗木（基砧海棠或山定子，地径 0.8 厘米，苗高 1.2 米以上，主根长度 20 厘米以上，有 3～5 个侧根，须根发达）		三年生大苗（基砧海棠或山定子，中间砧 M26 或其他矮化砧木，中间砧粗度 1.2 厘米，长度 25 厘米左右，苗高 1.4 米以上，主根长度 25 厘米以上，有 3～5 个侧根，须根发达，带 3～5 个分枝）	三年生无毒大苗（基砧为 M9-T337，用组培或扦插繁殖，粗度 1.5～2 厘米，长度 20 厘米左右，苗高 1.4 米以上，主根长度 25 厘米以上，有大量的须根，带 4～6 个分枝）
栽植株行距	3 米×5 米或 3 米×4 米		2 米×4 米或 2 米×4.5 米	1～1.2 米×3.5～4 米
每 667 米² 栽植数	44 株或 56 株		83 株或 74 株	220 株或 167 株或 111 株
每 667 米² 建园投资（元）（按 2014 年上半年物价指数计价）	苗木	150	1 200	15 000
	立架设施	无	3 000	3 500
	滴灌设施	无	2 500	2 500
	肥料	150	240	600
	机械	200	300	600
	用工	200	400	1 800
	合计	650	7640	24 000
进入挂果期年限	3～4 年		2～3 年	1 年
进入丰产期年限	5～7 年		3～4 年	2～3 年
丰产期每 667 米² 产量（千克）	2 000～4 000		3 000～4 000	4 000 以上
优果率（%）	75% 左右		80% 左右	90% 以上
投资回收期限	6～7 年		5 年	4 年

如果采用高纺锤形树形必须选用多分枝的苗木。美国康奈尔大学等多个科研单位研究表明，大苗的分枝越多，第二、第三年的产量越高。如果采用无分枝的或是直径过小的苗木，直到第四、第五年结果量才会比较显著，那么对于高纺锤系统的极高的早期投入往往会变得难以承受，也就失去了通过高密度种植达到高利润的意义。因此，高纺锤形系统中使用的苗木直径不要小于 12 毫米，有 6～9 个布局合理、长度不超过 60 厘米的侧枝，最底部的侧枝与地面的距离不要小于 80 厘米。

二、栽植密度

1. 乔化果园 山、旱塬地果树生长较弱，株行距为 2~3 米×4~5 米，每 667 米² 栽 83~44 株。川地、水肥条件较好，果树生长旺盛，株行距以 3 米×5 米或者 4 米×5 米，每 667 米² 栽 44~33 株。管理技术水平较高的（包括短枝型品种），可适当增加密度，达 2~3 米×4~5 米，走变化性密植的路子，设永久性和临时性两种树，对永久性的选自由纺锤形或改良纺锤形，临时树选细长（高）纺锤形。

2. 矮化果园 一般采用宽行窄株的栽植方式，矮化自根砧苗木建园株行距采用 1.2~2.0 米×3.5~4.5 米，每 667 米²84~170 株。矮化中间砧苗木建园采用 1.5~2.0 米×3.5~4.5 米的株行距，也可根据砧木、品种、区域等因素综合决定。

3. 变换密植果园 栽培管理条件和技术水平较高的地方也可进行变换型密植栽培，这是提高果园早期产量的一种有效栽植方式。

（1）先稀后密。为促进及早成园和便于幼树管理，川塬地采用分期变化密度方式建园，操作中初植密度株行距为 2 米×10 米（每 667 米² 33 株），果树全部按永久株来管理，等栽植 4 年后再按每隔 1 株间移 1 株，将大苗移出整体在同一块地加密栽植 1 行，使株行距变为 4 米×5 米。

（2）先密后稀。栽植时，分永久树和临时树，永久植株按正常确定的株行距栽植，在其行间或株间采取增栽临时植株。对永久树，按预定树形进行整形修剪。对临时株，促其提早结果，并控制树冠增大。当永久植株成形时，定期移走或间伐临时植株，以保证永久植株的正常生长和结果。这种栽植方法要求高、精、细管理措施，才能收到预期效果。否则，如果按一般园管理，很难达到满意效果。

表 3-5　苹果园常见密度互变表

栽培方式	间伐前		间伐方式	间伐后		目标树形	备注
	株行距（m）	密度（每667 米² 株数）		株行距（m）	密度（每667 米² 株数）		
矮砧果园	1.5×3	148	隔 1 株挖 2 株	3×4.5	49	改良纺锤形	株行互变
			隔 1 株挖 1 株	3×3	74	自由纺锤形	
	2×3	111	隔 1 株挖 1 株	3×4	56	改良纺锤形	株行互变
	1.5×3.5	127	隔 1 株挖 1 株	3×3.5	63	改良纺锤形	
	2×4	83	隔 1 株挖 1 株	4×4	42	中干开心形	
乔化果园	3×3	74	隔行间伐	3×6	37	中干开心形	
	2×4	83		4×4	42	中干开心形	
	3×4	56	隔 1 株挖 1 株	4×6	28	中干开心形	株行互变
	3×5	44		6×5	22	中干开心形	株行互变

三、栽植方式及行向

1. 栽植方式　苹果栽植应以行距大于株距的单行长方形栽植方式为主，这种宽行窄株栽植方式，有利于果树通风透光和果实着色及品质提高，同时也便于田间操作和进行机械化管理。

2. 栽植行向　果树栽植以南北行向为主，南北行向栽植生长季能充分利用太阳辐射，树冠两侧受光均匀。在一天内，上午东面晒阳，中午光照强时，入射角度大（太阳光线与地面构成的夹角），下午西面晒阳，而且时间基本相等。据介绍，在 6 月测定，以树上光照为 100%，南北行向果园树冠上部光照为89.6%，而东西行向果园树冠上部光照仅为 78.8%。另据研究，南北行向吸收的直射光比东西行向多 13%，而漫射光则与行向无关。

四、科学栽植

（一）栽植时期

苹果树一般春、秋两季都可栽植。春栽指土壤解冻后至发芽前的栽植，一般栽后缓苗期长，发芽迟，生长慢。秋栽指在落叶至土壤封冻前的栽植，秋栽地温较高，土壤墒情好，苗木断根伤口易愈合，并可产生新根，有利于根系恢复，来春发芽早，成活率高，但秋栽应压苗埋土防寒。在甘肃省陇东地区大多数地域春季干旱多风，无灌溉条件，应以秋栽为主。

栽植三年生以上大苗，由于苗干粗壮不易压倒，必须在春季栽植。由于大苗萌芽迟，所以栽植时要比其他常规苗木迟栽 2 周左右，最好在苹果花期栽植，地温高，缓苗期短，成活率高。

（二）栽前准备

1. 定点挖坑　栽植前，根据确定的株行距在已经开挖回填好的栽植沟（穴）中部划线定点，要求定植点纵、横成行。以定植点为中心挖 50 厘米见方的栽植坑，矮化自根砧挖 30 厘米见方的坑。

2. 苗木处理　苗木栽植前，要做好以下方面的工作：

（1）核对登记。对调入的苗木品种进行核对、登记，避免栽乱。

（2）分级排队。同一果园应栽植同一级别的苗木，使高度、大小基本一致，达到果园面貌整齐，方便管理。对质量较差的弱小、畸形、伤根过多的苗木，应及时剔除假植或单独栽在一处。

（3）苗木修根。对分级排队的苗木，将主、侧根毛茬部分剪除 0.5 厘米，利于产生新根，提高成活率。

（4）根系浸泡。用 ABT 3 号生根粉 100 毫克/千克泡根 4 小时或维根营养液800 倍或 0.3% 磷酸二氢钾溶液泡根 10 小时后栽植，有利于生根及成活。如果苗木有失水现象，要将苗木放在水中浸泡 12 小时以上才能栽植。

（5）泥浆蘸根。栽植时，配制磷肥泥浆蘸根，具体配方：优质过磷酸钙 1.5 千克＋黄土 10 千克＋水 50 千克，充分搅匀，将苗木根系完全浸入泥浆中，半小时后栽植或随蘸随栽，可促使根系生长，显著提高苗木成活率。

（三）栽植方法

1. 深栽浅埋 将定植坑底部先培成小丘状，再将处理好的苗木放于坑内，使根系均匀分布在土丘之上，扶直苗木，校正位置，顺株行标齐。然后在根系周围回填细土至全部根系后提苗，以舒展根系，并进行第一次踩土，再回填细土，进行第二次踩土，使土壤紧密接触根系。特别注意：在栽植时要掌握好深度，栽植过浅影响成活，栽植过深不利于幼树生长，一般乔化果苗应使苗干上的原土印（苗木在苗圃生长时与地面平行处的土印）与地面平行；矮化中间砧或矮化自根砧苗木应使中间砧或自根砧的长度露出地面 5～10 厘米。

2. 封土保墒 土壤墒情过差时，在苗木根系周围尽量填入墒情好的表土，并在苗木周围做直径 1 米的树盘，及时灌水，然后封土保墒。有滴灌条件的立即进行滴灌，确保苗木有充足的水分供应。

3. 栽植预备（假植）苗 同一果园栽植时，在果园内用 30 厘米塑料营养钵栽植 10%左右同品种、同质量的"预备苗"，如发现有未成活或损坏的植株，可立即移栽补植，以保持园貌整齐一致。

（四）栽后管理

1. 及时定干 为提高成活率及生长量，春季栽植后或秋栽春季苗木刨出后及时定干，川区定干高度 1 米为宜，山塬区 80～90 厘米为宜，切忌等发芽后定干，既损失营养，又影响成活。秋季栽植时对较高大的苗木为了便于埋土，可先在 1.2 米处预定干，待第二年春季再正式定到所需部位。如果苗木质量差，有的达不到定干高度的苗木，可适当低一些（但必须在剪口下留 10 个左右饱满芽，待长到 85～90 厘米时夏季进行重摘心）。定干后及时用果树愈合剂封涂剪口，以防抽干。但栽植有分枝的自根砧大苗，不要进行定干，仅去除大分枝，即去除超过同部位中央干粗度的 2/3 者。

2. 埋土越冬 冬季气候比较寒冷、干旱并伴有大风，秋栽苗木露地越冬后往往会发生苗干失水干枯，这种现象称为风干抽条。为防止风干抽条，避免畜兔啃伤苗木，提高成活率，秋栽苗木在土壤封冻前必须进行埋土防寒。方法是在苗干基部培 30 厘米高的小土堆，土堆踩实，将苗木顺西北方向压倒，在苗干上部培 30 厘米厚的湿土，即可预防冻害，又可保墒增湿提高成活率。

3. 刨土定干 先一年秋季栽植埋土的苹果苗木，陇东地区一般在清明过后气温回升并稳定时进行刨土放苗。泾川县通过多年试验示范，总结出刨土最佳时间在土壤 20 厘米地温达到 8℃后即可刨苗，切勿过早或过晚，过早地温低根系不能吸收地下水分造成地上苗木失水，仍然风干抽条，过晚容易引起烧芽。苗木刨出后，要扶正枝干，按定干要求立即进行定干，剪口涂抹伤口保护剂。

4. 浇水覆膜　春季苗木定植后或秋栽苗木刨出后浇水覆膜对提高成活率特别重要，每株浇定根水 20～40 千克（内加 800 倍维根营养液生根效果特别好），水渗干后扶正苗干，平整树盘，然后及时覆盖 80～100 厘米宽的地膜，以提高地温，防止水分蒸发。

有滴灌条件的果园当苗木栽植后立即进行滴水，确保苗木成活。苗木栽植 10 天（发芽）后，每 100 升水中加入氮磷钾含量各为 20∶20∶20 的水溶性肥料 6.4 千克进行滴肥，以促进果树快速生长。

5. 树干套袋　苗木套袋能有效防止苗木失水抽条和病虫危害，使苗木发芽早而整齐，新梢生长速度快，并可促发新根，缩短缓苗期，促进成活。一般套宽 6 厘米、长 90～100 厘米的塑膜袋，顶端封闭并让出 5 厘米的空间。当苗木发出的新枝长到 2～3 厘米时，先将袋子顶部用剪刀剪去一角，使其透气并与外界气温相一致，预防枝叶日灼，2～3 天后再去掉袋子，切不可在晴天的中午一次性去掉袋子，这样会造成枝叶严重烧伤。

6. 及时补栽　春季栽后两周应逐园、逐地块检查苗木成活情况，未成活的苗木及时用假植苗更换补栽。

7. 防治病虫害　果树叶片长出后及时喷施 20％绿色功夫 2 000 倍液或 48％乐斯本 1 200 倍液＋70％甲基硫菌灵 800 倍液预防金龟子、卷叶虫、白粉病等病虫害。

8. 追施肥料　有滴灌条件的果园，苗木栽植 1 个月后给幼树滴施 100 毫克/千克氮素溶液，每周滴 1 次，一次为 4 小时。进入 5 月滴施磷酸一铵或氨基酸类水溶肥。无滴灌条件的果园，在 5 月下旬每株追施氮磷钾含量各 15％的果树专用肥或复合肥 0.3～0.5 千克，环状沟或条状沟施入。

9. 整形修枝及立支架　对苗木当年生发出的枝条一般不抹芽，主干 50 厘米以下发出的强旺枝在 6 月后可剪除。进入 7 月，立架栽培的矮化苹果树，在苹果树所处部位的立架四条拉线上栽植竹竿或固定铁丝，用树干缚绑机或塑料扎带将主干缚绑在竹竿上或铁丝上，使树干直立。

第四章
土壤管理技术

　　土壤是人类赖以生存和发展的基础资源和生态条件，是苹果树生长与结果的基础和水分养分供给的源泉。土壤质地和营养水平直接代表土壤肥力，它影响苹果树生长发育和产量质量形成。改良土壤、培肥地力、合理灌溉，满足果树土壤肥力的需要，是确保苹果树在最适条件下健壮生长，实现早产早丰、稳产优质、生态安全的根本所在。近几年国内外实践证明，果树在满足其他措施的情况下，要达到早产早丰、优质安全、低投入、高产出，土壤管理是首要条件。

第一节　根系生长及对土壤环境的要求

　　根能把苹果树固定在土壤中，根系能吸收土壤中的水分和矿物质养分及少量的有机质，并有贮藏水分和养分的功能。根系还能合成细胞激动素和生长素等。因此，根系的好坏直接影响到苹果树的地上部分生长及结果。

一、根系生长

　　1. 根的种类　苹果树根系有主根，又叫垂直根，根长 1 米以上，主根起到固定树体的作用。主根上着生侧根，又叫水平根，多集中在距地表 20～40 厘米处，侧根上着生须根，根的先端为根毛，是直接从土壤中吸收水分和养分的器官。

　　2. 根的生长　根在一年生长中有 2～3 次生长高峰，幼树多为 3 次，成龄树为 2 次。第一次高峰从（3 月中旬至 4 月中下旬）萌芽开始，到新梢旺盛生长转入缓慢，时间较短，发根较少，主要发出细长根，此时肥料施的多会促使长枝发生；第二次高峰（5 月下旬至 6 月下旬）是新梢缓慢生长到停长期，发根时间较短，主要发生细根和网状根，此时施肥有利于花芽形成；第三次高峰是果实采收后的 9 月上旬至 10 月上中旬，一直持续到 11 月中下旬，此期是一年中发根时间最长的时期，发根数量多，多以须根为主，有利于短枝形成，进而促进花芽形成，生产上多掌握在此时增施基肥，对果树贮备营养特别有利。

　　根系在生长中有 3 个趋性：一是趋肥性，即向有肥料的地方生长延伸；二是趋避性，同一树种根系不交叉生长，当两棵树根系快接近时互相避让，有一棵树根系向深处延伸；三是极性，果树根系始终向地下生长，而枝条向上生长。

二、根系对土壤环境的要求

1. 土壤厚度与质地　苹果树根系多分布在 10～50 厘米范围内，50 厘米以下根系数量逐渐减少。所以，一般要求根系生长土壤厚度为 80～100 厘米。适宜于苹果树生长的土壤应该是肥沃、保水、保肥能力强的壤土和沙壤土，否则，就要进行改良。

2. 土壤温度　苹果树的根系没有自然休眠期，只要条件适宜，终年都可以生长。但由于受冬季低温的限制而被迫休眠。据报道，苹果的根系在 0℃开始活动，3℃开始生长，5℃生长新根，7℃生长加快，13～26℃生长最适，30℃后生长不良，30～35℃停止生长，35℃以上根系死亡。所以，形成苹果树每年 3 次生长高峰期。

3. 土壤水分　土壤含水量 14%～16% 生长良好，11% 生长缓慢，小于 9% 停止生长。

4. 土壤通气性　土壤中氧气含量在 12% 以上苹果树才能正常生长，15%～20% 生长最好，10% 以下生长不良，1.5% 根系死亡。生产实践证明，凡是土壤透气性能好的果园，树体发育好，枝条光亮，枝粗节短，树皮光滑；地下根系分权多，上下内外分布均匀，毛根多，尖削度大；树势健壮，易成花，结果早，产量高而稳定。土壤质地坚硬、板结，透气性差，果树生长不良甚至死亡。

5. 土壤酸碱度　土壤 pH5.7～6.7 最好，小于 4 或大于 8 生长不良。

6. 土壤营养　经试验示范表明，苹果园土壤有机质含量必须达到 1% 以上以至 5%，全氮在 0.1% 以上，速效氮 95～110 毫克/千克，有效磷 40～50 毫克/千克，速效钾 100～150 毫克/千克，有效锌 1.0～3.0 毫克/千克，有效硼 1.0～1.5 毫克/千克，有效铁 10～20 毫克/千克。土壤肥沃，根系密度大且集中。否则，根系小少。多施有机肥根系发达，毛细根多，短枝多，易成花；氮肥多，根系易旺长，枝条易徒长；多施磷钾肥吸收根发育好，有利于成花结果、增加着色、提高品质。

第二节　土壤管理技术

土壤管理的关键是满足果树对水、肥、气、热四大肥力因子的需要，而土壤肥力的首要条件是土壤有机质，有机质是水肥气热的载体，其含量越高土壤肥力越高。美国、澳大利亚等果业发达的国家，苹果生产第一年每 667 米^2 产果 1 吨，5 年后稳定在 5 吨，除优质矮化自根砧大苗外，最关键的是果园肥水供应稳定、高产稳产的土壤基础十分牢固。在西北黄土高原地区，由于干旱少雨、植被稀少，土壤以壤土或沙壤土为主，土壤有机质含量仅为 $0.1\%\sim1.0\%$ 之间，形成土壤瘠薄，特别是春季干旱，秋季多雨，土壤水分供应不稳定，大小年严重，即使是矮密果园也达不到应有的产量标准，成为果园标准化管理上的第一障碍。因此，要把覆盖稳定土壤含水量、提高土壤有机质含量、培肥地力作为果园管理上的第一措施，在生产中认真解决落实。

一、改土培肥

土层深厚、土质疏松、通气良好的土壤，保肥持水能力强，土壤微生物活跃，有利于提高土壤肥力，从而便于根系生长和吸收，对稳定树体、提高产量和品质具有十分重要的意义。针对陇东地区部分果园土层瘠薄、结构不良、有机质含量低、土壤偏碱，不利于果树生长、结果的问题，应及早采取措施进行改良。

（一）加深活土层

建园前后重视农家肥使用，并进行合理间作，可有效加深活土层厚度和加速土壤熟化，使不宜栽种苹果树的地块逐步变成适宜的园地。土壤结构差，通气性不良，适当进行深翻。

（二）改良土壤结构

在陇东，除部分沙石土质的川台地为坚实的硬胶泥层或板沙，多数苹果园表土耕作良好，但在 $20\sim30$ 厘米以下则由于长期使用旋耕机翻地，导致土壤板结、活土层减少，严重阻碍苹果树根系的生长发育，应采取以下方法改良。

1. 合理深翻改良　苹果树根系分布的深浅与生长结果关系密切，支配根系分布深度的主要条件是土层厚度和理化性状。合理深翻可改良土壤结构，改善土壤通透性能和提高土壤蓄水保墒能力，为果树生长、结果和品质提高创造和提供良好的水、肥、气、热条件。

深翻时间以秋季果实采收后结合秋施基肥最为适宜。苹果树主要根群多集中在 $20\sim40$ 厘米土层内。新定植的幼树，栽后头几年应逐年扩穴深翻，方法是从定植穴外缘向外挖宽 $50\sim60$ 厘米、深 $30\sim40$ 厘米的环状沟或条状沟，先填活土和有机肥，再填底土，翻至株行间全部交接时为止；而机械化水平高的成龄果园，除树盘外即可每隔一行翻一行（行内全部深翻，来年再翻留下的隔行），也可全园一次翻完。深翻不必年年进行，一般 $3\sim4$ 年一次即可。但是，自根砧苹果园根系浅，不提倡深翻。

2. 压土（或掺沙）改良　对土层较薄或保水保肥能力差的川台地块采用这种方法改良，具有增厚土层、改善土壤结构，保护根系，防止风蚀和流沙，提高保肥保水能力和增强地力的作用。

方法是把较肥沃的地表土拉运到改良果园，均匀分布，或通过耕作措施把所压土或所掺沙与原有土壤逐步混合起来。压土与掺沙时期一般在晚秋初冬进行，经过一个冬季土壤充分熟化，有利于来年果树生长发育。压土和掺沙厚度要适宜，过薄起不到预期作用，过厚对果树发育不利，一般厚度为5～10厘米。

3. 深耕及免深耕 在秋末冬初或春季对果园土壤进行深耕具有疏松土壤、改善土壤透气性、增加土壤团粒结构、优化土壤水、肥、气、热相互间的关系、提高土壤肥力的作用，为苹果根系生长创造适宜的土壤环境，不断扩大根系活动范围。

果园深耕一般多在30厘米上下的深度范围内进行，一般是人工用铁铲翻耕或机械深耕，但由于深耕费时费工，劳动力投入大，目前在许多果园放弃了此项工作。四川成都新朝阳生物化学公司根据土壤改良原理，研制而成的"免深耕"新型土壤调理剂，突破了目前国内外土壤改良剂、保水剂、保墒剂的作用机理，从改善土壤结构性方面来改良土壤，可广泛应用与适合免耕和少耕的各类耕地。

（三）增加有机质

有机质所含营养元素比较全面，除果树需要的主要元素外，还含有微量元素和许多生理活性物质（包括激素、维生素、氨基酸、葡萄糖、DNA、RNA、酶等），故称完全肥料，但多数施入的有机质需通过微生物分解释放才能被果树根系所吸收，故也称迟效性肥料。陇东地区果园有机质含量普遍较低，因此土壤培肥的重点是增加有机质，方法是：翻压绿肥，增施厩肥、堆肥、土杂肥和作物加工废料，地面盖草等，保持土壤疏松透气。

（四）调节土壤酸碱度

苹果树最适宜的土壤 pH 为 5.4～6.8，过大过小都会影响果树根系对营养元素的吸收。陇东地区多为碱性土壤，pH 大多数大于7以上，会使果树发生多种生理障碍，出现叶片黄化和缺素症。一般调节的方法：一是结合施肥，施西部果友联盟的土壤酸碱调整水溶肥。二是多施有机肥和酸性化肥，如硫酸铵、过磷酸钙、硫酸钾、腐殖酸等，用化肥中的酸去中和土壤中的碱。三是在川水地建立排灌系统，定期引用淡水灌溉，进行灌水洗盐、冲淡盐碱含量。四是地面铺沙、盖草或覆盖腐殖质土，以防盐碱上升。五是营造防护林和种植绿肥，以降低风力风速，减少水分蒸发，防止土壤返碱。六是勤中耕，春季顶凌耙磨、夏季松土除草，切断土壤毛细管，降低水分蒸发量，防止盐碱上升。

（五）施用微生物肥料

微生物肥料含有大量有益微生物，可以改善果树营养条件、固定氮素和活化土壤中一些无效态的营养元素，创造良好的土壤微生态环境来促进果树生长。例如固氮微生物肥料，可以增加土壤中的氮素来源；多种溶磷、解钾的微生物（如一些芽孢杆菌、假单胞菌）的应用，可以将土壤中难溶的磷、钾分解出来，变为作物能吸收利用的磷、钾化合物，使果树生长环境中的营养元素供应增加；一些微生物肥料的应用还会增加土壤有机质，提高土壤肥力。

目前使用的微生物肥料市面上有近千种，合格的微生物肥料有效活菌数（cfu）≥0.20亿个/克，有机质（以干基计）≥25.0%，水分≤30.0～15.0%，pH5.5～8.5，粪大肠菌群数（毫升）≤100个/克，蛔虫卵死亡率≥95%，有效期≥6个月。按产品中特定微生物种类或作用机理又可分为若干个种类，目前有固氮菌剂、根瘤菌剂、溶（解）磷菌剂（土壤磷活化剂）、硅酸盐菌剂、光合细菌剂、有机物料腐熟剂、促生菌剂和复合菌剂等，一般每667米^{2}使用量为10千克。

二、果园覆盖

当前，世界果园耕作提倡免耕、种草、覆盖。原有的清耕方式，使耕地生态环境恶化，土壤结构遭受破坏，造成土壤板结和通透性差，严重制约果树生长。因此，把果园地面管理由"清耕制"变为"免耕覆盖制"。日本、美国、加拿大、新西兰等国家的苹果园其共同特点是建园前或建园后果园进行生草覆盖（即行间生草，株间覆草或喷除草剂，土壤多年不深翻），有效地提高了土壤有机质含量。覆盖作为现代果园土壤管理的重要措施，在果园管理中已全面推广应用，特别是在黄土高原地区通过覆盖措施的应用，克服了果园管理上干旱、低温等诸多不利因素，使果树能够正常生长，提高产量和质量。同时，在目前劳动力紧缺的情况下，可大幅度降低果园用工，是果园轻简栽植的重要措施。

（一）果园生草

果园生草是实现果园生态化、机械化、有机化的主要途径，是现代果园土壤管理的方向。在美国、荷兰等果业发达国家，建园前先生草2～3年，地力培肥后再栽植果树，为果园优质高产高效奠定了良好的土壤肥力基础。

1. 生草的作用

（1）增加土壤有机质含量和速效养分含量。生草果园草翻压后产生大量的有机质，能改善土壤理化性状，提高土壤肥力，使果树根系强大，地上部分生长旺盛。经试验，果园连续3年生草，土壤有机质含量可增加1%。同时，40厘米土层内速效氮提高2倍，有效磷提高1.1倍，速效钾提高422%。

（2）保持土壤墒情，改善果园小气候。生草果园可减少行间土壤水分蒸发和吸收、调节地表水的供应平衡，生草刈割覆盖树盘（行）保墒能力强，使果园土壤中的水、肥、气、热因子协调，空气湿度提高，夏季高温凉爽，既有利于果树生长，又可减轻果树日灼病的发生。据有关试验表明：生草条件下土壤水分损失仅为清耕休闲果园的1/3。

（3）疏松土壤，果树根系生长时间延长。生草与清耕果园比较，土壤物理性状好，土体疏松易碎，通气和透水性好，有利于蚯蚓繁殖，促进土壤团粒结构形成，春天提温早，炎热夏季能降低地表温度，晚秋能增加土壤温度，延长根系活动1个月左右，对增加树体养分贮存，促进果树生长，充实花芽，提高产量、质量具有十分良好的作用。同时，冬季可以减轻土壤冻土层，减轻和预防根系冻害。

（4）平衡土壤酸碱度。苹果树要求土壤酸碱度在 6.0～7.5 之间最好，高于 8、低于 4 都对苹果树生长不利，主要是酸碱度影响了果树对土壤营养元素的吸收，虽然施肥量充足，但果树吸收利用率低（图 4-1）。草在生长过程中产生的腐殖质平衡了土壤酸碱度，有利于果树对各种营养元素的吸收利用。

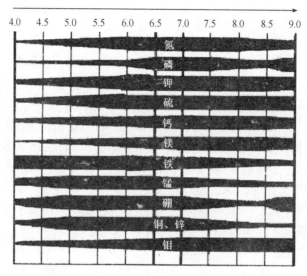

图 4-1　不同 pH 下土壤养分元素果树吸收形态可供状况

（5）提高果品质量和效益。生草果园由于空气湿度和昼夜温差增加，使果实着色率、含糖量、果实硬度及耐贮性明显改善，尤其在套袋果园，果实套袋后和摘袋后最易受高温和干燥影响，果面容易发生日灼和干裂纹，果园生草能有效避免和防止以上现象发生，提高果实外观品质。

（6）降低成本、减轻劳动强度。据泾川县生草果园调查，生草果园每 667 米² 可减少锄草、深翻用工 6～7 个，减少投资 500 元左右，减少了劳动力投入，降低了生产费用。

2. 生草措施　果园生草在生长过程中要消耗一定的水分和养分，因此，生草适宜在年降水量大于 500 毫米以上地区推广，在年降水量 500 毫米以下地区果园生草必须有灌溉条件。果园生草可分为人工种草和自然生草两种方式，均有相同的效果。

（1）人工种草。

① 选择草种的要求。ⓐ多年生，生育期较短，适应性强；ⓑ植株低矮或匍匐，有一定产草量和覆盖效果；ⓒ根系以须根为主，浅生性好；ⓓ与苹果树无共同病虫害，不是果树害虫和病菌的寄生或宿生场所；ⓔ易管理、耐践踏、不

怕机械倾轧；f较耐阴，易越冬，耗水量较少。

② 适宜种植的草种。在陇东地区，目前比较好的果园生草种类有两大类：一是禾本科牧草，如早熟禾、野牛草、黑麦草、燕麦草、鸡肠子草等，这类草根系浅，耐旱，生活力强，一般高 10～50 厘米，在土壤水分好（降雨均匀或有灌溉条件）的环境，1 年刈割 3～4 次，年产草量每 667 米^2 2 500 千克左右。另一类是豆科牧草，如白三叶草、匍匐羽扇豆、扁茎黄芪等。这类草的根系较粗壮，多具有根瘤菌，肥地效果好，一般高 20～50 厘米，土壤水分好的环境一年可刈割 2～3 次，年产草量 1 100～2 000 千克。在陇东地区目前主要推广黑麦草、白三叶草、扁茎黄芪和百脉根等抗旱草种，实施机械化管理的果园，不宜单独种植白三叶草，主要问题是它不耐机械碾压。另外，干旱地区果园 8 月可播种油菜，到 5 月盛花期翻压，既可保墒，也可增加有机质。一个果园种草最好只种一种，但也可按照禾本科或豆科草种 2∶1 或 1∶1 的比例混种，如黑麦草与白三叶草混合种植。

③ 种草的时期和方法。

A. 种草时期：禾本草、豆科草，春夏秋均可播种，但以土壤墒情好、地温稳定在 15～20 ℃时出苗最整齐。在陇东地区，4～6 月播种，因高温、干旱，出苗较差，而在 8 月下旬到 9 月上旬播种，降雨多、出苗好。但种前要将杂草除干净后再行播种。

B. 播种方法：一般要求带状生草，即行间种草、株间清耕休闲或者免耕覆盖，由于生草需要一定的水分和养分，所以不提倡全园生草。株行距 3 米×5 米的苹果园，5 米行间种 2～3 米生草带。播种前先将园内杂草清除，深翻地面 20 厘米，墒情不足时，翻前灌水补墒，翻后耙磨整平地面。条播撒播均可，但条播更利于管理，易浅播，一般行距 25～30 厘米、播种深度 0.5～1.5 厘米（禾本科草类，播种时可相对深些，一般为 3 厘米左右）。播种量每 667 米^2 0.5～1.0 千克。

④ 种后管理。种草后要加强管理，不能放任不管。播后当年管理是种草的关键。春季播种的如遇天气干旱，要适量补水或少量覆草，确保出苗整齐，防止伏天造成死苗；秋季播种的冬季可覆盖农家肥或黄土，利于幼苗安全越冬。在幼苗期，要勤除杂草，轻微追施少量氮肥，促使生草尽快覆盖地面。成苗后，需补充少量磷钾肥，促进健壮生长和草根扎稳，后期与刈割覆盖相结合。生草第二年后，当草长至 30 厘米左右时应及时刈割覆盖于树盘，刈割留茬 5～10 厘米。在果树生长前期要勤割草，利于果树早期生长，中期花芽分化时割草 1 次，保证树体地下营养供给；后期要利用草的生长，吸收土壤多余的氮营养，促进果实着色，同时保证最后 1 次割草时有部分草籽，为来年所用。割下来的草覆盖树冠下清耕带，即生草覆草相结合，达到以草肥地目的。生草果园要避开天敌繁殖期，结合树体喷药，对地面生草一并防治病虫鼠害。果园生草 4～6 年后，结合秋施基肥，分年逐步翻压更新。更新办法最好翻耕，增加土壤有机质，

休耕1~2年再种新草。

（2）自然生草。

① 自然生草的草种和要求。与人工种草的草种和要求基本一样，但自然生草应控制杂草高度，对个别恶性草要进行灭除（铲除或用除草剂），如地格、冰草等。陇东果园春季多有荠菜、苦菜花、紫花地丁、车前等较矮的草，可以不管，这类草多了，别的草就少。小旋花、灰菜、茵陈蒿、猪毛菜、苋菜等幼草也无害，但要让它们长高后再灭除。自然界任何杂草都有增加土壤有机质和保持水分的功效，实践中自然生草理应接受，切忌"见草为敌"和"除草务净"，关键是有效控制住杂草有害的一面，只要自然合理有效利用，也可节省因杀灭杂草耗费的劳力和物力投入。在许多生草果园，原先虽只种一两种草，但渐渐却长出了其他一些杂草，使人工种草果园变成了有多种草的自然生草果园，实际这种效果也很好。

② 适宜推广的优良草种。目前，在陇东黄土高原地区有一种自然生草的草种——鸡肠子草，又名雀儿蛋、铃铃草、蚂蚁草、灯笼草等，属石竹科繁缕属植物。该草为一年生或二年生植物，生长期8个多月，株高10~30厘米，全身具有短柔毛。茎细柱形并多数簇生，叶对生，主根和侧根细，主根长5~10厘米，侧根长2~5厘米，须根发达。它的主要特点：

A. 根系浅。鸡肠子草主根、侧根全为细须根，根系长度5~10厘米，粗度0.1~0.2毫米，比三叶草的根系更浅更细，自身需肥需水量少，不与果树争水争肥，可有效节省土壤养分。

B. 植株矮。鸡肠子草在果园的生长高度多在10~15厘米，生长慢，植株细嫩，多匍匐于地面生长，整园能形成一个绿色的地毯式覆盖层，保肥保水能力强，可全年不进行刈割，可有效地防止水分、养分散失。经调查对比，保水保肥能力比三叶草提高50%左右。

C. 适应性强。鸡肠子春季发芽早，冬季11月底还能正常生长，耐寒、耐旱、耐瘠薄能力强，便于栽培管理，不像三叶草在干旱时易枯死、遇冬季低温时容易冻死。

D. 繁殖容易。鸡肠子草从种子发芽到开花结实30天左右，同时由于种子在土壤中深浅不同，种子发芽时间也不一致，形成世代生长不整齐，春季4月后到11月底整园幼苗生长、开花、结实同时进行，草籽落于土壤中大约7天就能长出新草，所以繁殖非常容易。

E. 管理方便。鸡肠子草不需过多的管理，只是种草或生草后一二年清除园内的其他杂草即可，并且耐踩踏，不因施肥、打药、疏花、套袋、摘果等田间管理而损坏草面。

F. 成本低廉。鸡肠子草在陇东地区是一种自然草种，主要是人为果园管理时随鞋子将种子由甲园带到乙园，乙园带到丙园，或随风雨传播。如果需要种植，秋季将鸡肠子草进行刈割，撒于果园行间即可，来年便全园蔓生。因此，每 667 米² 可节省种子成本 120 元左右，节省劳动力 2 个工日 200 元左右，每 667 米² 可节省成本 300 多元。并且可种植一年，多年利用。

鸡肠子草在年降水量 400 毫米左右的半旱地区生长良好，植株矮小生长慢，匍匐生长覆盖度大，形成整齐一致的覆盖层，可有效地抑制其他杂草生长，保水保肥能力强，是目前最理想的果园自然生草草种，应大力推广应用。

自然生草比种草更能增加土壤有机质含量，因为自然生草的品种较多，80％的根系大多在土壤 20 厘米左右，并且是一年生草种，根系约占地表面积的 30％～50％，当冬季草植株枯死后，根系在土壤内腐烂使 20 厘米土层内得到了充分的有机质，且根系腐烂形成的土壤孔隙提高了土壤的透气能力，满足了果树肥、气的需要。因此，果园自然生草是土壤管理和建设生态果园的优选措施。

（二）覆盖地布地膜

果园地膜、地布覆盖是 20 世纪 80 年代初和 2010 年以来应用于果园土壤管理的一项新技术。覆盖对象由原来的幼树扩大到挂果丰产园，在提高幼树栽植成活率和果品产量质量方面起到了很大作用。

1. 地布地膜覆盖的好处

（1）保墒增温，促进生长。在陇东黄土高原干旱地区覆盖地布（膜）的目的是抗旱保墒，因此，提倡果树秋季（9 月下旬至 10 月下旬）覆盖，可达到"秋雨春用"的作用。此时正值秋季降雨后期和果树根系第三次生长高峰及养分回流期，具有抗旱保墒，延缓地温下降，延长根系生长，增加新根数量，提高秋施基肥效果，促进微生物活动，增加土壤养分，防止叶片过早脱落，利于果树后期养分积累。此外，还能有效阻止和隔绝食心虫等害虫进入根颈附近越冬，对减少来年病虫危害有明显的效果。如果在早春解冻后趁墒尽早覆盖，可提升地温，保持土壤水分，促进土壤团粒结构形成。据泾川县果业局测定，秋季覆盖在春季土壤解冻后 20～40 厘米土壤含水量比对照果园高出 2％～4％，20 厘米地温比对照园高出 2～4 ℃，为春季果树发枝长叶开花结果奠定了基础。同时，覆布、膜果园比清耕果园吸收根数量多出 40％左右，增强了根的吸收功能，从而促进了果树生长。一般地膜寿命短，有限时间 1～2 年，地布寿命长，有限时间 4～5 年，减少覆盖劳动用工，并且施肥可以揭去地布，施后再盖。另外，地布透水、透气，对根系生长有利。

（2）灭草免耕，疏松土壤。果园覆盖黑色地布（膜），除具有良好的保墒作用外，更重要的是能有效遏制杂草生长、疏松土壤，又兼有小幅增温、防治桃小食心虫的效果。果园覆盖黑色地布（膜）与白色透明地膜相比，更具有减少松土除草带来的人工费用。

（3）提高产量，增加品质。据调查，地布（膜）覆盖的红富士苹果园幼树新梢生长量比对照可提高 28％～51％，丰产园比对照增产 11％～36％，一级果率比对照增加 23％。

2. 覆布（膜）时期和方法

（1）覆盖时期。一般在晚秋与早春均可覆盖。晚秋覆盖从 9 月下旬开始到 10 月下旬基肥施完结束，最好是趁浇水或雨后整地及时用地布膜盖住树冠投影地面及秋施基肥以内的树冠位置。早春覆盖提倡顶凌覆盖，就是当地表土壤解冻后的中午对树盘或树冠下的地面进行地布膜覆盖。春季需要追肥或灌水的果园，覆膜时间可适当推后，但最迟不能晚于果树萌芽期。

（2）覆盖方法。

① 定植当年幼树覆单布（膜）或方块布（膜）。对矮化密植果树，将地面的杂物清理干净，在旱地顺树行做成外高内低，有利于水流露到根系。垄面平整，选用 70～80 厘米的黑色地布（膜）通行覆盖，到树干处剪开布（膜）面 35 厘米左右穿过树干拉直，破损处用土压实，布（膜）的两边各入土 5 厘米踩实，在株间每隔 2～3 米处再用细土压一条 15 厘米宽的土带，预防大风将地布（膜）吹起。

乔化稀植（株行距 3 米×4 米或 3 米×5 米）果园在覆布（膜）前，将地面杂物清理干净，土块打碎耙细，地要整成里面较低的浅盘，以利集接雨水和浇水。然后选用 1～1.2 米见方的地布（膜），从一侧切口穿过树干，然后拉平，使地布（膜）完全盖住根盘，紧贴地面，然后四周用细土压实封严，以防风吹。

② 2～5 年生果树提倡覆双布（膜）或宽布（膜）。先在树干两边做成宽 120～150 厘米的低垄，垄面高 10 厘米，外高里低，将垄面的杂草、树叶等杂物清理干净。选用 120～140 厘米的宽地布（膜）或 70 厘米的窄地布（膜），一次性将宽布（膜）或两行窄布（膜）并齐拉通，双布（膜）中间两膜相交 5 厘米，注意用土压好两边和中间接缝处，在垄面每 2～3 米处用细土压一条 15 厘米宽的土带，预防风将地布（膜）吹起，确保覆布（膜）质量与效果。

③ 成龄果园全园覆地布（膜）。全园覆地布（膜）可确保天然降水和地下水分及肥料养分的全部利用，是一种特别有效的果园抗旱保水保肥措施。首先是将果园内杂草、树叶等枝叶清除干净，土壤耙磨整平；其次从果园一侧开始覆地布（膜），选择 140 厘米左右的地布（膜），第一行开 5 厘米浅沟将地布（膜）一侧用土压实，第二行地布（膜）与第一行地布（膜）相交 5～10 厘米压实，以此类推。也可用机械覆地布（膜）和人工覆地布（膜）相结合的方法，行间用机械覆，株间用人工覆，以减轻人工用量，提高劳动效率。覆地布（膜）后每隔 50 厘米左右将地布（膜）用 0.5 厘米粗的竹签扎一下，使天然降雨渗入土壤。为了延长地膜使用期限，可在膜上适当撒一层土。在施用有机肥时，将施肥部位的地布揭起，施肥之后耙磨整平，将地布覆好。生长期追肥可用水溶肥追肥枪施入，对地布膜损伤小，方法简单，效果很好。

（3）注意事项。

① 平时要勤检查，尤其是刮大风或下大雨，以防地膜破损，影响覆盖效果。

② 冬剪时要尽量注意不要踩坏地膜，以延长地膜使用期。

③ 在覆膜第二年 5~8 月的高温季节，如不揭去地膜，则必须用杂草和细土遮盖地膜，以免因地温过高而影响浅层根系生长。

④ 目前的地膜有无色、乳白色、绿色、黑色、银色等多种颜色。按功能特性还有透明膜、不透明膜、光降解膜和银色反光膜（包括银色地膜及除草膜）等，生产中应根据使用目的选择适宜的黑色地膜。地布也选择黑色最好。

（三）果园覆草

果园覆草是 20 世纪 70 年代应用于果园的一项土壤管理技术。就是适时将作物秸秆、杂草等，覆盖在果树周围裸露的土壤上。在黄土高原地区应用，可起到一举多得的效果。

1. 覆草的好处

（1）保持土壤水分，增加土壤养分。覆草后地面水分蒸发减少 60%，土壤含水量提高 3%~4%，并减轻降雨时地表径流，使 0~20 厘米土层范围内含水量常年稳定在 13%~15%。同时，覆草腐烂后能显著增加土壤有机质，连年覆草土壤有机质含量年均增长 0.01%~0.05%。随有机质大量增加，微生物活动增强，有效养分含量明显提高，但覆草初期由于草的生长会出现土壤供给果树有效养分减少现象，可通过补肥解决。

（2）稳定土壤地温，增加土壤肥力。夏季白天能防止烈日暴晒，夜间使热量缓慢散失，秋季能维持适宜的地温，延长吸收根生长期，增加树体营养贮备；冬季能使土壤冻结减轻。随覆草腐烂分解，有机质增加，土壤水、肥、气、热条件稳定适宜，微生物活动旺盛，腐殖质积累较多，有利于土壤团粒结构形成和土壤肥力的提高。

（3）防止杂草生长，减轻落果碰伤。覆草后果园减少或不再生长杂草，可有效地节省除草用工。秋季果实采收时，采摘掉落的果实由于覆草的缓冲作用，一般不会发生损伤，减轻了采收的损失。

（4）扩大根系范围，提高产量效益。覆草使土壤表层水、肥、气、热等因素的不稳定状态变成生态条件最好的稳定层，引导根系扩大生长范围，充分利用表层土壤中的养分和水分，提高了果树产量和质量。

2. 覆草方法

（1）增墒整地。覆草前果园土壤要有一定湿度，比较干旱的情况下需要灌水，如果没有灌水条件应在雨后抓紧进行。因此，最好在春末夏初时进行。覆草前先对土壤浅翻一遍，然后耙平、整平，严重板结的土壤应耕翻，深度 20 厘米左右。

（2）细致覆草。果园覆草可利用农作物秸秆和杂草，放置 1~2 年后的草优于新获的草。除玉米秸需要铡短外（便于覆盖和腐烂），其他如麦秸、麦衣、油菜、胡麻秸秆等可直接覆盖。覆盖时把草均匀摊在果园中，厚度一般为 15~20 厘米，每 667 米² 大约用草 2 000 千克。摊匀后的草要尽量压实，为防覆草被风刮走和起火，可在覆草上压土。

（3）注意事项。ⓐ覆草厚度要达标。一般为15～20厘米，过薄达不到覆草的目的。ⓑ树干周围不可覆草。因为覆草后树干周围的草底温度有时会升高，影响根颈部的正常生理活动，同时覆草易引起燃烧而毁坏树体。ⓒ果园覆草后经过雨季和人为管理的踩踏，覆草就有腐烂，因此每年或隔年加盖一次，2～3年后全园深翻1次，既增加土壤有机质，又改善土壤物理性状。ⓓ连年覆草会引起根系上浮，造成根系冻害。覆草园要注意病虫防治和防火、防风等。

（四）果园覆沙

覆沙是西北黄土高原干旱地区传统的农业抗旱保墒措施之一，20世纪90年代应用于果园土壤管理上，成为果园增产增收的重要技术。

1. 覆沙的作用

（1）减少水分蒸发，提高土壤温度。沙子具有紧密的保湿效果，可减少土壤中水分的蒸发。同时具有较好的吸热效果，经调查，覆沙果园与对照果园春季同期地温可提高2～3℃。因此，覆沙果园春季很快使果园地温提升，有利于果树生长。

（2）保持土壤疏松，促进养分转化。沙子透气性能好，覆沙后，土壤不易板结，土壤团粒结构好，有利于果树根系生长和对肥料的吸收和转化，肥料利用率高。

（3）防止杂草生长，减少除草用工。沙石比重较大，并且比较干净，且中午在阳光的照射下沙石表面温度较高，抑制了杂草的生长，免除了人工除草用工，节约了生产费用。

（4）增强光合作用，提高果品质量。沙石具有较好的反光效果，覆盖到果园后，增强了果树中下部枝叶的光合效能，提高了果树有机养分的积累，对果树产量质量具有明显的提高，特别对果树中下部和内膛果实着色十分明显。据平凉市静宁县调查，覆沙果园果树中下部果实全红率可达到80%以上。

2. 覆沙的方法　覆沙一般在早春进行，先对土壤进行追肥，然后耙磨整平地面并将土壤适当拍实。每667米^{2}取干净河沙20～30米^3，均匀覆盖到果园，厚度3～4厘米。覆沙后一般可用3年，在此期间如若施肥，只需将施肥处的沙子刮开后，挖坑放入肥料整平地面后将沙层还原即可。

3. 注意事项　ⓐ一定要用干净河沙，否则，易产生杂草，并影响果园的通透性。ⓑ在施肥时，沙子一定要刮起堆放，不能带土，施肥还原土壤后地面整平拍实，沙土不能混合。

三、果园间作

果园间作物是培肥地力、减小地表径流、提高土地利用率、增加苹果幼园前期效益而采取的一种耕作方式。目前，苹果幼园前期间作物种类较多，但由于长势和产生的经济效益各不相同，对果树的影响差别也较大。

（一）合理间作的好处

1. 充分利用土地　新栽果树由于枝少、冠小，占地多为全园面积的 $1/5\sim$ $1/3$。在幼龄果园中实施立体间作套种农作物，可提高果园土地利用率，增加果农收入。

2. 有效利用空间　果树树冠距离地面高度一般在 $70\sim80$ 厘米，而间作物所占垂直空间低于果树树冠高度。因此，在幼园间作套种瓜菜、豆类、薯类等低秆矮冠高效经济作物，或者种植绿肥作物，既不影响果园通风透光效果，又可充分利用果园有效空间。

3. 肥水合理分配　果树属深根性植物，一般吸收 20 厘米以下深层养分，而间作物大多根系浅，主要吸收表层土壤中的养分、水分，分别合理有效地利用了土壤中的养分、水分。果园间作套种的经济作物，增加了肥水供应量，有效地促进了果树生长。间作套种绿肥牧草，可提高土壤肥力。

4. 改良土壤结构　间作套种豆类作物，根系具有较强的固氮作用，增加土壤有机质，增加土壤通透性，改善土壤结构，而且有蓄水、保墒和防止水土流失的作用。

（二）间作物条件

间作物植株要矮小，生育期较短，适应性强，与果树需水临界期错开。在没有灌溉条件的果园，种植耗水量多的宽叶作物（如大豆）可适当推迟播种期。间作物应与果树没有共同病虫害，并且比较耐阴和收获较早等。

（三）间作物类型

1. 经济作物　主要有西瓜、花生、黄豆、油菜、胡麻等，一般为 $1\sim2$ 年生草本植物，大多高度在 $30\sim50$ 厘米，根系分布在 $10\sim35$ 厘米内的土层，生长期较短，生产技术简单，经济价值较高，又有一定培肥土壤的功效，是比较理想的间作物，但由于胡麻生长期与苹果树基本相同、耗水较多且有共同的病虫害，不宜间作；油菜作为越冬代作物，间作套种可预防中华鼢鼠对苹果幼树根系的危害，但由于植株比较高大，间作时应留出 2 米以上的营养带。

2. 蔬菜类　主要有辣椒、番茄、甘蓝、萝卜、大葱、马铃薯等，一般为一年生草本植物，株高 $30\sim70$ 厘米，根系分布在 $10\sim30$ 厘米土层内。这类作物具有生长快、产量高、经济效益较高，但需肥水较多。间作物在生长期内需多次施肥灌水，但会违背果树需肥水特点，尤其是氮肥大量使用，导致果树旺长而推迟结果。

3. 中草药类　主要有黄芪、党参、丹参、大黄、牛蒡、红花、板蓝根等，一般为一年生或多年生的草本植物，株高 $30\sim100$ 厘米，根系一般分布在 $20\sim$ 35 厘米的土层内，需肥水较少，易管理，经济价值较高，但有的在收获时深挖往往损伤果树根系，影响幼树生长。因此，应间作一年生药材，多年生药材怕践踏和根系较深而会影响果园的正常管理和幼树生长，不宜种植。

4. 绿肥牧草类　在陇东地区适宜作绿肥间作物的主要品种有芸芥、油菜、箭筈豌豆、白三叶草、大冠花、小冠花等，一般为豆科一年生或多年生草本植物，株高 30～90 厘米。间作物大多生长迅速，枝繁叶茂，根上着生较多根瘤，是很好的绿肥作物。在盛花期耕翻埋入土壤或刈割覆盖果树行间，让其自然腐烂分解，达到增加土壤有机质，改良土壤结构的目的。另一种是利用这些作物饲养鸡、羊、猪等动物，动物粪便腐熟后返施果园，这样既可增加果园土壤有机质，又为果农提供了一定的畜产品。

5. 粮食作物　陇东地区的小麦、玉米、糜子、谷子、高粱等粮食作物可作为间作物，但由于有的植株高大（如玉米、高粱）、有的耗水较多且有相同病虫害（如小麦），会影响果树生长，不宜选为间作物，如若确实需要间作，必须留出 1.5～2 米宽的营养带。

（四）间作模式

1. "果—经" 间作模式　在果园间作生育期较短、植株低矮、管理简单的黄豆、芸豆、红小豆、绿豆、黑豆、花生、油菜等，可利用豆科根瘤菌的固氮作用，提高土壤氮素含量，作物的秸秆覆盖果园后翻压，或粉碎做动物饲料利用，其经济效益、生态效益亦十分可观。

2. "果—瓜" 间作模式　幼龄果园间作西瓜、香瓜、南瓜等，这些瓜果类作物需用水量较少，与果树生长比较协调，经济效益较高，是果园间作中效益型的经济作物。

3. "果—薯" 间作模式　幼龄果园间作套种马铃薯等薯类作物，其枝叶茂盛、适应性强、根系较浅、与果树根系交叉较少，在果树荫蔽的条件下，对块茎形成无明显影响，但忌连作，必须采取轮作。

4. "果—菜" 间作模式　间作萝卜、甘蓝、辣椒、番茄、叶类菜等耐阴或较耐阴类型蔬菜，实行精耕细作，不仅能当年盈利，及早收回果园投资，而且由于种植菜田有较高的肥水保证，有利于幼龄果树增根扩冠。

5. "果—草" 间作模式　果园中套种白三叶草、小冠花或者种植油菜、豆类等，在生长前期作为绿肥翻压，可以与果树扩穴、深翻压绿肥结合，达到培肥土壤，增加土壤有机质，改善土壤结构的目的。也可以利用这些牧草作为饲料，饲养羊、猪、兔、鸡等动物，动物粪便返还果园，作为优质有机肥利用，动物产品可增加果农收入。这样就可以延长产业链条，利用生物多样性维持生态平衡，是一举多得的好办法。

6. "果—药" 间作模式　在幼龄果园中间作植株矮小、根系浅、肥水需用量小、对果树影响较小且经济效益显著的一年生中草药类，如黄芪、党参、丹参、大黄、柴胡、人参、山药、板蓝根等，以达到作物倒茬和以药养园的作用。

（五）注意事项

1. 留足营养带　无论采用哪种间作方式，必须在果树行间留足营养带，营养带的宽度以树冠大小而定，一般应大于树冠宽度 0.3 米，切忌为种植间作物而影响果树生长，防止喧宾夺主。如果间作二年生以上药材，营养带宽度必须在 2 米以上。

2. 施足基肥　在间作物生长期应补施足够肥料，避免间作物与果树争肥争水，影响果树生长。切忌种植需肥水量大的小麦等作物。

3. 管理不损伤果树　在间作物常规管理中，一定要充分考虑果树的生长与发育，如土壤耕翻、施肥、灌水、病虫防治等，在这些农事活动中不能损伤果树的枝叶、花果。

4. 不宜种植高大作物　如间作玉米、高粱等高秆作物，虽可形成新的生物群体，改善果园微域气候条件，短期内与果树实现互相依存，但是会恶化果园的通风与光照条件，果园后期病虫害防治工作困难，最好不要间套。一般间作物的高度都应低于苹果树的主干高度。

5. 相互轮作　为避免间作物连作带来的不良影响，因地、因作物种类，尽量采用轮作制度。如以马铃薯—大豆—谷子—马铃薯轮作，还可以绿肥作物、谷子、大豆、油菜倒茬轮作。

第五章

科学施肥技术

常言说，"果树一枝花，全凭肥当家""有收无收在水，收多收少在肥"，证明了施肥在果树管理上的重要性。通过施肥，能有效提高土壤肥力，及时补充果树正常生长发育过程中所需的营养元素，保持土壤肥力的连续性，是促进果树生长、提高果树产量质量的基础，也是保证果树早产早丰、高产稳产、优质高效和防止环境污染的重要环节。因此，在生产中，要科学应用施肥技术，准确选择肥料种类，正确掌握施肥时期和方法。

第一节　苹果树生长需肥规律和途径

一、苹果树生长需肥规律

（一）一生周期生长及需肥规律

1. 幼树期　指1～3年生的果树，它以营养生长为主，主要目的是快速完成树冠、根系骨架的发育、各类枝条的生长和花芽的形成。因此，对氮素营养要求较大，在施肥上应以氮素营养的施入为主，促其快长树、多发枝，并加大磷肥的使用，促进枝条成熟和安全越冬，增加中短枝和花芽量，为早产早丰奠定基础。

2. 初果期　矮化密植果树3～4年（乔化苹果4～8年）可达到此期，此时是营养生长向生殖生长的转变期，为了促进由长树向结果的转化，达到长树结果两不误，在施肥上应注重磷钾肥的施用，控制氮肥的施用量，以免造成树体徒长、旺长，影响果树早期丰产。

3. 盛果期　矮化密植果树5～6年（乔化苹果树9～10年）后进入稳定的丰产期，此期的生物产量最大。因此，对各种元素的需求量也最大。所以，在施肥上要对各种营养元素足量、均衡供给，除注意施入大量元素外，还要注意补充一定量的中微量元素。

4. 衰老和更新期　30～40年后果树因栽植密度、管理水平和栽培模式的不同产量和质量有所下降，主要是根系生长缓慢，新梢生长量小，树冠内膛枝条开始枯死，外围新梢当年虽能形成花芽，但坐果率很低。因此，在施肥上要注重氮素肥料的应用，增施有机肥，氮磷钾配合，促进多长新枝、新芽，为果树复壮更新、延长盛果期年限创造条件。

（二）年周期生长及需肥规律

1. 春季萌芽至新梢旺盛生长期（3月上旬至5月中旬）　这是果树一年中树体营养器官的建成期，是根系生长第一次高峰期，萌芽、开花、坐果、成枝都需要大量的氮素营养，而此期果树生长营养的主要来源是靠上一年的贮存营养来生长。因此，为了保证当年营养器官的建成，必须注意在上一年秋施基肥时施入一定量的氮肥，如果早春补氮则达不到促进营养器官建成的目的，影响花芽形成和产量、质量。

2. 幼果膨大和花芽分化期（5月下旬至6月下旬）　此期果树根系进入第二次生长高峰期和新梢旺盛生长期、幼果膨大及花芽分化期，是苹果树生长的关键时期。为了保证当年产量和来年花芽质量、数量，果树施肥应注意多种营养均衡和偏重磷素营养供给，以保证幼果膨大和花芽分化以磷为主的各种营养。

3. 果实膨大期（8月上旬至8月中旬）　此期进入果实快速生长期和花芽形态分化期，为了保证有机营养向贮存器官的积累，促进果实生长着色和花芽质量，确保叶片正常生长，在营养供给上应以磷钾肥为主，保证中微量元素充分供给，尽量控制氮素营养，防止秋梢旺长。

4. 果实成熟期（9月中旬至10月下旬）　此时果树新梢完全停长，根系第三次生长高峰期到来，是果树营养积累和养分回流的关键时期，为了给果树生长贮存充足的营养，施肥以有机肥为主，配合一定量的氮磷钾和中微量元素，为果树来年生长奠定充足的营养基础。

二、苹果树吸收养分的途径

1. 截获吸收　土粒和果树根系是密切接触的，施肥部位离根系较近的根系可直接吸收，不过钙镁肥大部分随水分下渗。

2. 蒸腾吸收　果树施入的肥料通过水分溶解在水中，肥料溶液又形成水蒸气在土壤中由下向上蒸腾，在蒸腾过程中被果树根系拦截吸收利用。

3. 扩散吸收　随着植物根系对养分的吸收，根系附近土壤浓度降低，土壤浓度高的地方向根系周围浓度低的地方扩散，于是根系再次吸收。

蒸腾和扩散离开水都很难进行，而水溶肥料（又叫冲水肥）正是充分利用了这三个特点，提高了肥料利用率，还延伸了肥料的时效。在黄土高原，磷元素和土壤中的锌元素反应会生成磷酸锌被土壤固定，果树不能吸收利用，所以冲施肥中含磷量越少越好。

第二节　果树所需营养元素及作用

一、果树所需营养元素

果树正常生长发育所需的营养元素有16种，分别为碳、氢、氧、氮、磷、钾、钙、镁、硫、铁、硼、锌、铜、锰、钼、氯，这16种元素中除碳、氢、氧在植物组织和空气、水中较多外，其余均需通过土壤或人工供给。按其用量可分为大量元素、中量元素和微量元素，果树生长发育过程中需要的各种营养元素相互间无法替代，某种营养元素不足或不平衡均会影响果树正常生长，适当施肥可解决这一问题。

二、各主要营养元素的作用

(一) 大量元素

C（碳）、H（氢）、O（氧）：这三种元素是构成植物的主要元素，主要来源于空气和水。果树叶片在阳光照射下通过吸收二氧化碳，与水作用生成碳水化合物，即果树生长的有机养分。充足的碳氢氧能显著促进果树有机养分的形成，对果树生长具有十分重要的作用。果园通风透光不良、干燥少雨，会引起碳氢氧元素缺乏，光合效能降低，肥料的利用率降低，造成树势弱、产量低、品质差，病虫害严重。

N（氮）：是氨基酸合成不可缺少的元素，能提高光合效能，促进植物营养（细胞）生长，延缓衰老，促进花芽形成，提高产量。果树缺氮，枝条、果实生长缓慢，叶片变小，叶色变淡，产量低、品质差。氮过多，树体营养生长旺盛，花芽分化不良，落花落果严重，生理病害多。随着结果年限的增长，氮素肥料要逐渐降低施用量，以保证果实品质的形成和枝条的成熟。

P（磷）：促进根系生长、花芽形成、果实成熟、改善品质。果树缺磷，根系、新梢生长减弱，叶片变小，叶色变为灰绿色，叶脉、叶柄变紫或紫红色斑块，叶边缘半月形坏死，造成早期落叶；花芽不易形成，果树产量低，果实风味差、着色差。但磷过多会引起缺锌、缺铜症，也影响对氮、铁的吸收。

K（钾）：作为酶介传导营养物质转运，促进氮的吸收和蛋白质的合成，促进果树的同化作用，促进果实膨大和成熟，改善品质，提高果树抗逆性。缺钾果树新梢生长细弱，果小着色不良，果实风味差，抗寒性、抗旱性差，叶片边缘向内焦枯或向下反卷枯死。同时，钾素过多，影响镁和铁、锌的吸收，造成果树缺镁症。

(二) 中量元素

Ca（钙）：是细胞壁的组成部分，能促进幼根、幼茎生长和根毛的形成。对果实品质有较大影响，是酶的活化剂，是细胞膜和液胞膜的黏结剂，可维持细胞的正常分裂。果树缺钙根粗短弯曲，短暂生长后由根尖回枯。地上部新梢生长受阻，叶片变小，有褪绿现象，严重时叶片出现坏死组织，枝条枯死，花朵萎缩。果实缺钙，容易衰老，贮藏力下降，并会产生苦痘病、痘斑病、水心病、缩果病。钙量过高，影响铁的吸收，使果树产生缺铁现象。

Mg（镁）：镁是叶绿素的组成部分，能促进碳水化合物的代谢和植物的呼吸作用，促进植物合成维生素 A 和维生素 C，可提高果实品质。缺镁叶片失绿，影响有机养分的形成。镁钙钾氨氢有拮抗作用。

（三）微量元素

Fe（铁）：是酶的活化剂，能增强叶绿素含量，防止果树黄化病，促进果树正常生长。缺铁产生黄叶病，或叶片出现枯斑，树势衰弱，花芽形成不良。

Zn（锌）：是酶的组成部分，参与光合作用，缺锌果树病枝、叶、果停止生长或萎缩，叶片狭小、薄，易早落，果树生长慢、产量低。陇东黄土高原地区的部分土壤和沙地、盐碱地土壤易发生缺锌症，施锌要以螯合态锌最有效。

B（硼）：参与碳水化合物运转、细胞的分化，在花器中含量较多，对花粉发芽、花粉管延伸和受精都有促进作用，能提高坐果率。硼能帮助钙向果实运转，提高果实维生素和含糖量，增进品质。苹果缺硼会使根茎生长受到伤害，严重时新梢枯萎，叶片变色或畸形，出现枯梢或簇叶现象，果实出现缩果病。土壤湿度过大影响硼的吸收，但硼含量过高，会促进果实成熟和增加落果。

果树营养元素由于所需比例不同，相互间作用会受到抵制。植物中某一元素的增减导致另一元素增减为相助，而某一元素的增减导致另一元素减增则称为拮抗。如氮和钙、镁就存在相互帮助。而氮与钾、硼、铜、锌元素间存在拮抗，如过量施用氮肥，而不相应施用其他元素，树体内钾、硼、铜、锌含量就相应减少；相反，对苹果幼树施少量氮肥，叶片中钾素的含量就增多，且土壤溶液中氮素含量越少，对钾的吸收就越多，甚至导致树体内钾素过剩而呈现氮素缺乏症。磷素施用过量，不相应增施钾肥、镁肥，则抑制果树对钾、镁的吸收，而钾素过多，对钙、镁的吸收就减少；相反，低量钾肥可提高钙、镁含量。所以，施肥时必须考虑元素间的相互作用，进行平衡、配方施肥，才能发挥所施肥料的最大作用，减少投资，降低环境污染。

第三节 存在问题

在我国大多果区，部分果农施肥不科学、方法不当，已成为影响果树早产早丰、优质高效的主要问题。

1. 施肥量不足，不能满足果树的生长需要 部分果园长期施肥不足特别是有机肥施用不足或超量施用，造成果树成形慢、挂果迟、产量低、品质差。

2. 肥料品种选择搭配不当，营养失衡 大多数果农少施或不施有机肥，偏施化肥，养分不全面，特别是偏施氮磷肥，不施或少施钾肥，中、微量元素施用不足，导致营养失衡，肥料利用率低，出现因缺素引起的多种生理性病害，土壤板结，结构破坏，形成树体衰弱、挂果迟、产量低、质量差。

3. 施肥时间不准，肥料功效后移 部分果农施肥时间不准，大多施肥时期推迟，打破了果树生长规律，春季追肥"一炮轰"，形成春季干旱，有肥无水，肥料作用无法发挥，幼果生长慢。在7～8月果实膨大时需要积累养分供应果实膨大和花芽分化，但降雨较多，肥水（雨水）相遇，肥效发挥，枝条旺长，果实膨大受限，花芽分化不良，大小年结果严重，果实品质变差。

4. 施肥方法不科学，费工费时效果差 表现在施肥深浅、远近掌握不准，大多数施肥距离根系太近，离地表太浅，叶面肥施用浓度不当，造成果树肥害或肥料吸收利用率低。

第四节 施肥原则及施肥技术

一、施肥原则

1. 有机肥与无机肥结合 有机肥不仅养分全面，肥效长，持续供肥能力强，更重要的是提高土壤有机质含量，促进土壤团粒结构形成，缓冲土壤板结，提高土壤肥力，活化根系，促进吸收，改土效果好。以腐殖酸为载体的肥料是一种多功能有机肥料，施入土壤后能改良土壤微生物活性，活化土壤养分，使氮、磷、钾等养分缓慢释放。土壤1％有机质每年每667米² 可释放氮素5千克，与化肥配成有机复混肥料，可提高肥效，减少化肥被固定和流失。与单纯施用化肥相比能够提高化肥的利用率。腐殖酸能够活化土壤中的微量元素，促进果树对微量元素的吸收利用。无机肥料养分种类单纯，有效成分含量高，肥效起速快，但无改良土壤的作用，甚至破坏恶化土壤性状，两者配合，取长补短，互相增效。有机肥和无机肥配合施用时，必须以有机肥为主，以无机肥为辅。

2. 大量元素与中微量元素结合 苹果树常年产出养分消耗基本是一个固定值，不管你施的是什么元素肥料，苹果必需的元素必须带走，随着树龄增加，土壤中如果肥料供应量不足或施肥营养单一，会造成某些营养元素缺乏，使果树生理病害越来越严重，如缺锌易患小叶病，缺硼易患缩果病，缺铁易患黄叶病，缺钙易患苦痘病、痘斑病、水心病，缺镁果实发育不良、个头小、成熟晚、无香味着色差不耐贮藏，缺硅时苹果树枝表层细胞壁薄，容易受病害的影响，发生腐烂、干腐、根腐、果腐等。因此，陇东黄土高原地区苹果树施肥要做到"控氮、减磷、增钾、补钙"，并适量使用中微量元素肥料。

3. 矿质元素与微生物肥、调理剂结合 由于长期使用无机肥料导致土壤板结，使土壤中多数生命物质受到极大破坏，抑制了土壤养分、能量的分解、合成转化，抑制了土壤有害物质的降解。只有向土壤补充一定数量的微生物菌肥，方可对土壤有改良的作用。长期施用化肥的果园，增产作用不明显时，说明物质营养已在土壤中发生了拮抗作用，土壤活化性状已发生改变。肥料与土壤调理剂混合施入能提高肥效，减少肥力流失，缓解环境污染，而且还可以降低化肥对土壤破坏作用，增强作物抗性，改善果实品质，提高果品产量，增加农民效益。

4. 基肥与追肥结合 基肥就是果园中的基础肥料，它要求以有机肥为主，施用时间要早，数量要足，养分要全，施得要深，以增加树体贮藏营养为目的。追肥要以速效养分为主，促进长枝长叶、果实膨大、花芽分化、细胞分裂。要想收获优质苹果，细胞分裂分化中的各种成分都不能缺，这就是秋施基肥的重要性。对磷、钾、中微量元素与有机基肥一同施入，秋施基肥量一般要占到全年施肥总量的70%，而少量氮肥放到春季施入，钾肥也可在果实膨大时施入，就可发挥最大效益（追肥量应占总量的30%左右，在生长中前期分2～3次追施）。

二、施肥新技术

随着现代农业、生物、物理等技术的深入研究和推广应用，果树商品有机肥、矿质肥、水溶肥、缓释肥、微生物等肥料层出不穷，同时常规施肥技术与现代施肥技术的结合，使果园施肥技术成为现代果业的重点和关键，也是果园增产和增效的重点和关键，它既提高了效益、减轻了劳动强度，又节约了费用、保护了环境。

1. 重施有机肥　有机肥能培肥土壤，提高多种养分含量，改善土壤理化性状，提高土壤生物活性，净化土壤环境，减少能源消耗，减轻环境污染，是发展现代果业、促进果业良性循环和可持续发展的重中之重。要把原来不施或少施变为重施或多施，盛果期树按斤果斤肥或斤果二斤腐熟有机肥施入，彻底改变果园土壤营养状况。

2. 平衡（配方）施肥　土壤中各种营养元素的数量与树体对各种营养元素的需求量之间是不一致的，土壤养分一般不能完全满足树体生长需要。因此，按照果树生长、结果对各营养元素的需求量和土壤或叶片中各种营养元素的数量及比例关系，使之尽量与树体吸收的数量及比例平衡一致，做到因土、因树施肥，这是目前比较先进的施肥技术。实施平衡（配方）施肥，按照木桶定律和最小养分生长定律，氮、磷、钾等元素按比例缺多少补多少，实现由概念施肥向量化施肥过渡。国家苹果产业技术体系根据果树需肥规律、土壤供肥性能和肥料效应及果树生长对氮、磷、钾和中微量元素的需要量，推荐全国苹果主产区施肥配方为：

① 新建园：有机肥20千克/株；化肥：纯N每667米² 10千克或0.20千克/株，纯P_2O_5每667米² 12.5千克或0.20～0.25千克/株，纯K_2O每667米² 12.5千克或0.20～0.25千克/株。

② 幼树—初果树：有机肥10千克/（龄·株）；化肥：纯N每667米² 12.5千克或75克/（龄·株），N：P_2O_5：K_2O＝1：1：1或1：2：1。

③ 盛果树：以树定产，以产定肥。生产100千克果实施有机肥：100～120千克，施纯氮0.6～1.0千克，N：P_2O_5：K_2O配比2：1：2。陕西提出幼树2：2：1，结果树1：1：1.3；日本长野县提出结果树1：0.4：0.8。目前，甘肃提出氮、磷、钾有效态的适宜比例为：幼树1：2：1，初结果树1：1：1，盛果

期树 1∶0.6∶1.5。

在平衡大量元素肥料使用的基础上，要充分补充中微量元素，适时补充微生物肥，因地制宜适量混合一些土壤调理剂，把土壤中固定的磷、钾元素转化成容易被果树吸收的活性磷、钾，促进果树生长，并可有效净化土壤环境，缓解环境污染，降低化肥对土壤的破坏作用。如山东烟台果区，总结出了配方施肥的黄金搭档：每 667 米² 施"龙飞大三元系列（有机无机生物肥）"10 袋＋"12 菌系列"5 袋＋"微媒"或"微百亿"2～3 袋，基本满足了苹果树生长的需要。西北农林科技大学千阳苹果试验站，对株产 20 千克以上果园，提出秋季株施 2 千克益恩木或木美土里，加 0.25 千克荣昌硅钙镁钾肥，再加复合肥 1～2 千克。

3. 营养诊断施肥　营养诊断（土壤营养诊断和树体营养诊断）是将果树矿质营养原理运用到施肥措施中的一个关键环节，它能使果树施肥达到合理化、指标化和规范化，是实现果树栽培科学化的一个重要标志。苹果营养诊断包括叶分析、土壤分析、果实分析。叶分析反映树体营养水平状况比较灵敏。因此，美国康奈尔大学把叶分析作为营养诊断主要手段，并提出苹果生长各营养元素的需要量（表 5-1、表 5-2），我国正在向这方面努力。

表 5-1　苹果生长期叶片的氮素需要含量

（美国康奈尔大学叶分析研究确定）

树类型	叶片 N（%）
未结果苹果幼树	2.4～2.6
结果苹果幼树	2.2～2.4
成年软品种	1.8～2.2
成年硬品种	2.2～2.4

备注：①叶分析取叶时间：5 月上中旬和 7 月中下旬，采树冠不同部位叶片 8～10 片风干至半干送化验室分析。②所需营养生长情况：枝梢生长量：可控在 25～40 厘米；挂果量：负载量大的树叶片 N 含量高，干旱及杂草的竞争降低叶片 N 含量，当叶片 N 含量<2.2 时更倾向于隔年结果。

表 5-2　其他养分需要量

（美国康奈尔大学叶分析研究确定）

氧分	适宜含量
磷	0.13%～0.33%
钾	1.35%～1.85%
钙	1.3%～2.0%
镁	0.3%～0.5%
硼	25～50 毫克/千克
锌	25～50 毫克/千克
铜	7～12 毫克/千克
锰	50～150 毫克/千克
铁	50 毫克/千克

第五节　肥料种类

一、有机肥料

（一）农家肥料

包括堆肥、沤肥、厩肥、沼气肥、绿肥、作物秸秆肥、泥肥、饼肥等。这类肥料一般含有机质5％～30％，含氮、磷、钾0.1％～2.5％，除此之外，还含有大量的有益生物菌等物质。为保证果实安全卫生，采前3个月禁止施用未经腐熟的动植物粪便等有机肥。

（二）商品有机肥料

必须通过国家有关部门登记认证及生产许可，质量指标应达到国家有关标准要求。种类包括商品有机肥、腐殖酸类肥、有机复合肥、无机（矿质）肥等。商品有机肥料一般都有固定的有机质和氮磷钾等养分含量，并大多高于农家肥。

（三）生物有机菌肥

生物有机菌肥具有微生物肥与有机肥的双重优点，在生产中具有明显的改土培肥和增产、增质效果，是一种高效无污染环保型肥料新产品，是提高农作物产量和品质的理想肥源。它不仅是国家科技部和农业部在全国重点推广的农业技术项目，同时代表着当前肥料应用技术的最新水平和肥料发展的最新趋势，是全面实现测土配方平衡施肥的最佳肥料品种之一。

1. 生物有机菌肥的特点

（1）养分齐全后劲很足。它综合了有机肥"稳"、菌肥"促"的优势，形成了一种营养合力，不仅可以满足农作物的营养需求，而且可使肥料的养分利用率由30％左右提高到40％～50％，减少了肥料施用中的不必要浪费和肥料损失。

（2）改土培肥解决重茬。长期施用能逐年提高土壤有机质含量和有益菌群比例，如固氮菌、解磷、解钾菌和有效氮、磷、钾的供应；改善土壤的理化、生物性状，提高作物的养分吸收能力，增产作用明显；抑制病原微生物的致病作用，增强植物的抗逆能力，减少农药的使用，解决作物重茬种植问题，是普通有机肥效的2～3倍。

（3）增产增质双重功效。试验证明，与化肥等价施用生物有机复合肥，一般可使蔬菜、果树等高效经济作物增产20％～30％，块茎类作物增产50％～100％；在减少化肥用量75％条件下仍能达到甚至增加蔬菜类农作物的产量。在增质方面主要表现在维生素C和β-胡萝卜素的增加、硝酸盐含量的降低及新鲜度的增加，即外观和内质的改进，促使作物根系发达，苗壮秆粗，抗倒伏，与施用化肥比较，蔬菜、水果上市提前，属于天然、绿色、无公害农产品。

（4）经济收益十分显著。由于生物有机肥明显地提高了作物产量，改进了品质，特别是口味和外观较好，因而能取得较显著的经济收益，果树、蔬菜一般每 667 米^2 年增收均在 100 元以上，高的可达千元以上。

2. 生物有机菌肥的制作方法

（1）基本原料。

① 鸡粪、鸭粪、鹅粪、猪粪、牛羊粪等。

② 秸秆类，尤以豆科作物的秸秆为最佳。

③ 制糖工业的滤泥、蔗渣、甜菜渣和果汁渣等。

④ 啤酒厂的啤酒泥、酒糟等。

⑤ 各种饼粕：豆饼、棉仁饼、菜籽饼等。

⑥ 草（泥）炭。

⑦ 食用菌渣（糠）。

（2）生产工艺。生物有机肥生产工艺一般包括以下几方面：原料前处理、接种微生物、发酵、干燥、粉碎、筛分、包装、计量等，具体依原料和处理方法各异。

（3）基本配方。配料方法因原料来源、发酵方法、微生物种类和设备的不同而各有差异。配料的一般原则是：在总物料中的有机质含量应高于 30%，最好在 50%～70%；碳氮比为 30～35∶1，腐熟后达到15～20∶1；pH 为 6～7.5；水分含量控制在 30%～70%。

① 有机物料：900～950 千克；

② 钙镁磷肥（过磷酸钙）：50～100 千克；

③ 菌剂：1～2 千克。

（4）配方举例（表 5-3）。

表 5-3 生物有机肥配方

单位：千克

材 料	配方 1	配方 2	配方 3	配方 4	配方 5	配方 6	配方 7	配方 8
猪粪		700					700	450
鸡粪	800			700	800	200		450
牛粪			600					
糖厂滤泥						500		
棉（菜）粕		100	200	50		50	100	50
草炭				200		200		
食用菌渣					200			
秸秆（干料）	200							
钙镁磷肥		100				50	100	50
BIO-G 菌剂	1～2	1～2	1～2	1～2	1～2	1～2	1～2	1～2

备注：配方仅供参考，有机物料来源尽量多样化，可结合实际情况具体选取。

（5）堆制步骤。

① 配料：根据基本（参考）配方或自选配方，并将各成分粉（切）碎后混匀，调节含水量。

② 接种：将菌剂稀释后均匀喷洒在混合物料上。

③ 发酵：将接种后的物料堆放在发酵棚里，堆宽 2 米左右，堆高 80 厘米左右（以操作方便为宜），长度不限；发酵时间 10～15 天（视环境温度而定）。当料温达到 50 ℃到 60 ℃后维持几天时间，以彻底杀灭杂菌和虫卵。如果只需做到普通的有机肥，保持好氧发酵，直到发酵完成；建议进一步做到生物有机肥，在除虫杀菌完成后改为厌氧发酵，堆温控制在 35 ℃，会逐渐产生酒曲香味，发酵完成后质量指标完全符合国家标准，附加值也将大大提高。

（6）调控技术。影响发酵的主要环境因素有温度、水分、C/N。在工厂化发酵中，通过人为调控，促进发酵的快速进行。

①温度。温度是显示发酵中微生物活动程度的重要指标，适宜的温度能保证发酵过程运转良好。

②水分。水分是微生物活动不可缺少的重要因素。在发酵工艺中，物料含水过高过低都影响微生物活动，发酵前应进行水分调节。含水量根据不同情况，一般在 30%～70%。

③碳氮比（C/N）。C/N 是微生物活动的重要营养条件。通常微生物繁殖要求的适宜 C/N 为 20～30。猪粪 C/N 平均为 14，鸡粪为 8。单纯粪肥不利于发酵，需要掺和高 C/N 比的物料进行调节。掺和物料的适宜加入量，秸秆为 14%～15%，木屑为 3%～5%，菇渣为 12%～14%，泥炭为 5%～10%。谷壳、棉籽壳和玉米秸秆等都是良好的掺和物，一般加入量为 15%～20%。

（7）影响生物有机肥肥效的关键因素。

① 菌种。不同微生物菌及代谢产物是影响生物有机肥肥效的重要因素，微生物菌通过直接和间接作用（如固氮、解磷、解钾和根际促生作用 PGPR）影响到有机肥的肥效。

② 有机物质。生物有机肥中有机物质的种类和 C/N，也是影响生物有机肥肥效的重要因素，如粗脂肪、粗蛋白含量高则土壤有益微生物增加，病原菌减少；有机物中含 C 量高则有助于土壤真菌的增多，含 N 量高则有助于土壤细菌的增多，C/N 协调则放线菌增多；有机物中含硫氨基酸含量高则对病原菌抑制效果明显；几丁质类动物废渣含量高将带来土壤木霉、青霉等有益微生物的增多；有益菌增多、病原菌减少，间接提高了生物有机肥的肥效。

③养分。不同生物有机肥的组成，其养分含量和有效性不同，如含动物性废渣、禽粪、饼粕高的生物有机肥，其肥效高于含畜粪、秸秆高的生物有机肥。

（8）注意事项。

① 菌剂的保存：温度为 4～20 ℃，密封、避阳光直晒；如发现液面有少量

白色漂浮物（菌膜）或底部有少量黄白色沉淀均属正常现象，摇匀后使用。

② 堆肥时最好使用井水、干净的沟渠或河水。

③ 微生物菌肥一般不和抗菌素、化学杀菌剂和酸性肥料同时混合使用。

二、化学肥料

化学肥料主要有氮肥、磷肥、钾肥，其形式有单质肥、复合肥和复混肥。单质肥料和复合肥料一般都执行国家标准，具有固定的养分含量。复混肥料一般执行企业自己制定的企业标准，因此复混肥料各个企业的标准并不统一，详见表5-4。

表5-4 常用化肥的成分与性质

种类	名称	成分	含量（%）	性质和特点
氮肥	尿素	N	46	中性，有一定吸湿性，肥效稍慢
	碳酸氢铵	N	17	弱碱性，易吸湿分解，氨易挥发
	氯化铵	N	25	弱酸性，吸湿性小，易溶于水
	硝酸铵	N	35	弱酸性，吸湿性强，水溶性
磷肥	过磷酸钙	P_2O_5	12～18	弱酸性，可吸湿结块，水溶性
	重过磷酸钙	P_2O_5	40～52	弱酸性，易吸湿结块，易溶于水
	钙镁磷肥	P_2O_5	14～18	碱性，不吸湿，不结块，弱酸溶性
	磷矿粉	P_2O_5	10～25	中性—微碱性，难溶性迟效磷肥
钾肥	氯化钾	K_2O	50～60	酸性，吸湿结块，易溶于水
	硫酸钾	K_2O	50～58	酸性，吸湿性小，不易结块，易溶于水
复合肥	磷酸二铵	N，P_2O_5	8（N），46（P）	弱碱性
	磷酸二氢钾	P_2O_5，K_2O	51（P），34（K）	弱酸性
复混肥	果树专用肥	N，P_2O_5，K_2O	各厂家不等	弱酸性

第六节 施肥数量

一、因产量施肥

苹果树每年养分吸收量近似于树体中养分含量与第二年新生组织中养分含量之和。Levin（1980）认为，在苹果树上的最佳施肥量是果实带走量的2倍。因此，确定苹果施肥量最简单可行的办法，是以结果量为基础，并根据品种特性、树势强弱、树龄、立地条件以及诊断的结果等加以调整。山东农业大学的试验结果表明，每生产100千克果实需要补充纯氮（N）0.5～0.7千克、纯磷（P_2O_5）0.2～0.3千克、纯钾（K_2O）0.5～0.7千克。例如：产量为3 000千克的果园需要补充尿素37.5～52.5千克、过磷酸钙50～75千克和硫酸钾30～42千克。在对某具体果园确定施肥量时，还要根据土壤中养分的含量状况进行调整，土壤中养分含量多时取下限，反之则取上限。同时也要考虑到氮、磷、钾的配合比例，在渤海湾棕黄土产区苹果幼树期氮、磷、钾的配比是2：2：1或1：2：1，结果期为2：1：2（山东省结果期确定的配比是17：10：18）；黄土高原地区干旱少雨，土壤有效态磷、钾含量较低，施磷、钾后增产效果显著，氮、磷、钾的一般配比是2：1.5：2，按照目标产量和土壤养分含量，陇东果区在确定苹果园施肥量时可参考表5-5、表5-6、表5-7和表5-8。

表5-5 苹果基肥推荐用量（每667米² 用量，千克）

有机质含量（％）	每667米² 产量水平（千克）			
	2 000	3 000	4 000	5 000
≥1.5	1 000	2 000	3 000	4 000
1.0～1.49	2 000	3 000	4 000	5 000
0.5～0.99	3 000	4 000	5 000	

建议：至少争取做到"斤果斤肥"。

表5-6 苹果氮肥追肥推荐用量（每667米² N量，千克）

碱解氮含量（毫克/千克）	每667米² 产量水平（千克）			
	2 000	3 000	4 000	5 000
≤75	25～40	35～45		
76～100	15～30	25～40	35～45	
101～125	15～20	18～30	25～40	35～45
126～150	5～15	10～20	15～30	25～40
>150	<5	5～10	10～20	15～30

建议：每100千克苹果产量，最多施纯氮肥0.8～1.0千克。

表5-7 苹果磷肥追肥推荐用量（每667米² P_2O_5 用量，千克）

有效磷（毫克/千克）	每667米² 产量水平（千克）			
	2 000	3 000	4 000	5 000
<15	10～12	12～15	14～18	
15～30	8～10	10～13	12～16	14～19
30～50	6～8	8～11	10～14	12～17
50～90	4～6	6～9	8～12	10～15
>90	<4	<6	<8	<10

建议：每100千克苹果产量，最少施纯 P_2O_5 0.4～0.6千克。

表 5-8　苹果钾肥追肥推荐用量（每 667 米² K_2O 用量，千克）

速效钾	每 667 米² 产量水平（千克）			
（毫克/千克）	5 000	2 000	3 000	4 000
<50	20～30	23～40	26.5～43	
50～100	15～25	20～35	23～45	26.5～55
100～150	12～20	18～30	25～40	30～50
150～200	6.5～10	10～13	16.5～20	20～30
>200	<6.5	6.5～10	10～13	16.5～20

建议：每 100 千克苹果产量，施纯 K_2O 肥 0.8～1.0 千克。

美国康奈尔大学通过叶分析研究确定苹果产量对养分的需求量见表 5-9。

表 5-9　苹果产量对养分的需求

每 667 米² 产量（千克）	营养成分及需求量					
	N	P	K	Ca	Mg	S
1 000	1.05	0.17	1.91	0.76	0.23	0.08
2 000	2.11	0.35	3.82	1.51	0.47	0.17
3 000	3.16	0.52	5.73	2.27	0.70	0.25
4 000	4.21	0.70	7.65	3.02	0.93	0.34
5 000	5.26	0.87	9.56	3.78	1.17	0.42
6 000	6.32	1.05	11.47	4.53	1.40	0.51

根据养分平衡法又称目标产量法，在生产实际中，具体的施肥量为：

$$\text{每 667 米}^2 \text{施肥量（千克）} = \frac{\text{667 米}^2 \text{目标产量（千克）} \times \text{单位产量的养分吸收量（千克）} - \text{每 667 米}^2 \text{土壤供肥量（千克）}}{\text{所施肥料中养分含量（\%）} \times \text{肥料利用率（\%）}}$$

二、因树龄施肥

研究人员根据试验结果及综合有关资料确定了不同树龄的苹果树年施肥量可供参考表（5-10）。为了方便计算，只列出几种常用的肥料，采用其他肥料可以根据纯养分含量进行换算。在生产中提倡采用复合肥或专用肥。

表 5-10　不同树龄苹果树的施肥量（每 667 米² 用量，千克）

树龄（年）	有机肥	尿素	过磷酸钙	硫酸钾
1～5	1 000～1 500	5～10	20～30	5～10
6～11	2 000～3 000	10～15	30～50	7.5～15
11～15	3 000～4 000	10～30	10～20	50～75
16～20	3 000～4 000	20～40	50～100	20～40
21～30	4 000～5 000	20～40	50～75	30～40
>30	4 000～5 000	40	50～75	40

三、因土质施肥

果树专家根据果园土壤有效成分与产量品质关系的研究结果制定了果园土壤分级标准（表5-11），可供参考。施肥量确定时，土壤有效养分在中等以下时，要增加25%～50%的量，在中等以上时，要减少25%～50%的量，特别高时可以考虑不施该种肥料。黄土高原苹果优势区土壤养分含量见表5-12。

表5-11 果园土壤有机质和养分含量分级指标

项 目	极低	低	中 等	适宜	较高
有机质（%）	<0.6	0.6～1.0	1.0～1.5	1.5～2.0	>2.0
全氮（N,%）	<0.04	0.04～0.06	0.06～0.08	0.08～0.10	>0.1
速效氮（N, 毫克/千克）	<50	50～70	75～95	95～110	>110
有效磷（P_2O_5, 毫克/千克）	<10	10～20	20～40	40～50	>50
速效钾（K_2O, 毫克/千克）	<50	50～80	80～100	100～150	>150
有效锌（Zn, 毫克/千克）	<0.3	0.3～0.5	0.5～1.0	1.0～3.0	>3.0
有效硼（B, 毫克/千克）	<0.2	0.2～0.5	0.5～1.0	1.0～1.5	>1.5
有效铁（Fe, 毫克/千克）	<2	2～5	5～10	10～20	>20

表5-12 黄土高原陕西苹果主产区果园土壤有效养分测定结果

指标	有机质 （克/千克）	碱解氮 （毫克/千克）	有效磷 （毫克/千克）	速效钾 （毫克/千克）
平均值	11.35	57.08	18.02	178.36
变异系数	20.75	41.79	86.18	43.91
最大	18.89	151.34	83.89	492.73
最小	4.31	15.00	1.58	73.40
适宜范围	11.0～17.0	37～58	13～40	258～310

四、因树势施肥

树相诊断是果树营养诊断最直观和综合的方法，果树专家把苹果树体划分为4种营养类型，即丰产稳产（中庸）树、弱树、幼旺树和大旺树。丰稳树的指标为：树体营养水平高而稳，修剪后枝条每667米² 7万～9万条，其中长枝比例为8%～10%（长度30～40厘米，秋梢占新梢的1/5～1/4）、中枝20%～22%、短枝70%左右。弱树：树体营养水平低，长枝少而短（长度20厘米以下，比例不到总枝量的5%）、中枝与短枝超过95%，花芽多，但坐果率和产量低。幼旺树：树体贮藏营养少，长枝占50%以上，秋梢占新梢72%以上，花果少，多为腋花芽，地下长根多。大旺树：树体贮藏营养少，枝量大，营养生长旺盛，长枝比例大于15%（长度50厘米以上），短枝小于20%，其余多为中枝。

另外，果台副梢也是判断树势强弱的树相借鉴指标，一般弱树的果台副梢长度大都超不过20厘米，而旺树的果台副梢长度大都超过了30厘米。对旺树必须限制氮肥施用量，一般应减少20％～50％，以平衡树势。树势特别强时，禁止施氮；树势弱时，要迅速恢复树势，必须在增施氮肥和改土的同时，从栽培技术如整形修剪及疏花、疏果等方面入手，以调节树势。

第七节　施肥时期和方法

一、施肥时期

为了提高施肥效果，苹果树施肥要与果树生长相配合，切忌盲目施肥。平凉市泾川县果农总结出了"369"施肥法，即3月萌芽期追肥，6月花芽分化期追肥，9月秋施基肥。

（一）基肥（9月上旬至10月下旬）

此时是苹果树第三次根系生长高峰期，增施以有机肥为主的基肥，可为来年春季萌芽、开花、坐果提供充足营养保证，是实现果树稳产、高产、优质最重要的物质基础。在果园面积大，有机肥匮乏情况下，应广开肥源，除积极推广果园种植绿肥、生草和覆草技术外，应大力提倡果园养猪、养牛、养鸡和修建沼气池，以保证提供优质的有机肥源。

有机肥施入时间以中晚熟品种采收后、晚熟品种采收前为最佳。平凉市泾川县的果农在生产实践中提出基肥分两次施入，即中晚熟品种采收后或晚熟品种采收前20～30天施入所需的速效肥料，此时正值果实膨大盛期，补充一定量的速效肥有利于果实膨大、着色、提高品质，果实采收后立即施入其余肥料，此时正值果树根系生长高峰期，肥料很快被吸收利用。

基肥以有机肥为主，同时可将全年所需氮肥的1/2左右、磷肥的全部及钾肥的1/3～1/2在施基肥时一同施入。一般667米² 施优质有机肥4 000～5 000千克或精制腐殖酸有机无机复合肥（有机质30％、氮磷钾25％）120～160千克，配施蓝得土壤调理剂50～70千克或荣昌硅钙镁钾肥、益恩木或木美土里生物菌肥等120千克。

（二）追肥

1. 春季开花前后（3月中下旬至4月中旬）**追肥**　此期随气温升高，果树根系第一次生长高峰到来，大量吸收土壤中的各种营养，与根系贮存的营养一同运送到枝芽、花器等器官，大量的营养器官开始建造，此期追施以氮为主、磷钾配合的速效性肥料可增加树体营养，满足果树萌芽、开花、坐果、长新枝等需要。一般每667 m² 施尿素15～20千克，硫酸钾15千克，过磷酸钙20～30千克，再加施土壤调理剂或硅钙镁钾肥、矿物肥80～120千克。施后有条件的及时浇水。

在各种养分中，对树体调节作用明显的是氮肥，在各个时期氮肥的施用上要根据树势进行（表5-13）。同时，根据土壤类型、保肥能力、营养状况等灵活安排。无灌水条件的果园氮肥应一次施入（即施入年总需氮量的1/2），有灌水条件的果园可分两次施入（即开花后1周再施入年总需氮量的1/10～2/5）。旱地果园萌芽开花前后的追肥时间不能太早，一般以萌芽前后1周为最佳，施肥后应及时浇少量的水。

表5-13 苹果树不同树势不同时期的施肥比例

肥料种类	旺树			丰产稳产树			弱树		
	采果后	3月中旬	6月上旬	采果后	3月中旬	6月上旬	采果后	3月中旬	6月上旬
氮肥	60%	0%	40%	40%	30%	30%	30%	40%	30%
磷肥	60%	20%	20%	60%	20%	20%	60%	20%	20%
钾肥	20%	40%	40%	20%	40%	40%	20%	40%	40%

2. 夏季花芽分化期（5月下旬至6月上中旬）**追肥** 此期为果树根系第二次生长高峰期暨花芽分化期、幼果膨大期，追施以磷肥为主、其他中微量元素配合的肥料，可提高细胞液浓度，促进花芽形成和幼果膨大，减轻病虫危害，为当年产量质量提高和下年产量增加奠定良好的营养基础。一般每667 m^2 施磷酸二铵25～30千克，硫酸钾15千克。也可追施土壤调理剂、硅钙镁钾肥或精制腐殖酸有机无机复合肥、益恩木、木美土里。此期如果干旱要灌水追肥，生草果园及时割草覆盖树盘。

3. 秋季果实膨大期（7下旬至8月上中旬）**追肥** 此期追肥在于增加果树产量和提高果实含糖量，促进着色，提高硬度。追肥以速效性钾肥为主，施入年总需钾量的1/2～1/3，追肥时间中熟品种7月上旬、晚熟品种8月上中旬比较适宜。一般每667米^2 施以钾为主的果树专用肥或复合肥50～75千克，以促进果实膨大着色，提高品质。

（三）叶面喷肥（树上喷肥或根外喷肥）

叶面喷肥具有简单易行、肥效快、用量少等优点，能解决土壤对一些元素的生物、化学固定问题。对于缺素症（表5-14）的矫治具有良好的效果。叶面喷肥的目的主要是补充钙、镁中量元素和硼、铁、锰、锌等微量元素。

表5-14 苹果树缺素表

元素	叶片	枝梢	果实	其他
氮	色淡，黄绿至黄色；老叶黄化脱落，嫩叶小而红；叶柄、叶脉变红	短而粗，僵硬而木质化，皮呈红褐色	果小，早熟早上色，色暗淡不鲜艳	
磷	小而薄，暗绿色，叶柄、叶脉变紫；叶片紫红色斑，叶缘月形坏死斑	新梢基部叶先表现缺绿症	色泽不鲜艳，含糖量降低	花芽形成不良，抗逆性弱

（续）

元素	叶片	枝梢	果实	其他
钾	色淡黄至青绿，边缘向内枯焦、皱缩卷曲，挂在树上不脱落	细弱，停长早，形成许多小花芽	果小、着色差，含糖量降低	老叶先表现
钙	叶小，有褪绿现象，嫩叶先表现，出现坏死斑，叶尖、叶缘向下卷曲	小枝枯死	不耐贮藏，生理病害如水心病、苦痘病、豆斑病多	根停长早，短而膨大，强烈分生新根
镁	叶薄色淡，叶脉间失绿黄化，叶尖、叶基绿色，失绿由老叶向上延伸到嫩叶	枝细弱易弯，冬季可发生枯梢	果实不能正常成熟，果小色差无香味	
铜	出现坏死斑和褐色区域	反复枯梢，形成丛状枝		
铁	嫩叶先变黄白色，仅叶脉为绿色的细网状，叶片上无斑点	生长受阻，树势衰弱	坐果少	花芽分化不良
锰	老叶发展到嫩叶失绿黄化，从边缘开始，沿叶脉形成一条宽度不等的界限，严重时叶片全部变黄			缺锰叶片呈等腰三角形
锌	小叶片，新梢顶部轮生、簇生小而硬的叶片	中下部光秃	病枝花果少、小、畸形	
硼	叶变色，畸形	枯梢、簇叶、扫帚枝	缩果病，表面凹凸不平、干枯、开裂	受精不良，落花落果严重

　　喷肥时间最好选在阴天或晴天的早晨和下午进行，温度 18～25 ℃最适，此时肥料在叶片上保持湿润状态的时间较长，可延长吸收时间。气温过高，溶液很快浓缩，降低肥效甚至会产生药害。喷肥的浓度可参考表 5-15。叶面喷肥一是要求叶片正面、背面都要喷到，有些叶面肥需要特别喷洒果实、枝条等部位以促进吸收。二是注意能够起化学反应的叶面肥之间不能混合，如硫酸盐（锌、铁、锰、铜等）与钙盐（如氯化钙、硝酸钙等），否则会产生沉淀影响喷肥效果，同时形成的沉淀也会对叶片、果实等产生药害。三是叶面肥与农药混合。有些叶面肥会与农药起化学反应，影响农药的药效，甚至对果实产生药害，因此农药和叶面肥混合喷施时，应首先用水稀释叶面肥，再加入农药，可将影响降低到最小。

表 5 - 15　苹果树叶面喷肥浓度

时期	种类、浓度	作用	备注
	2%～5%的硫酸铜	杀菌、防病	
萌芽前	2%～3%的尿素	促进萌芽、提高坐果率	上年秋季早期落叶树更加重要
	1%～2%的硫酸锌	矫正小叶病	主要用于易缺锌的果园
萌芽后	0.3%的尿素	促进叶片转色，提高坐果率	可连续喷 2～3 次
	0.3%～0.5%的硫酸锌	矫正小叶病	出现小叶病时应用
花期	0.3%～0.4%的硼砂	提高坐果率	可连续喷 2 次
新梢旺长期	0.1%～0.2%的柠檬酸铁	矫正缺铁黄叶病	可连续喷 2～3 次
5～6 月	0.3%～0.4%的硼砂	防治缩果病	
5～7 月	有效钙含量在 10%以上的补钙叶面肥	防治苦痘病，改善品质	在果实套袋前连续喷 2～3 次
果实发育后期	0.4%～0.5%的磷酸二氢钾	增加果实含糖量，促进着色	可连续喷 3～4 次
	0.5%～2%的尿素	延缓叶片衰老提高贮藏营养	连续喷 3～4 次，浓度前低后高，下同
采收后至落叶前	0.3%～0.5%的硫酸锌	矫正小叶病	要用于易缺锌的果园，可连续喷 2 次，浓度前低后高
	0.5%～2%的硼砂	矫正缺硼症	可连续喷 3～4 次，浓度前低后高
落叶休眠后	2%～3%硫酸铜	杀菌、防病	

二、施肥方法

苹果施肥方法要依树龄、树冠大小、根系分布特点及肥料种类而定。肥料不同，施肥位置也不相同。有机肥施用一般与深翻扩穴等改土措施结合，施肥较深且逐年向外扩展；追肥为速效性肥料一般施得较浅；氮肥移动性强，应当浅施；磷肥移动性差，在土壤中易被固定，施肥时不易分散，应相对比较集中地施在根系分布层以内。苹果施肥位置每次应不断变换，尤其是成龄苹果园，不宜一直固定在树冠外围或一种方法，应不断改变施肥位置和方法，从而培肥整个果园的土壤。

1. 环状沟施　适用于幼树施肥。施基肥时，在树冠外围挖宽 30～40 厘米、深 25～30 厘米的沟，为了省工，挖沟时可将深度改为 15～25 厘米，将有机肥或速效化肥施入沟内后，然后用锄头深挖 15～20 厘米，使肥料与土壤均匀混合，使肥料深度达到 25～30 厘米之间。也可将基肥分层撒入，即每施一层肥，回埋 10～20 厘米的土，最后把挖出的底土回填在施肥坑的上层。

2. 条状沟施 适宜成龄树，基肥、追肥均可用。施用基肥时结合土壤改良采用。在果树行间一侧或两侧各挖一条宽 40～50 厘米、深 40～50 厘米的沟。将各种肥料、阜混匀后施入沟内，然后覆土。基肥单施颗粒肥料或追肥时，为省工可将沟的深度改为 15～25 厘米，然后将肥料施入沟内，用锄头深挖 15～20 厘米，使肥料深度达到 35 厘米左右，与土壤均匀混合。不管用哪种方法，回填土壤时，下层填表土，上层填底土。也可以全部用表土回填，把底土撒在行间促使熟化。以后再挖沟时应从先前条状沟的外缘再向外挖，这样进行几年，结合施基肥全园就等于深翻改土了一遍。

3. 放射状沟施 此法适于生草果园和成龄树的追肥，在距树干 0.5～1.0 米处向外挖 4～6 条呈放射状沟，沟深 30～35 厘米、沟宽 20～40 厘米，里浅外深，长度达到树冠外缘。对盛果期树，冠下开沟不要深于 20 厘米。

4. 穴状点施 此法适应于生长期追肥。在树冠中部到外围开挖长 20～30 厘米、深 25 厘米的穴 10～20 个，每穴施入化肥。在旱地和生草果园，也在树冠内侧挖 4～6 个直径 15～20 厘米、深 30～40 厘米的穴，施入化学肥料和有机肥后，浇 5 千克左右的水覆土。

5. 树下撒施 适用于成龄苹果树秋季追肥。肥料地面撒施后，浅翻 20 厘米左右、整平。生草果园在清耕带内或树盘内撒施。成年果园有机肥和秸秆可直接覆盖于地表树盘下，氮肥在部分生草果园可趁下雨前后直接撒施于草上，少量也可喷施于落叶中，促进落叶腐熟分解。

三、施肥注意事项

1. 有机肥、沼液必须经过堆沤、腐熟、发酵后方可施用。基肥挖坑时避免伤及 1 厘米以上的大根，做到随施肥随覆土，并注重保墒。

2. 土壤施肥应距离主干至少 50～60 厘米。避免烧伤根系和主干，同时肥料必须均匀施入土内以免烧根、伤树。

3. 叶面喷肥应选择多云或阴天喷施。一般在晴天上午 10 时前或下午 4 时后喷施；叶肥稀释浓度要以产品说明为准，与农药和其他物质混合必须严格遵守科学原则，不能混合的绝对不能混合，能混合的各自先稀释后再按要求混合（充分搅拌）；叶面喷肥喷洒要均匀。

4. 推广平衡施肥。有条件的果园，应进行土壤及叶片的营养诊断，推广平衡施肥技术。

5. 根据国外研究，新栽苹果树需要额外加施少许氮肥。氮肥不足、施肥位置不当或浓度太高都会严重危害栽植的苗木。不主张把氮肥放入栽苗的坑中，这样会导致毁坏嫩根而杀伤树苗，但栽后不及时施氮也会导致幼树生长不理想。

第八节　水肥一体化技术

水肥一体化技术是将灌溉与施肥融为一体的农业新技术。它是借助压力灌溉系统、微压力灌溉系统和无压力渗灌设施，将可溶性固（液）态肥料配兑成肥液与灌溉水一起均匀、准确地输送到果树根部土壤。采用水肥一体化技术，可按照果树生长需求，在全生育期把水分和养分定量、定时、按比例直接提供给果树，满足果树生长的需要，可有效地提高果树产量和质量，是现代果业发展的重点。

一、水肥一体化的理论依据

果树对养分的吸收主要有扩散和质流两种方式。扩散是指肥料在施入土壤后，首先吸收周围土壤的水分潮解，肥料缓慢的溶解形成土壤溶液。由于植物根系对养分离子的吸收，导致根表离子浓度下降，从而形成土体和根表之间的浓度差，在浓度差的作用下，肥料离子从浓度高的土体向浓度低的根表迁移，肥料不断扩散，根系不断吸收。质流是指由于果树叶片的蒸腾作用，形成蒸腾拉力，使得土壤中的水分大量流向根际，形成质流，土壤溶液中的养分随着土壤水分迁移到根的表面而被根吸收。这两种都需要水做媒介，没有水这两个过程都不能完成，根系就吸收不到养分。因此，在生产当中，无论使用哪种肥料，肥效起作用的时间长短，很大程度上决定于肥料施入土壤后形成肥料溶液时间长短，肥料在土壤中存放的时间越长，肥料缺失越大，肥料吸收利用率就越低。而肥水一体化施肥技术直接将肥料溶解于水，大大缩短了肥料吸收过程，减少了肥料挥发、淋溶、径流以及被土壤固定的机会，肥料利用率就会得到显著提升。

二、水肥一体化的优点

1. 节水节肥　水肥一体化技术可减少水分的下渗和蒸发，提高水分利用和流失。在露天条件下，微灌施肥与大水漫灌相比，节水率达 50％左右。水肥一体化技术实现了平衡施肥和集中施肥，减少了肥料挥发和流失，以及养分过剩造成的损失，具有施肥简便、供肥及时、作物易于吸收、提高肥料利用率等优点。普通施肥肥料利用率为 40％，水肥一体化（滴灌）肥料利用率为 60％～70％，比普通施肥提高肥料利用率 50％左右。

2. 增产增效　据美国康奈尔大学研究，水肥一体化技术可促进苹果树提高生长量和果品产量，果园一般增产 15％～24％（表5-16）。它的经济效益包括增产、改善品质获得效益和节省投入的效益，果园一般每 667 米^2 节省投入 300～400元，增产增收 300～600 元。

3. 改善环境　滴灌施肥与常规畦灌施肥技术相比可提高地温 2.7 ℃，克服因灌溉造成的土壤板结，降低土壤容重，增加土壤孔隙度，减少土壤养分淋失和地下水的污染，可显著增强微生物活性，促进作物对养分的吸收。

4. 减轻病虫害发生　空气湿度的降低，在很大程度上抑制了作物病害的发生，减少了农药的投入和防治病害的劳力投入，微灌施肥每 667 米² 农药用量可减少 15%～30%，节省劳力 15～20 个。

表 5-16　灌溉施肥对帝国、陆奥、元帅生长和产量的影响

(康奈尔大学试验提供)

处理	新梢生长（米）		平均产量（千克）		单果重（千克）
	1～3 年生	4～5 年生	2～4 年生	5～6 年生	
未滴灌（对照比率%）	100b	100b	100b	100b	100b
滴灌	160a	139a	145a	160a	107a
滴灌施肥	153a	134a	140a	135a	108a

三、水肥一体化的施肥技术

1. 滴（喷）灌施肥技术　滴灌、微喷施肥技术是一种微压力水肥灌溉技术，其系统由水源工程、首部枢纽、输配水管网和灌水器 4 部分组成。水源有河流、水库、机井、池塘等；首部枢纽包括电机、水泵、过滤器、施肥器、控制和量测设备、保护装置；输配水管网包括主、干、支、毛管道及管道控制阀门；灌水器包括滴头或喷头、滴灌带。在滴灌或微喷时，将肥料按配方比例溶解于水中，通过输水管道进入滴头或喷头，喷滴于果树根部或枝叶，为果树提供所需的水分和养分。

2. 追肥枪施肥技术　属于微压力肥水灌溉技术，它是利用果树喷药设施，药液喷头更换为追肥枪，通过贮水池或贮水罐将溶解后的水溶肥在机动喷雾器的带动下，将肥液输送到喷药管进入追肥枪，按设定的追肥流量将追肥枪插入果树施肥部位的 30 厘米土层中，一般每株设 4～8 个施肥点，每点注入 5 千克左右肥料溶液，听到报警声提示，施肥点施肥结束。这种方式适用于小片果园，每台机械每天可追肥 1 334～2 000 米²（2～3 亩），节约 5 个劳动力。

3. 管带滴灌施肥技术　这是一种重力自压式施肥技术，主要是利用果园自然高差或者农用机械或将贮水设施放置在与果园地面 50 厘米高以上的位置，通过一定的高差压力将肥水送往果树根部，这种重力自压式灌溉系统由贮水池（罐、桶）、主管带、滴灌带组成，是广大果区目前采用的一种简易的肥水一体化技术措施，具有显著的节水、节肥、省工、节本效果，每 667 米² 仅需投资 500 元左右。

安装此设施时，在果园一边铺好主管带，然后顺行间沿果树树冠垂直投影外沿附近的区域铺设好滴灌带〔覆黑布（膜）果园，沿黑膜外边缘铺设或直接将滴灌带覆在布（膜）下外边缘效果最好〕。最后在主管带上打孔，用接头将主管带和滴灌带连接起来即可完成安装，使用时只需将主管带和贮肥罐连接即可滴肥。为了保证使用效果和滴肥均匀性，滴灌带铺设长度不宜过长，一般60米左右为宜，如果地形较长，可将主管带引到地中间向两边进行铺设。

4. 瓦罐贮水施肥技术 这是一种无压力渗灌施肥技术，是泾川县窑店镇果农示范推广的融节灌、追肥于一体的灌水追肥适用技术。其方法是：在果树株间两棵树的中间，挖深60厘米、直径40厘米的坑，放置直径40厘米、高40厘米的瓦罐1个，瓦罐四周打多处细小渗水孔，瓦罐上部盖子中央制作直径4厘米的圆孔，安装直径4厘米、长50厘米的PVC塑料管，地上部分留出30厘米。在干旱季节或施肥时期可采用移动输水管给瓦罐内注水25千克，如需要追肥，可根据果树需肥状况加入适量配方水溶肥料，让罐内的肥水慢慢渗入瓦罐四周的果树根系。

此法设施制作安装简单，一次投资，长期使用，每667米² 投资约800元左右。在今后矮砧密植，特别是自根砧苗木小面积无滴水灌溉的果园栽培上将有很大的发展潜力。

5. 膜袋坑贮水施肥技术 它是融节灌、追肥、深翻技术于一体的追肥补水适用技术，在庆阳市果园管理中示范推广。它的效果和瓦罐坑贮肥水施肥方法基本一样，方法是：在树冠正射投影四周挖直径40厘米、深50厘米的圆形贮水坑6个，坑内放置与坑大小一致的塑膜袋，塑膜袋四周用针均匀打10～15个渗水孔。在干旱季节可采用移动输水管给贮水坑内进行注水，如需要追肥，可根据果树需肥状况加入适量配方肥料，灌满塑膜袋后，扎紧袋口，让袋内的水慢慢渗入贮水坑四周的果树根系。此法，节水效果特别明显。

6. 果品保鲜袋贮水施肥技术 这是泾川县城关镇果农探索的幼龄果树抗旱保墒节水灌溉施肥实用技术，其方法：在需肥水时期，1～2年生果树每棵树在距树干30～50厘米的地方放置1个灌装15千克配方水溶肥的果品保鲜袋，3～4年生果树在距树干50～100厘米的两侧放置2个灌装15千克配方水溶肥的果品保鲜袋，在袋顶制作一个进水软管，装水后软管扎紧。袋底一角用针尖扎一小孔，每分钟滴水40滴左右，每袋水滴6天左右，袋底滴水孔一角最好埋入土内。如果肥水用完还需要滴施，继续在袋内灌装所需肥水。

7. 穴贮肥水施肥技术 这也是一种融节灌、追肥技术于一体的追肥补水技术，方法是：在树冠四周边缘挖直径30厘米、深50厘米的圆形坑4～6个，用玉米、小麦秸秆或其他杂草绑一个直径30厘米、长50厘米的草把施入坑内。在干旱季节或需施肥时期灌入15千克水或配方水溶肥溶液，坑上覆盖地膜。当渗干或需要灌肥水时再注入所需肥水，反复利用，放入的草把腐烂后作为有机肥使用。此法适用于干旱地区或山区果园抗旱或施肥使用，节水、增肥效果特别明显。

四、水肥一体化肥料选择及常用配方

水肥一体化灌溉施肥要选用水溶性肥料（Water Soluble Fertilizer，简称WSF），它能迅速地溶解于水中，更容易被果树吸收利用，达到省水省肥省工的效能。选用水溶肥时要考虑以下条件：ⓐ肥料养分含量要高；ⓑ在常温下易溶于水；ⓒ溶解速度快；ⓓ杂质含量低，能与其他混合；ⓔ与灌溉水的相互作用小，不会引起灌溉水 pH 的剧烈变化；ⓕ对仪器的腐蚀性较小。

（一）水溶肥料种类

1. 常用单元或二元水溶性肥料 水溶肥可分为化肥、有机肥、叶面肥等，化肥又分单元肥、复合肥以及复混肥等很多品种，在肥料的形态上又分为固体和液体两类。尿素是灌溉施肥系统中常见的氮肥，其养分含量高、溶解性好、杂质少、与其他肥料相溶性好，是配制水溶性复合肥的主要原料。碳酸氢铵、硫酸铵、氯化铵也是常见的氮肥，水溶性好、无残渣。但对忌氯的作物要慎用氯化铵。磷酸具有一定的腐蚀性，其磷的变幅较大，用作灌溉施肥时在操作上要小心，一般不建议使用。农用磷酸一铵和磷酸二铵含有大量杂质，容易堵塞灌溉系统，因此选用磷酸一铵和磷酸二铵时要用工业级别，外观为白色结晶状，易溶于水，也是目前最广泛配制水溶复合肥的基础原料。氯化钾因红色氯化钾含氧化铁等不溶物，因此要选用白色氯化钾用于复合肥的钾原料。硫酸钾其水溶性较差，需要不断搅拌取其清液使用，因此在大面积灌溉施用时会影响进度。建议扩大施肥池，安装搅拌机，提前溶解肥料。硝酸钾是用于灌溉系统的优质肥料，溶解性好，无杂质，是作物钾肥选用的理想肥料，也是制造水溶复合肥的重要原料。中微量元素的水溶肥中，大多数溶解性好，杂质少。微量元素则很少单独通过灌溉系统施用，一般选择含微量元素的水溶性复合肥一块施入。常用于灌溉施肥的氮肥、磷肥、钾肥及中微量元素肥料见表 5 - 17 至表 5 - 18。

表 5 - 17　常用灌溉施肥种类

肥料名称	养分含量 (N - P_2O_5 - K_2O)	分子式	pH
尿素	46 - 0 - 0	$CO (NH_2)_2$	5.8
磷酸尿素	17 - 44 - 0	$CO (NH_2)_2 \cdot H_3PO_4$	4.5
硝酸钾	13 - 0 - 46	KNO_3	7.0
硫酸铵	21 - 0 - 0	$(NH_4)_2SO_4$	5.5
碳酸氢铵	17 - 0 - 0	NH_4HCO_3	8.0
氯化铵	25 - 0 - 0	NH_4Cl	7.2
氮溶液	32 - 0 - 0	$CO (NH_2)_2 \cdot NH_4NO_3$	6.9

（续）

肥料名称	养分含量 (N－P_2O_5－K_2O)	分子式	pH
硝酸铵	34－0－0	NH_4NO_3	5.7
磷酸一铵	12－61－0	$NH_4H_2PO_4$	4.9
磷酸二铵	21－53－0	$(NH_4)_2HPO_4$	8.0
聚磷酸铵	10－34－0	$(NH_4)_{(n+2)}P_nO_{(3n+1)}$	7.0
硝酸钙	15－0－0	$Ca(NO_3)_2$	5.8
硝酸镁	11－0－0	$Mg(NO_3)_2$	7.0
硝酸铵钙	15.5－0－0	$5Ca(NO_3)_2 \cdot NH_4NO_3 \cdot 10H_2O$	7.0

注：磷酸尿素也称磷尿。氮溶液由尿素和硝酸铵配制。硝酸铵不同厂家产品存在较大差异性。n 为聚磷酸铵的聚合度，作为肥料使用，n<20。

表5－18　常用灌溉施肥中的磷肥种类

肥料名称	养分含量 (N－P_2O_5－K_2O)	分子式	pH
磷酸	0－52－0	H_3PO_4	2.6
磷酸二氢钾	0－52－34	KH_2PO_4	5.5
磷酸尿素	17－44－0	$CO(NH_2)_2 \cdot H_3PO_4$	4.5
磷酸一铵	12－61－0	$NH_4H_2PO_4$	4.9
磷酸二铵	21－53－0	$(NH_4)_2HPO_4$	8.0
聚磷酸铵	10－34－0	$(NH_4)_{(n+2)}P_nO_{(3n+1)}$	7.0

表5－19　常用灌溉施肥中的钾肥种类

肥料名称	养分含量 (N－P_2O_5－K_2O)	分子式	pH
氯化钾	0－0－60	KCl	7.0
硝酸钾	13－0－46	KNO_3	7.0
硫酸钾	0－0－50	K_2SO_4	3.7
磷酸二氢钾	0－52－34	KH_2PO_4	5.5

表5－20　常用灌溉施肥中的微量元素肥料

肥料名称	养分含量（％）	分子式	溶解度（每100毫升，克）
硝酸钙	Ca：19	$Ca(NO_3)_2 \cdot 4H_2O$	100
硝酸铵钙	Ca：19	$5Ca(NO_3)_2 \cdot NH_4NO_3 \cdot 10H_2O$	易溶
氯化钙	Ca：27	$CaCl_2 \cdot 2H_2O$	75
硫酸镁	Mg：9.6	$MgSO_4 \cdot 7H_2O$	26

（续）

肥料名称	养分含量（%）	分子式	溶解度（每100毫升，克）
氯化镁	Mg：25.6	$MgCl_2$	74
硝酸镁	Mg：9.4	$Mg(NH_3)_2 \cdot H_2O$	42
硫酸钾镁	Mg：5～7	$K_2SO_4 \cdot MgSO_4$	易溶
硼砂	B：11	$Na_2B_4O_7 \cdot 10H_2O$	2.1
硼酸	B：11.7	H_3BO_3	6.4
水溶性硼肥	B：20.5	$NaB_8O_{13} \cdot 4H_2O$	易溶
硫酸铜	Cu：25.5	$CuSO_4 \cdot 5H_2O$	35.8
硫酸锰	Mn：30	$MnSO_4 \cdot H_2O$	63
硫酸锌	Zn：21	$ZnSO_4 \cdot 7H_2O$	54
钼酸	Mo：59	$MoO_3 \cdot H_2O$	0.2
钼酸铵	Mo：54	$(NH_4)_6Mo_7O_{24} \cdot 4H_2O$	易溶
螯合锌	5.0～14.0	DTPA/EDTA	易溶
螯合铁	4.0～14.0	DTPA/EDTA/EDJA	易溶
螯合锰	5.0～12.0	DTPA/EDTA	易溶
螯合铜	5.0～14.0	DTPA/EDTA	易溶

2. 水溶性复合肥　通常来讲，水溶性复混肥配方更合理，养分更多元，对作物更有针对性。在果树生产上，要选择水溶性较好的氮磷钾复合肥、小分子腐殖酸、氨基酸有机肥、微量元素肥等，这4类肥料中以水溶性氮磷钾肥料用途宽且覆盖面大，是未来发展的主要类型，各肥料养分含量指标详见表5-21至表5-27。

表5-21　大量元素水溶性肥料指标（中量元素型，NY1107—2010）

项　目	固体形态（%）	液体形态（克/升）	项　目	固体形态（%）	液体形态（克/升）
$N+P_2O_5+K_2O \geqslant$	50	500	水不溶物含量≤	5	50
$Ca+Mg \geqslant$	1	10			

表5-22　大量元素水溶性肥料指标（微量元素型，NY1107—2010）

项　目	固体形态（%）	液体形态（克/升）	项　目	固体形态（%）	液体形态（克/升）
$N+P_2O_5+K_2O \geqslant$	50	500	水不溶物含量≤	5	50
微量元素（TE）≥	0.2～3	2～3			

表 5-23 微量元素水溶性肥料指标（NY1428—2010）

项　目	固体形态（%）	液体形态（克/升）	项　目	固体形态（%）	液体形态（克/升）
微量元素（TE）≥	10	100	水不溶物含量≤	5	50
水分≥	6	—			

表 5-24 含氨基酸水溶性肥料指标（微量元素型，NY1429—2010）

项　目	固体形态（%）	液体形态（克/升）	项　目	固体形态（%）	液体形态（克/升）
氨基酸含量≥	10	100	水不溶物含量≤	5	50
微量元素（TE）≥	2	20			

表 5-25 含氨基酸水溶性肥料指标（中量元素型，NY1429—2010）

项　目	固体形态（%）	液体形态（克/升）	项　目	固体形态（%）	液体形态（克/升）
氨基酸含量≥	10	100	水不溶物含量≤	5	50
微量元素（TE）≥	3	30			

表 5-26 含腐殖酸水溶性肥料指标（大量元素型，NY1106—2010）

项　目	固体形态（%）	液体形态（克/升）	项　目	固体形态（%）	液体形态（克/升）
腐殖酸含量≥	3	30	水不溶物含量≤	5	50
$N+P_2O_5+K_2O$≥	20	200			

表 5-27 含腐殖酸水溶性肥料指标（微量元素型，NY1106—2010）

项　目	固体形态（%）	液体形态（克/升）	项　目	固体形态（%）	液体形态（克/升）
腐殖酸含量≥	3	—	水不溶物含量≤	5	—
$N+P_2O_5+K_2O$≥	6	—			

（二）常用水溶肥配方

目前，市场上有大量的商品液体水溶肥料，但如果根据果树不同生长期需要配制不同养分组成和比例的高浓度营养（母）液，或按需要将单质肥料自行配制成多成分的营养贮备（母）液，在使用时再进行稀释，从而减少劳动时间，更能降低生产成本。常用肥料贮备（母）液配制方法见表 5-28 和表 5-29。

表 5 - 28　常用氮磷钾贮备（母）液配制方法

$N-P_2O_5-K_2O$ 比例	养分组成（质量）（%）	肥料名称（按添加顺序）	相对密度	pH	电导率（1∶1 000 兆西/厘米）
K					
0 - 0 - 1	0 - 0 - 7.9	KCl	1.06	6.7	0.22
NK					
1 - 0 - 1	4.9 - 0 - 4.9	Urea/KCl	1.07	6.2	0.16
1 - 0 - 3	2.7 - 0 - 8.1	Urea/KCl	1.09	5.1	0.24
2 - 0 - 1	6.1 - 0 - 3.1	Urea/KCl	1.05	4.8	0.09
PK					
0 - 1 - 1	0 - 6.3 - 6.3	H_3PO_4/KCl	1.09	2.7	0.45
0 - 1 - 2	0 - 3.7 - 7.4	H_3PO_4/KCl	1.11	3.3	0.35
0 - 2 - 2	0 - 7.4 - 3.7	H_3PO_4/KCl	1.09	2.7	0.41
NPK					
1 - 1 - 1	3.6 - 3.6 - 3.6	H_3PO_4/Urea/KCl	1.08	3.3	0.30
1 - 1 - 3	2.7 - 2.7 - 8.1	H_3PO_4/Urea/KCl	1.11	3.6	0.36
1 - 2 - 4	2.5 - 5.1 - 10.1	H_3PO_4/Urea/KCl	1.14	4.3	0.49
3 - 1 - 3	5.1 - 1.7 - 5.1	H_3PO_4/Urea/KCl	1.08	3.7	0.22

注：Urea 为尿素，下同。

表 5 - 29　自行配制氮磷钾贮备（母）液

类别	$N-P_2O_5-K_2O$ 比例	养分组成（质量）（%）			每 100 升添加的质量（千克）				
		N	P_2O_5	K_2O	Urea	AS	PA	MKP	KCl
NPK	1 - 1 - 1	3.3	3.3	3.3	<u>7.2</u>	—	**5.3**	—	5.4
	1 - 1 - 1	4.4	4.6	4.9	<u>9.6</u>	—	—	8.8	3.0
	1 - 2 - 4	2.2	4.8	8.9	<u>4.8</u>	—	**7.7**	—	14.6
	3 - 1 - 1	6.9	2.3	4.3	<u>15.0</u>	—	**3.7**	—	7.0
	3 - 1 - 3	6.4	2.1	6.4	<u>13.9</u>	—	**4.0**	—	8.2
	1 - 2 - 1	2.5	5.9	2.5	<u>5.4</u>	—	**8.1**	—	4.1
NK	1 - 0 - 1	4.6	0	4.6	**10.0**	—	—	—	7.5
	1 - 0 - 2	1.9	0	3.9	—	<u>9.0</u>	—	—	**6.4**
	2 - 0 - 1	5.8	0	2.9	**12.6**	—	—	—	<u>4.8</u>
PK	0 - 1 - 1	0	5.8	5.8	—	—	**9.4**	—	<u>9.5</u>
	0 - 1 - 2	0	3.9	8.0	—	—	—	**7.5**	<u>8.9</u>
K	0 - 0 - 1	0	0	7.5	—	—	—	—	**12.3**

注：AS 为硫酸铵；PA 为磷酸；MKP 为磷酸二氢钾。黑体、下划线和斜体依次表示加入时的顺序。

（三）水溶肥应用注意事项

1. 避免直接冲施，要采取二次稀释　水溶肥比一般复合肥养分含量高，用量相对较少，直接冲施极易造成烧苗伤根、苗小苗弱等现象，二次稀释不仅利于肥料施用均匀，还可以提高肥料利用率。

2. 少量多次施用　由于水溶肥速效性强，难以在土壤中长期存留，少量多次是最重要的施肥原则，符合植物根系不间断吸收养分的特点，减少一次性大量施肥造成的淋溶损失。一般每次每 667 米^2 用量在 3～6 千克。

3. 注意养分平衡　水溶肥一般采取浇施、喷施，或者将其混入水中，随同灌溉（滴灌、喷灌）施用。在采用滴灌施肥时，由于作物根系生长密集、量大，对土壤的养分供应依赖性减小，更多依赖于通过滴灌提供的养分，所以要进行配方施用，如果配方不平衡，会影响果树生长。

4. 配合施用　水溶肥料为速效肥料，一般只能作为追肥。特别是在常规的农业生产中，水溶肥是不能替代其他常规肥料的。要做到基肥与追肥相结合、有机肥与无机肥相结合、水溶肥与常规肥相结合，以便降低成本，发挥各种肥料的优势。

5. 避免过量灌溉　以施肥为主要目的灌溉时，达到根层深度湿润即可。过量灌溉不仅浪费水，还会使养分淋失到根层以下，果树不能吸收，浪费肥料。特别是水溶肥中的尿素、硝态氮肥（如硝酸钾、硝酸铵钙、硝基磷肥及含有硝态氮的水溶性肥）极易随水流失。

6. 两头滴水保护管道　滴灌施肥时，先滴清水，等管道充满水后开始施肥。施肥结束后立刻滴清水 20～30 分钟，将管道中残留的肥液全部排出（可用电导率仪监测是否彻底排出）。如不洗管，可能会在滴头处生长青苔、藻类等低等植物或微生物，堵塞滴头。

五、水肥一体化灌溉施肥方案

美国康奈尔大学在纽约州通过多年水肥一体试验示范，探索出了适宜的肥水灌溉方案，现提出供参考。

（一）灌溉水中养分的浓度

1. 轻质土壤

（1）幼树 N＝100 毫克/千克，成年树 N＝50 毫克/千克

（2）幼树 K＝10 毫克/千克，成年树 K＝50 毫克/千克

2. 黏质土壤

（1）幼树 N＝50 毫克/千克，成年树 N＝30 毫克/千克

（2）幼树 K＝10 毫克/千克，成年树 K＝50 毫克/千克

3. 该方案的优点　果树根系周围土壤溶液中肥料的浓度稳定。

4. 该方案的缺点　施肥量取决于水分的需要量；在潮湿年份施肥量少；在

干旱年份施肥量多。

(二)肥料的周施用剂量

把每年应施肥料的总量分成数周（约 10 周）施用，当周的施肥量在该周灌溉中施用。如果需要额外的水，水中不加肥料单独灌溉。这种施肥的优点是，施用的肥料量与水的灌溉量无关，缺点是：在单独灌溉过程中，土壤溶液的肥料浓度降低。

1. 轻质土壤 施肥量以每 667 米^2 计。

（1）幼树

N＝4.5～7.6 千克/年，分成 10 周则 0.45～0.76 千克/周；

K_2O＝4.5 千克/年，分成 15 周则 0.3 千克/周。

（2）成年树

N＝3～4.5 千克/年，分成 10 周则 0.3～0.45 千克/周；

K_2O＝6.0 千克/年，分成 15 周则 0.4 千克/周。

2. 黏质土壤 施肥量以每 667 米^2 计。

（1）幼树

N＝3～4.5 千克/年，分成 10 周则 0.3～0.45 千克/周；

K_2O＝4.5 千克/年，分成 15 周则 0.3 千克/周。

（2）成年树

N＝1.5～3.0 千克/年，分成 10 周则 0.15～0.3 千克/周；

K_2O＝6.0 千克/年，分成 15 周则 0.4 千克/周。

(三)头三年的滴灌施肥方案

施肥量以每 667 米^2 计。

1. 液态氮肥

CAN17：$Ca(NO_3)_2$＋NH_4NO_3（液体）

N＝4.5～7.6 千克/年，分成 10 周则 0.45～0.76 千克/周。

2. 钾肥第二年开始施用

K_2O＝4.5 千克/年，分成 15 周则 0.3 千克/周。

3. 每周灌溉两次少量的水

第一年 23 千克/（树·周）；第二年 46 千克/（树·周）。

第六章

节水灌溉与抗旱保墒技术

苹果树是比较耐旱的植物，在年降水量 500 毫米左右的地区，基本能满足苹果树生长的需要。在苹果主产区的西北黄土高原地区由于降水量分布不均，特别是春季降水稀少，而秋季占全年降水量的 80% 左右，与果树需水期相反。所以，果园水分管理的目的是节水灌溉和抗旱保墒，通过节水灌溉补充自然降雨的不足，通过抗旱保墒，"保住天上水，蓄住地下墒"，以满足果树生长最基本的需水量。

第一节　苹果需水关键时期

根据苹果树生长发育和需水特点，苹果全年需水期为萌芽期、新梢速长与幼果膨大期、果实膨大期和果实采后期 4 个需水关键时期。

一、萌芽至开花前期

此时果树贮藏营养和根系吸收利用肥料需要大量的水分作运转，可促进萌芽和新梢生长，使开花整齐、坐果率高，同时还可减轻春寒与晚霜危害。一般灌水时间在萌芽前 1~2 周进行。

二、新梢旺长和幼果膨大期

此时是花后 3~4 周，是苹果的需水临界期，这个时期果树生理机能最旺盛，缺水将严重导致生理落果和减产，并且影响果实膨大。因此，要十分重视土壤水分，降水不足则必须灌水，但必须依降雨和土壤墒情决定，此期适度干旱有利于花芽形成。

三、果实迅速膨大期

苹果花后的 6~9 周是花芽大量分化期，及时灌水不但可满足果实膨大对水分的要求，同时还可以促进花芽分化，为连年丰产创造条件。一般此期已进入雨季，如若灌溉应该根据天气变化和土壤墒情灵活掌握。

四、果实采收后到土壤封冻前

此期一般是 10 月中下旬至 11 月上旬，果树进入营养物质积累阶段，养分贮存的多少与来年生长结果关系密切。这时结合深翻或秋施基肥充分灌足封冻水，能促进肥料较快腐烂分解，有利根系吸收。同时土壤封冻前的封冻水，还能提高地温，减少冻害。

第二节 节水灌溉技术

一、灌水的原则

苹果园水分管理上，应本着"春灌要早，夏灌要巧，秋灌要少，冬灌要饱"的原则，基本做到：春灌早，土壤解冻后墒情不足立即灌；夏灌巧，根据土壤墒情适当浅灌；秋灌少，随雨水增多，可少灌或不灌；冬灌饱，灌足灌透，使果树安全越冬防严寒。

二、灌水量的确定

1. 一般果园灌水量

在陇东黄土高原地区，果园灌水应根据苹果品种、土壤、气候等条件灵活掌握，一般最适宜的灌水量是 50～60 厘米内根系分布层的土壤湿度达到最大持水量的 60%～80%。进入夏季天然降雨增多，不是很干旱的情况下，不宜大量浇水，否则，会造成幼树木质化程度降低，不利幼树安全越冬，也会使挂果树成花能力差，影响下年果树产量。

果树需水量一般用单位面积上的水量多少来表示，以每 667 米² 或米³/公顷为单位；也可以用水层深度表示，以毫米为单位。15 米³/公顷相当于 1.5 毫米水深。灌水量计算公式为：

灌水量（米³）＝灌水面积（米²）×树冠覆盖率（%）×灌水深度（米）×土壤容重×［土壤要求含水量（%）－土壤实际含水量（%）］。

土壤容重一般细沙土为 1.45、轻壤土或中壤土为 1.40、重壤土为 1.38、黏土为 1.30；土壤要求的含水量细沙土为 15.2%、沙壤土为 20.0%、轻壤土或中壤土为 20.8%、重壤土为 20.8%、黏土为 22.4%。

2. 滴灌果园灌水量

据陇东学院吴健君报道，黄河水利委员会西峰水保站李怀有等人在董志塬 12 年生红富士苹果园中开展滴灌及节灌制度研究，确定提出了苹果地上部分全年生长期各物候阶段耗水状况（表 6-1）。

表 6-1 红富士苹果滴灌灌溉制度

最佳灌水期		萌芽前	新梢旺长前	果实膨大期	封冻前	合计
计划湿润层深度（米）		0.5	0.6	0.6	0.7	
土壤湿润比（%）		40	40	40	50	
灌水定额（米³/公顷）	幼龄树	96	144		225	456
	盛果期树	180	180	216	360	936

同时，根据陇东黄土高原苹果全生长物候期的需水规律和枝条、果实生长发育特点及 80％降水保证率的平水年，提出苹果滴灌 4 次为宜，最佳灌水期为萌芽前、新梢旺长前、果实迅速膨大期和封冻前。每 667 米^2 全年灌溉定额：幼龄树为 30 米^3、盛果期树为 62 米^3。在降水保证率 70％的中等干旱年份，灌水定额增大 10％～20％，灌水次数为 4～5 次（果实膨大期 2 次）；在降水保证率 50％的特干旱年份，灌水定额增大 15％～30％，灌水次数为 5～6 次（新梢旺长期、果实膨大期各 2 次）。

三、主要节水灌溉措施

陇东黄土高原果区基本是雨养农业区，不仅降水集中，而且蒸发量大，4 月上旬至 6 月下旬几乎无有效降水。春夏季降雨稀少且蒸发量大，导致果园土壤失水严重，使果树长时间受干旱威胁，水分供应不足严重影响苹果产量和果实品质。7、8、9 月进入雨季，大量的降雨加之春夏施入的肥料溶解和肥效发挥，极易造成秋梢旺长。"春旱秋涝"的水分供求错位，导致果树不能正常生长发育，影响早产早丰和优质高效。因此，如何使"秋水春用"，是黄土高原果区亟须解决的问题，实行旱作节水栽培势在必行。在各地节水栽培中，广大群众和科技人员总结出了有效地节水抗旱措施，归纳整理如下。

（一）地面节水灌溉

1. 行间沟灌　就是在果树行间的树冠边缘，开一条深宽各 20～25 厘米的沟。灌水后并待水渗入土壤中把沟填平。

2. 树盘条状沟灌　一般结合施肥进行，方法是绕树冠边缘挖深 30 厘米、宽 30～40 厘米、长 1～2 米的条状沟，每株灌水 200 千克左右，待水渗干后填入表土整平园地。此法灌水利用率高。

3. 穴贮肥水　在树盘东西南北四面，各挖直径和深度均为 40 厘米的穴，将麦草或秸秆铡碎填入穴内，稍加踏实或埋入草把，施上肥灌满水，水渗下后再灌，一直到穴中水分饱和不再下渗后，再在穴上覆盖棚膜。覆膜的穴面应低于地表 2～3 厘米（形成小洼），然后在膜的中心打一些小孔，以利蓄积降水，最后压上砖块或大土块。下次再需水时，揭开棚膜就可灌水。

（二）机械设施灌溉

1. 滴灌、渗灌　苹果树传统灌溉条件下，果树对氮肥的吸收效率为 20％～50％，在滴灌条件下，果树对氮肥的吸收效率为 60％～70％。滴灌是通过管道的特制小孔，以水滴或细小水流缓慢滴入果树根系的一种灌水方法。大多以重力机械提供滴灌水源，渗灌则以稍高的落差形成轻微压力使水慢慢渗出。它们均在地下铺设管道，树行有滴管带，滴管带每隔 30 厘米有一孔眼，灌溉水缓缓渗出浸润土壤。滴灌带一般布设在树干中心呈一字形，有的呈 U 形或 S 形，保证灌水与根系处于最佳耦合状态。

2. 喷灌、微喷灌　喷灌是利用专门设备将水压提到一定高度后，再喷射出来如下雨一般均匀落在果树上。既可调节小气候，避免低温、高温、干热风对果树的危害，又可喷洒农药或叶面追肥。微喷灌设备与喷灌近似，但喷出的水以雾状喷洒在果园，比喷灌更节水，还可喷施肥水和农药。

（三）膜上膜下灌溉

膜上灌溉是在地膜栽培的基础上，把地膜旁侧灌溉改为膜上灌溉，在果树树干处灌溉，特点是供水缓慢，大大减少了水分蒸发和淋失，节水效果显著，而且可结合追肥进行，并可根据果树需水要求调整膜上孔的数量和大小来控制灌水量。在干旱地区可将滴灌放在膜下，或利用毛管通过膜上小孔进行灌溉，称为膜下灌溉。这种方式既具滴灌优点，又具地膜覆盖优点，节水在70％以上，增产效果明显。

（四）隔行交替灌溉

传统灌溉方法一般是大水漫灌，追求全园充分和均匀湿润，20世纪90年代中后期，山东农业大学杨洪强教授根据树冠信息传递理论，设计了一种果园隔行交替灌溉新技术，强调从根系生长空间上改变土壤湿润方式，人为保持根区土壤某个区域干燥，交替使根系始终有一部分在干燥或比较干燥的土壤区域中，限制该部分根系的吸水，让根系产生"信使物质"脱落酸并传送到地上部以控制诱导气孔关闭程度；而使另一部分根系生长在土壤湿润区域，以保证吸水和满足光合需要，这样既可维持保证果树正常的光合作用，又可减少果树奢侈的蒸腾失水。

具体做法是：第一次灌水隔行进行，第二次灌水在第一次灌水的基础上顺移一行而隔行施行，第三次与第一次灌水区域相同。这样会使果树根系始终有一部分处于水分胁迫状态，另一部分生长在湿润区域，结果是植株既不缺水，又有适当浓度的根源信使脱落酸诱导气孔部分关闭，能够在不牺牲光合产物积累前提下，大量减少果树奢侈的蒸腾失水，同时也会减少全园充分灌溉的无效蒸腾和蒸发。另外，干旱使水能刺激根系补偿生长，会有大量新根再生，新生根可以合成大量细胞分裂素并能够输送到地上部，这对促进花芽分化有重要意义。

（五）集雨水窖灌溉

集雨窖灌溉即在果园地头建造容积50米³左右的集雨水窖（大小不限），把雨季无法利用的水收集起来变成有用雨水，在旱季通过潜水泵或人工提水灌溉。雨窖建在路边地头，将路面天然降水引进窖内。有条件的也可在水窖旁修建1米高以上的简易水塔，通常可与渗灌、微喷系统配套灌溉。降水不足时也可拉水贮于窖中。

第三节　抗旱保墒技术

陇东黄土高原地区，由于水源不足和灌水设施缺乏，果园灌溉是有限的。

因此，果园水分管理要以抗旱保墒为重点，蓄住天上水，保住地下墒。通过陇东、陇中等半干旱地区试验示范，在无法灌溉的情况下，采取合理的抗旱保墒措施，一般年份的天然降水就可满足苹果树生长需要。

一、耕作保墒

1. 顶凌耙磨 在2月中下旬当地表土壤解冻后进行顶凌耙磨，可打破地表土壤毛细管和缝隙，拦蓄土壤深层上升的水分，减少土壤水分蒸发，从而起到保水的作用，有利于果树生长。据测试，顶凌耙磨一次，拦蓄的地下水相当于20毫米的降水量。耙磨方法，可用耙地的菜耙子或机械、牲畜拉磨，将果园地表全面耙磨一遍，打碎土块。如果耙磨之后再用石碌镇压一遍，效果更好。

2. 雨后中耕 每次降雨或灌水后及干旱时，中耕松土，打破毛细管，中耕深度为5～10厘米，可有效地保持土壤中的墒情，拦蓄雨水，减少水分蒸发，提高土壤的通透性，促进果树生长。

3. 松土除草 按照"除早、除小、除了"的要求，及时清除果园杂草，疏松土壤，达到土壤疏松无杂草、保墒保肥的目的。

4. 秋季深翻 秋季深翻不仅可以疏松土壤，改良土壤结构，促进根系呼吸，提高肥料利用率，而且可以消灭杂草，保墒蓄水，杀死土壤里的越冬害虫，减轻病虫害基数。深翻结合秋施基肥进行，深度一般为30～40厘米，深翻时将表土埋入底部，锨要直插，不留生地。

5. 增施有机肥 使用化肥过多，会造成土壤板结，蓄水能力减少。今后要逐步减少化肥用量，不断增加有机肥用量，依此提高土壤通透性和蓄水保墒能力。

二、覆盖保墒

通过覆盖能够使果园土壤保温、保湿、降温，覆盖的草枝叶腐烂后增加土壤有机质，从而提高土壤肥力，促进果树生长。

1. 覆布膜 覆布（膜）可起到保墒、增温的作用，如果覆盖黑色地布（膜），还可起到灭草的作用。在秋季或早春土壤解冻后，或浇水或雨后覆膜。大力推广秋季覆膜，在西北黄土高原地区，秋季覆膜可以保存秋季80%的降水量，即使第二年6月以前不降雨，仍然可以满足果树生长需要。覆布（膜）要选用宽1～1.4米、厚0.07～0.10毫米聚氯乙烯地膜，进行通行覆盖，一年生树覆单膜，2～3年生树覆双膜，挂果树可以全园覆盖。

2. 覆草 覆草可起到增温、保墒、灭草的作用，夏季还可起到降温的作用，在春季施肥、灌水后进行。覆盖材料可以用麦秸、玉米秸秆、杂草等。把覆盖物盖在树冠下或行间，厚度15～20厘米，连覆2～3年，每年再加盖一定量的草，3年后深翻压入土壤中，增加土壤有机质，地块整平后可以继续覆草。

3. 覆沙　覆沙可起到保墒、增温、增光、灭草的作用，在秋季增施基肥后，将果园整平、拍实，均匀地覆盖一层3～5厘米厚的干净河沙，在干旱地区保墒效果特别好。

4. 生草　4～5月或8月在果树行间种植白三叶草、黑麦草或其他适宜生长的草种，也可对自然生长的鸡肠子草保留，可起到保墒、降温、增加土壤有机质，促进果树生长的作用。

三、保水剂保墒

保水剂又名抗旱保水剂、保湿剂、固体水等，是一种人工合成的具有超强吸水保水和缓释能力的高分子聚合物，它能迅速吸收比自身重数百倍的脱离子水，数十倍近百倍的含盐水分，它可反复使用近百次，是快速吸收、储存、缓慢释放水分与养分的"小水库"，能有效降低灌溉水（或雨水）的渗漏，控制土壤水分的蒸发，满足果树生长的需要，同时改善土壤结构、增加土壤活性、减少土壤板结等。

常用保水剂有无定型颗粒、粉末、细末，片状和纤维状，在国内使用的只有聚丙烯酰胺型的颗粒、粉末和细末。一般结合灌水或雨后施肥或秋施基肥进行，方法是将0.3‰保水剂溶解到水中或混合到肥料中施（灌）入，施后覆土。使用一次，可发挥2～3年的效果。

第四节　果园排水

平地果园雨季降雨比较集中时，土壤水分过多，有时果园积水会发生涝害，应及时挖开排水沟排水，以保证苹果正常生长。排水最好同集雨节灌工程结合起来，做到涝时将水排出园，引入窖或引入池（坝、库），集蓄贮存；旱时提灌利用，变水害为水利，最大限度地提高自然降水利用率。

第七章
花果管理技术

果品市场的竞争是质量的竞争，质量决定和引领着生产的目的和管理方向。花果管理既是保证果树有较高的产量，又要保证所产果品优质高效。因此，花果管理是提高果品产量、质量的重要措施。

第一节　保花保果与果树授粉

一、保花保果

（一）增强树体营养

1. 加强地下管理　秋后深翻改土，早施基肥，并结合叶面喷肥，喷布0.5%～2%的尿素液2～3次（浓度每次增高0.5%），以延缓叶片衰老，提高果树后期的光合效能，促进花芽进一步发育，提高花质，增加树体营养积累，为下年开花坐果奠定基础。

2. 花前追肥灌水　萌芽至开花前追施尿素，初果树0.2～0.3千克/株，盛果树0.5～1.0千克/株。干旱时适量浇水，可补充树体营养和水分不足，可有效提高坐果率。

3. 强化综合管理　在加强土肥水管理的基础上，合理修剪，注重病虫害防治，维持健壮稳定的树体和生长势。

（二）提高坐果率

1. 花期喷肥　初花期喷1～2次0.3%尿素液或0.2%～0.3%的硼砂液；盛花期（或者幼果期）喷2～3次0.2%～0.8%的钼酸钠；或花后10天喷0.2%～0.3%的尿素液。

2. 喷生长调节剂　开花前7～8天喷果树促控剂PBO 2 000～3 000倍液或喷20～30毫克/千克的赤霉素；在花后10天喷50～100毫克/升的细胞分裂素（6-BA），均对提高坐果有明显促进作用。

3. 花期喷施营养液　在初、盛花期喷水100千克＋蔗糖1.0千克＋硼砂0.3千克＋尿素0.1千克＋花粉10～20克＋10%多抗霉素1 000倍液（防治花腐病、霉心病）或800倍维果营养液，均能增加花器营养，提高坐果率。

（三）花期修剪

1. 花前复剪　花芽膨大期，对长花枝短截，对串花枝适当回缩，对过多花芽及瘦弱花芽适量疏除，以调节花量，减少养分消耗，提高坐果率。

2. 花期修剪 初花期对主干或主枝进行环剥（环割），或在盛花期和落花后对个别品种环剥有促进坐果作用。

3. 花后修剪 5月下旬至6月上旬对盛果期旺树的果台副梢保留6～8片叶摘心，抑制新梢旺长，节省养分，提高坐果率并促进幼果发育。

（四）预防自然灾害

在搞好以上保花保果措施的同时，及时防治花期病虫害，预防花期霜冻和花后冷害，避免旱、涝等也是保花保果措施之一（见第十章）。

二、果树授粉

苹果是典型的异花授粉植物，大多数苹果品种需要异花授粉才能结实。为了确保坐果和高产、优质、高效，在有授粉树的条件下，也不能完全依靠自然授粉，应采取昆虫（壁蜂、蜜蜂等）授粉或人工辅助授粉。充足的授粉树或进行昆虫、人工授粉，能显著提高坐果率，增大果个，高桩果率可达80%以上。

（一）蜜蜂授粉

据山西省农业科学院果树研究所试验示范，蜜蜂授粉是最好的授粉方法，具有授粉成功率高、节约成本等特点，在苹果开花前3～5天，将蜂箱散放于授粉果园中，蜂箱距离60～100米。一般每箱蜜蜂可保证6～8亩果园的授粉。蜜蜂授粉果园，应注意在授粉前10～15天和授粉期间，禁止果园及周边果园喷洒农药和避免污染水源，以免造成蜜蜂受害死亡，从而影响授粉效果和当年产量。

（二）人工授粉

人工辅助授粉是苹果最有效、最可靠的授粉方法，但用工量大、成本较高。

1. 花粉制备 花粉采集一是要采与主栽品种亲和力强的品种花粉；二是混合花粉；三是采集含苞待放的铃铛花的花粉。生产中多是采集铃铛花，方法是在主栽品种开花前3天左右，采集适宜授粉品种的铃铛花，带回室内，将两花对撮或用花粉机剥取花药，将花药放在硫酸纸上，去除花丝、花瓣等杂物后准备取粉。采集花粉的方法，常用的主要有室内阴干取粉法和温箱取粉法两种。

（1）室内阴干法。将花药均匀摊在硫酸纸上，放在通风良好的房内，经2天左右花药即自行开裂，散出黄色的花粉。

（2）温箱取粉法。在纸箱底部铺一张光洁的纸，摊上花药并平放一支温度计，上面悬挂一个60～100瓦的灯泡，调整灯泡高度，使箱底温度保持在22～25℃，1天左右即可散粉。干燥好的花粉连同花药壳一起收集在干燥的玻璃瓶中，放在阴凉干燥处备用。一般每10千克鲜花能出1千克鲜花药；每5千克鲜花药在阴干后能出1千克干花粉，可供30～40公顷（450～600亩）果园授粉之用。

目前，已有商品花粉供应市场，采集花粉困难的地方可以购买成品花粉，但要注意花粉的质量，切勿影响了果树授粉。

2. 授粉方法

（1）人工点授。将花粉装在干净的小玻璃瓶中，用带橡皮头的铅笔或毛笔等作授粉器，蘸取花粉后向初开放花朵的柱头轻轻一点即可。一次蘸粉可点3～5朵花，一般每花序点授1～2朵。以第一批中心花开放15％左右时开始进行人工点授，分批进行，连授2～3次即可满足坐果对授粉的需求。试验表明，苹果人工授粉应在高效授粉期授粉，时间以花朵开放当天授粉坐果率最高。由于苹果的花朵常是分批开放，特别是在花期气温较低时，花期往往拖延的很长，因此应分期授粉，开一批授一批，连授2～3次效果最为理想。

（2）花粉袋撒授。将花粉混合50倍的滑石粉填充剂，装入两层的纱布袋中，绑在长杆上，在树冠上方轻轻摇动花粉袋，使花粉均匀撒落在花朵的柱头上。

（3）液体洒授。将花粉过筛，除去花瓣、花药壳等杂物，每千克水加花粉2克、糖50～100克、硼砂2～4克，配成花粉悬浮液，用喷雾器均匀细雾地喷洒于花朵的柱头上。以全树花朵开放60％左右喷布为最好，并要喷布均匀周到。注意悬浮液要随配随用。

（4）授粉器喷授。目前已有专用苹果授粉器，授粉效率高、效果好。方法是：在授粉时将花粉与玉米淀粉按1∶7的比例混合均匀，装在授粉器内。当中心花开放50％左右时开始进行喷粉点授，对准每朵中心花柱头喷一下。注意花粉与玉米淀粉要随配随用。

（三）合理配置授粉品种

1. 配置授粉树　新栽果园按4∶1或5∶1比例配置授粉树，或按15∶1栽植专用授粉海棠品种，满足苹果树授粉需要。

2. 高接花枝　当授粉树缺乏或不足时，在树冠高处嫁接所需要的授粉品种枝条，或整行嫁接授粉品种，以便于管理和果品销售。

3. 挂花罐或花瓶　在授粉品种缺乏时，也可在开花初期剪取授粉品种的花枝，插在水罐或瓶中挂在需要授粉的树枝上，以代替授粉品种；或剪取授粉品种花枝，在需要授粉树上震动，增强授粉概率。

第二节　合理负载与疏花疏果

一、合理负载

确定苹果适宜负载量必须考虑以下条件：ⓐ保证当年产量、质量及最好的经济效益；ⓑ不影响下年花果形成；ⓒ维持当年的健壮树势并具有较高的贮藏营养水平。

1. 按单位面积产量留果 "因树定产，按枝留果"。盛果期树一般每 667 米^{2}产量控制在 2 500～3 000 千克，每千克按 4～5 个果计算，每 667 米^2 留 10 000～12 000 个果，再加上 20%的保险系数，每 667 米^2 留果量为 12 000～15 000 个，如果每 667 米^2 栽植 55 株的果园，每棵树留 200～250 个果实。如果树势强旺，按高限留果，否则，按低限留果。

2. 按间距法留果 按果台间距每 20～25 厘米留 1 个苹果。

3. 按干周法或干截面积留果 苹果树干粗可作为确定苹果留果量的重要指标，干周法计算公式为：$Y=0.2C^2$。式中 Y 为单株留果数；C 为距离地面 30 厘米处的树干周长（厘米）。

干截面积留果计算公式为：红富士＝3～5 果（初结果期 3 个，盛果期 5 个）/厘米^2，嘎拉＝6～8 果（初结果期 6 个，盛果期 8 个）/厘米^2。[干截面面积（厘米^2）＝$Pi×r^2$]。Pi 为圆周率（3.14），r 为圆周半径。

4. 按叶果比或枝果比留果 乔化苹果叶果比按 50～60：1 选留，矮化苹果叶果比按 20～30：1 选留。枝果比按 5～6：1 选留。

二、疏花疏果

一般盛果期红富士苹果树每 667 米^2 成花量在 10 万个左右，而结果只需要 1.2 万～1.5 万个，其余均要疏除。开放一朵花需要消耗 1 毫克碳水化合物，如果不及时疏除过量的花果，让其全部开放，将消耗掉树体贮存 50%的有机营养，相当于秋季施肥营养的全部，对当年果树生长、坐果、花芽形成及果品质量将造成很大影响。所以，疏花疏果是合理负载、稳定年际和株间产量、节约树体营养、促进果实生长发育、争取高产稳产优质、防止和克服大小年结果的重要措施。

（一）人工疏花疏果

1. 时间与方法 疏花、疏果越早效果越好，而且疏花比疏果好。但是，如果花期遇到连阴雨、霜冻、寒流等不良天气，会影响开花坐果，不能多疏花。在晚霜危害轻、春雨较多的地区提倡以疏花为主，在花序分离期到初花期之间进行，先疏除梢端花序和弱花序，然后每 20 厘米留一花序；大年树每花序留中心花，小年树每花序留中心花和 1～2 朵边花；在晚霜危害严重地区则以疏果为主，或者疏花时在 1 个花序内先留中心花和 1 朵边花，最后结合疏果定果每花序只留 1 个果。疏果一般从谢花后 10 天开始，到 5 月底生理落果结束时完成。时间上疏花疏果应突出一个"早"字，实际操作中要坚持一个"严"字，摘除花果要落实一个"狠"字。

2. 疏花疏果与定果

（1）疏花。在花序伸长期，根据品种和树势强弱，按单位面积产量留果法或干周法或叶果比法计算选留，并结合间距法确定间距的距离，间距法留果比较简单，一般每隔20~25厘米留一个花序，其余花序全部疏除。当75%的花朵开放时，未开放的花朵全部是弱花，应及时疏除。选留的花序每个保留1个中心花，其余边花全部疏除。枝条在1米以上的结果枝梢部30厘米以上形成的花芽坐果后易弯曲下垂，生长的果个小，所长花序不能选留。枝条基部20厘米以内的花序枝叶小、光照差，生长的果实也较小，也应疏除。疏花序时应保留其下莲座状叶片和果台，使这些空台能充分积累营养，在当年能够形成较好的花芽。陇东黄土高原果区，易受低温、霜冻危害的地方，为保险起见，除留中心花外，还可再留1个边花，定果时只留一个果。为了确保坐果率，要根据树势、花芽质量、管理水平、品种特性等，增加10%~20%的留花保险系数。

（2）疏果。疏果定果在坐果后分期进行，开花后4周结束。要按当年目标产量留果，若全树果量多且分布均匀，并能满足留果量指标时，应严格按照干周法结合间距法，每25厘米左右留一质量好的单果。若全树果量减少分布不均，留单果不能满足留果指标时，可对果量较少部位适当缩小留果间距。一般红富士优质果园每667米² 需生产2 500~4 000千克果实，留果量在1.0万~1.5万个（表7-1），为保险起见实际留果量可超过理论留果量10%~20%的保险系数，在果实套袋时再最后定果。壮树壮枝留果间距小，一般20厘米左右留一个，弱树弱枝间距大，一般25厘米留一个。大型果红富士每20~25厘米留1个果，中型果嘎拉每15~20厘米留1个果。

表7-1 不同负载量和品种及栽植密度的合理留果指标

每667米² 负载量（千克）	品种类型	每667米² 留果量（个）	不同株行距单株留果个数			
			2米×4米	3米×4米	3米×5米	4米×5米
2 500~3 000	红富士等大型果	15 000~18 000	180~210	270~330	340~410	450~550
	嘎拉等中型果	20 000~24 000	240~280	360~440	460~550	610~730
3 000~4 000	红富士等大型果	18 000~24 000	210~280	330~440	410~550	550~730
	嘎拉等中型果	24 000~32 000	280~380	440~580	550~730	730~970
4 000~4500	红富士等大型果	24 000~32 000	280~350	440~550	550~680	730~910
	嘎拉等中型果	32 000~40 000	380~470	580~730	730~910	970~1 430

（3）定果。一是留中心果、果形端正高桩果，疏畸形果、偏斜果、梢头果。二是留大果，疏小果。三是留果台副梢壮枝的果，疏无果台及弱小枝果；四是留下垂果，疏朝天果、霜冻果、病虫果、萎缩果。五是留果柄粗长果，疏果柄过长过短果、机械损伤果、腋花芽果和果面污染果。

3. 疏花疏果顺序 疏花疏果要细致周到，选留花果准确。一般按先上后下，先内后外的顺序逐枝进行，勿碰伤果台，注意保护好下部叶片以及周围的果子。

同时注意先疏主栽品种，后疏授粉品种。多留枝组生长健壮、枝龄在 3～6 年生果枝上的果。

（二）化学疏花疏果

化学疏花疏果具有节省人工、降低费用、提高工效的作用，在欧洲等果业发达国家已全面推广应用，在我国各地都进行了一定的试验示范，但由于生产模式等方面的原因大田生产尚未广泛应用。目前，苹果园疏花疏果人工费用占到了果园管理总投入的 18% 以上，在人工费用居高不下的情况下，化学疏花疏果成为降低果园管理成本的有效措施和果园提质增效的重要措施，具有广阔的推广应用前景。美国康奈尔大学通过多年研究，提出了最新的化学疏花疏果方法，现予以介绍，供生产中参考。

1. 时期及使用药剂

（1）开花期。

① 硫代硫酸铵（ATS）

② 石硫合剂和鱼油

③ 普洛马林

④ 6-苯甲基腺嘌呤（Maxcel）

⑤ 萘乙酸（NAA）

（2）花瓣脱落期（果径 5～6 毫米）。

① 西维因

② 6-苯甲基腺嘌呤＋西维因

③ NAA＋西维因

④ 6-苯甲基腺嘌呤＋NAA

（3）果实直径在 10～13 毫米时。

① NAA＋西维因

② 6-苯甲基腺嘌呤＋西维因

③ 6-苯甲基腺嘌呤＋NAA

（4）果实直径在 15～20 毫米时。

① NAA ＋西维因

② 6-苯甲基腺嘌呤＋西维因＋油

③ 乙烯利（Ethrel）＋油

2. 使用药剂及浓度

（1）常用疏花疏果药剂及浓度。

① 萘乙酸：喷布到树体上能使幼果中生长素含量降低，使生长素不能通过叶柄向外转移，叶片的营养物质也不能进入幼果，使幼果断了营养而导致脱落。使用浓度一般在 2.5 毫克/千克～15 毫克/千克之间。浓度在 5～10 毫克/千克之间有些年份效果随浓度增加而增加，但在许多年份差别不大；浓度在 15 毫克/

千克以上会过度抑制果实生长。

② 6-苯甲基腺嘌呤：是天然的植物生长调节剂，属于细胞分裂素类，能影响植物体内的多种发育过程，能阻止一定大小的小果进一步发育，降低果实之间对水分和营养的竞争，具有较好的疏果作用，提高果实品质和价值。一般使用浓度在 50～150 毫克/千克之间，<150 毫克/千克效果随浓度增加而增加，但超过 200 毫克/千克会促使发生分枝。

③ 西维因：喷布到果树上促进了果台副梢生长，使营养物质很少流入幼果，造成幼果因"饥饿"而脱落。使用浓度一般在 600～1 200 毫克/千克之间。浓度高于 600 毫克/千克时对浓度增加没有反应，但是浓度较高时可能导致对植物的毒害（烧叶）。

（2）以嘎拉为例疏果时期和浓度。

① 花期使用药剂及浓度：ATS（硫代硫酸铵）（2.0％）。

② 花瓣脱落期（果实直径在 5～6 毫米）使用药剂及浓度：NAA（萘乙酸）7.5 毫克/千克＋ 西维因（600 毫克/千克）。

③ 果实直径在 10～13 毫米时的药剂及浓度：6-苯甲基腺嘌呤（100 毫克/千克）＋西维因（600 毫克/千克）（对果树的上半部分喷施）。

④ 果实直径在 18～20 毫米时的药剂及浓度：6-苯甲基腺嘌呤（125 毫克/千克）＋西维因（600 毫克/千克）＋油（植物油 0.125％）（对果树的上半部分喷施）。

3. 注意问题

（1）化学疏花疏果在应用过程中要结合各地生产实际进行试验示范，探索出最佳的使用浓度和方法。

（2）美国康奈尔大学多年研究认为，当果实的大小为 10 毫米时对 NAA（萘乙酸）的敏感度最高，当果实的大小为 12 毫米时，对 BA（细胞分裂素、6-苄基腺嘌呤）的敏感度最高。根据在美国弗吉尼亚进行的 15 年的研究证明，使用化学疏花疏果药剂对最终的果实的大小没有太大影响，但天气对化学疏果有一定的影响。

① 超过一两天的阴霾多云的天气会降低碳水化合物的供应，增加自然落果量和化学疏果的效应。

② 夜间温度大于 15.5 ℃时，提高对碳化合物的需求，增加自然落果量和对化学试剂的反应。

③ 日间温度大于 35 ℃时，增加对碳水化合物的需求并造成过度疏果。

④ 凉爽天气，温度小于 17 ℃时，减少果实对碳化合物的需求，导致疏果效果较差。

（3）化学疏花疏果前，应通过冬季修剪对多余花芽剪除，使花果比例达到 1.5～2：1，使所留花果大小基本一致。

第三节 果实套袋与无袋栽培

一、果实套袋

果实套袋是生产绿色优质果品、提高果品市场占有率的关键措施，套袋苹果以其色泽艳丽美观、果面光洁度好、安全无污染而深受广大消费者欢迎。果实套袋已广泛应用于生产，但在果实套袋中还存在选果、选袋、套袋时间和方法不正确等诸多方面的问题，严重影响套袋果的质量。准确掌握果实套袋技术措施，是提高套袋果品质量和效益的关键。

（一）套袋前果园管理

1. 培育壮树 套袋果园应园貌整齐、花芽饱满、树势健壮，综合管理水平较高。一般要求土壤较肥沃、群体和树体结构较好，生长期冠下透光率在18%以上、果园覆盖率在75%以下。

2. 合理修剪 套袋果园不管那种树形，每667米^{2}枝量均控制在7万～9万，树高控制在3米左右，大小枝组配置合理，花前精心复剪，通风透光良好。

3. 增施肥水 提倡行间生草、树下覆盖，增加土壤有机质，改善土壤结构和果园小气候条件。严格控氮、增磷钾、补钙硼锌等微肥，加大有机肥使用量。有灌溉条件的，在套袋前3～5天灌水一次，可减轻日灼发生。

4. 搞好授粉 套袋果园可通过人工授粉和蜜蜂授粉等方法确保中心花坐好果，不产生畸形果。花前10天和中心花露红期可各喷一次保花剂，促进果实膨大、果型高桩端正，提高花序坐果率。

5. 合理留果 严格控制留果量，按距离法严格选留端正果、下垂果，发育正常果。

6. 严控病虫 萌芽前喷一次5°波美度石硫合剂或金力士6 000倍液＋融蚧或安民乐800～1 000倍液＋柔水通3 000～4 000倍液；在花序分离期，喷布5 000～6 000倍液金力士或600倍液杀菌优加安民乐或好劳力1 000～1 500倍液等；套袋前喷2～3次高效杀菌杀虫剂。杀菌剂可交替选用金力士、纳米欣、喷富露、易保、甲基硫菌灵、金库、俊洁、宝丽安、扑海因等；杀虫剂可交替选用宝贵、楠宝、安棉特、果隆、灭幼脲、螨即死、阿维菌素等，再加喷优质钙肥等。套前最后一次喷药与套袋时间不应超过3天，最好当天喷当天套。尽量不用有机磷类、菊酯类、唑类等乳油杀虫剂、波尔多液等铜制剂和尿素等有刺激性的叶面肥，以免使幼果产生果锈。5月下旬至6月上旬为幼果补钙关键时期，相隔8～10天结合喷药喷施钙肥。

（二）果袋选择

育果袋要选用"三色"双层、符合行业质量标准的木浆纸果袋，优质果袋鉴别方法如下，供参考。

1. 外观美　袋面平展，不开胶，外袋长 19 厘米、宽 15 厘米，内红袋长度不小于 16 厘米，宽度以能自由抽出为准，紧贴外袋，而且颜色深红色、单面（靠外袋面）涂蜡，蜡质均匀，日晒后不易蜡化，从套袋到摘袋颜色保持不变。袋下部两角各有一个直径 5 毫米的通气孔。袋口一边有 4 厘米长的牢固扎口丝，袋口中央有半圆形缺口，缺口中央有 2～3 厘米长的纵切口，内外袋切口对齐。

2. 流水快　外袋不渗水、不湿水，雨后果袋不紧贴果面，不影响透气，不造成日灼或果面粗糙。给纸袋倒水，水呈珠状，倾斜后袋上水很快流出，基本不粘。

3. 遮光好　撑开内袋，在强光下，对着阳光紧贴内袋口观察，有针尖大小、均匀的透光点，不透光部分应大于 90%，这种袋子遮光性好，能确保果实在黑暗中生长，褪绿好，去袋后着色迅速，均匀艳丽。

4. 透气好　撑开纸袋后，两角通气孔能充分打开。将外袋纸盖在开水杯上时，水蒸气能均匀透过纸袋散出，说明透气好，利于果实生长。

5. 韧性强　把纸袋放在水中浸泡 1～2 小时，取出后用手均匀轻拉不易断裂，揉搓正面不起毛，风干后可恢复原状，说明柔韧性好。或者把纸袋点燃后，纸灰形状较整齐，不散碎，说明纸袋质量高。

6. 有药味　内袋必须是经药剂处理过的无污染、低毒、低残留袋，打开内袋后可闻到药味。这种袋驱虫防病，果实在袋内不易遭受病虫危害。

（三）套袋时期

套袋过早，果个小，操作不便，同时由于果柄幼嫩，易受损伤影响生长；套袋过晚，果实在袋内褪绿差，去袋后着色不良，果实亮度低。果实套袋多在生理落果后进行。在红富士苹果落花后 30～40 天套袋，确保果实在袋内有 90～100 天的生长期。陇东黄土高原果区套袋一般在 6 月上旬开始，6 月下旬结束。在一天中，早晨露水未干或中午高温时段不宜套袋；适宜套袋时间在一天中应以晴天上午 9～11 时和下午 3～6 时为宜。

（四）套袋方法

1. 软口　套袋前应预先将纸袋口浸水潮湿软化，方法是用水或 600 倍多菌灵液浸湿袋口，在潮湿的地方袋口向下放置半天。

2. 持袋　左手掌心向上，两个手指夹住果袋，袋口向下与手腕平行。

3. 撑袋　左手拇指、食指和中指捏住袋角，右手撑开袋口并深入袋底将手拳住，换左手将袋底拍一下，使袋底与袋口同时撑开，同时张开袋底两角通气孔。

4. 套果　左右手拇指和食指夹住果袋中间（半圆）开口左右两侧，双手拇指伸入袋里、食指袋外，袋底向上，袋口向下，轻轻将幼果推入套袋半圆开口内开缝处（但不要将叶片及副梢套入袋内），如若果实向上或向下用左右手无名指或中指夹住果梗再套入果实，使果实在袋内中间悬空，不能贴近果袋。

5. 合口　横向分层折叠袋口，两手折叠袋口 2～3 折。

6. 扎口　把袋口处的金属扎丝在近一半处向外折叠，呈 V 形，夹住袋口即可。

操作时，一要防止幼果紧贴纸袋造成日灼；二要保证扎严袋口，不留空隙，防止雨水和病虫入袋；三要注意扎丝不能扭在果柄上，而要夹在纸袋叠层上，以免损伤果柄，造成落果。对一棵树而言，要严格选择果形端正、果萼紧闭、发育好的单果、中心果、下垂果套袋。顺序是先套上部，后套下部；先套内膛，后套外围，以防碰落果实。

(五) 套后果园管理

为发挥全树全园套袋潜力优势，必须注重果园及树体选择、树体增光修剪、土肥水管理、病虫害防治、花果管理、补充外源物质和适宜采收等技术科学集成使用，套后要经常抽样检查，发现落袋及时补套。及时灌水施肥，保护叶片，防止日灼，维持健壮树势；适量追施磷钾肥料、微量元素等。在果台副梢长到25 厘米左右时留 7～9 片叶适时摘心。6～9 月及时疏除内膛及外围徒长枝、竞争枝，保证树冠透光率在 30％左右，冠下阴影占 1/3，避免因枝梢过多过长影响通风透光及雨后袋内的水气散发。若遇连阴雨天应及时检查果袋，发现袋内积水时，在积水处剪小口放水，加速水气散发，避免苹果黑点病发生。

(六) 果实去袋

1. 去袋时期　陇东黄土高原套袋苹果在采前 10～15 天去袋。一般在 9 月下旬去袋比较合适，此时昼夜温差大，湿度高，配合摘叶转果，去袋后 10 天左右即可着色。当果实全面着色并呈粉红色时分期分批采收，以免着色过深。

2. 去袋方法　分两次进行，先去外袋，经 3～4 个晴天后再去除内袋。延迟去除内袋虽能降低日灼，但果面粗糙。去袋最好选阴天或晴天上午 10 时以前和下午 3 时以后进行。上午去除树冠西北侧果袋，下午去除树冠东南侧果袋，以减少日灼发生。切忌高温强光下去袋。实践证明，对树冠内膛、下部及东北面的长枝型果实可进行一次性去袋，一次性去袋果实着色鲜艳，上色速度快，全红果率高，但短枝型果实一定要两次去袋，一次去袋果实日灼率在 10％以上。

3. 去袋后管理

(1) 适时摘叶转果，适时在果树行间铺设反光膜。

(2) 及时防治果实病害。去袋 2～5 天后喷一次对果面刺激性小的杀菌剂和补钙制剂，杀菌剂可选用扑海因、多抗毒素等，可使果面细嫩，预防果实的黑红斑点病、轮纹烂果病，促进果实着色。

(3) 根据果实成熟度、生长期、市场用途及贮存特性确定采果适期或按制定的套袋果实采收比色卡的要求适时分批采收和进行贮存。

(4) 在贮藏前，用 1-MCP 处理果实，可明显提高贮藏性、延长贮藏期。

二、苹果无袋栽培

经泾川县果业局试验测定，不套袋苹果比套袋苹果果个直径增加 0.3～0.5 厘米，果重增加 5％左右，比同规格（果个大小一致）的套袋苹果单果重增加 4.7％，两项增加产量 9.7％左右；不套袋果比套袋果硬度提高 20.2％，可溶性固形物提高 11.6％，果形指数增加 8.6％，果形变高，且风味浓郁。而套袋苹果风味变淡，硬度下降，贮藏性能降低。同时，由于套袋果园管理费用高、用工量大，使生产成本增加 20％左右。在国外基本取消了苹果套袋栽培。如果采取无袋栽培，消费者最关心的还是果品的农药残留和污染，果农关心的是果品的商品价值。经国内有关部门综合检测，近年来由于生态果园建设步伐的加快和病虫害生物物理防治措施的应用，苹果农药残留基本控制在了所要求的范围之内，苹果是目前国内水果类质量安全系数最高的农产品。由于无袋苹果口感好、糖度高、风味浓、表光亮、耐贮藏，深受消费者青睐，国内部分市场售价已超过了有袋苹果价格。为了进一步提高果品质量，降低苹果生产成本，提高苹果生产效益，苹果无袋栽培将成为今后我国苹果生产发展的总趋势。

（一）苹果无袋栽培品种的选择

有袋栽培能使苹果外观亮丽、光洁度好，因此受到人们的喜爱。为了使无袋栽培达到有袋栽培的效果，关键是要选择果面自然光洁、着色鲜艳、果形端正的苹果品种，如长枝芽变富士优系（烟富 8、烟富 0、烟富 3、玉华早富等）、短枝富士优系（烟富 6、礼泉短富、宫崎短富等）、元帅优系（新红星、俄矮 2号、短鲜等）、嘎拉优系（皇家嘎拉、丽嘎）等红色品种和黄元帅等黄色品种及澳洲青苹、王林等绿色品种，同时还有色泽亮丽的蜜脆、华硕、美国 8 号等品种可作为无袋栽培的主要品种。

（二）苹果无袋栽培病虫害防治暨农药的选用

苹果无袋栽培首先要考虑苹果质量安全，因此，要把苹果病虫无公害防治作为无袋栽培的重点。在病虫害防治和农药选择上，要在大力推广应用农业、生物、物理综合防治的基础上，全面使用植物源农药（如除虫菊素、烟碱、植物油乳剂、大蒜素等）、动物源农药（如昆虫信息素即性诱激素、拒避剂、蜕皮激素、抗蜕皮激素、寄生性和捕食性昆虫天敌等）、微生物源农药（如春雷霉素、多抗霉素、井冈霉素、绿僵菌、苏云金杆菌即 Bt、齐螨素即阿维菌素等）、矿物源农药（如矿物油乳剂、石硫合剂、波尔多液等）、化学诱杀剂（如卷易清、杀铃脲等）和无残留的有机合成高效低毒农药（如灭幼脲、吡虫啉、蛾螨灵、多菌灵等），使苹果质量普遍达到绿色或有机果品要求。

（三）提高无袋栽培苹果外观质量的措施

无袋栽培由于苹果生长处于自然风光条件下，各种病虫害、风雨光照等使果面发暗、斑点污点等问题出现，对苹果外观质量有较大影响。为了提高苹果外观质量，可采取以下措施：

1. 增施有机肥 有机肥要以农家鸡粪、羊粪等优质精肥为主，达到斤果斤肥，可增加树体养分积累，增加果面着色度和光洁度。

2. 合理修剪 搞好四季修剪，合理整形，及时疏除过密的大型骨干枝和下垂枝、背上直立枝等，确保树体通风透光，使枝枝叶叶果果见光。

3. 喷施药肥 一是及时防治病虫害，特别要加强早期落叶病、炭疽病、轮纹病等叶片和果实病害的防治。二是加强苦痘病、痘斑病等生理性病害的防治，在苹果幼果期间喷施日本产赛尔蓓丽1号产品100～200倍液，连喷2次以上，每隔15天喷一次；从6月到8月，喷洒赛尔蓓丽2号产品500倍液，每隔20天喷一次，连喷3次以上，可使果实表光好，耐贮运，对果面有明显的保护作用。三是从苹果幼果期到采收前喷施1%～5%美国产膜利康（Anti-Stress 550）5～6次，它是一种无毒、可降解、水溶性的高分子聚合物，喷施到苹果表面会产生一层独特的有弹性的半透膜，每隔15～20天喷一次，可显著提高苹果表面光泽度，减少锈斑，减少光照对果实的灼伤，减少干旱、高温对果树的影响，提高产量和质量。四是结合病虫害防治，6月后喷施0.3%磷酸二氢钾、500氨基酸液肥或10倍沼液2～3次，能提高果树的光合效能，增加有机营养积累，提高果实着色度和光洁度。五是果实采收前1个月喷施一喷红、果优红1 000倍液或比久（B9）2 000倍液，每隔15天喷一次，连喷2次，可显著促进果实着色。喷施比久还有提高果实硬度、预防果实裂果的作用。六是果园每年喷布EM微生物菌剂300～400倍液10次，其中4～5次加入杀虫剂，再每667米^{2}施160～260千克商品有机肥，结合果园生草，就可有效控制苹果树病虫害，生产的苹果果个大、果面干净、着色早，风味好。

4. 摘叶转果及覆反光膜 在果实采收前30天和20天分别进行摘叶转果和覆反光膜，可显著提高果实着色度和含糖量，具体按摘叶转果及覆反光膜的方法进行。

第四节　摘叶转果与覆反光膜

一、摘叶转果

摘叶转果具有促进果实着色、提高果实含糖量、提高果实品质、提高经济效益的作用。

1. 摘叶 就是在果实采收前30～40天或去除外袋后摘除直接遮挡果面和其周围影响着色的叶片，包括小叶、薄叶、密生、过大的叶片，先摘除靠近果实5～10厘米以内的叶片，3～5日后摘除20厘米以内的遮光叶片。摘叶要留叶柄。

2. 转果 在摘叶时，要避开中午强光时间。转果时，用手托住果实，轻轻转动，将阳面转到阴面，如果还有少部分果面未着色，5～6天后再微转其方向，使其全面着色。悬空果实转果不易固定，可用窄面胶带粘贴果实拉到枝干上固定。

二、覆反光膜

覆反光膜能明显增加树冠下部的光照强度，改善光质（紫外线增多），提高叶片光合效能，减少土壤水分蒸发，保墒增温，对促进树冠下部和内膛果实着色、提高果实品质具有显著作用。

1. 反光膜的选择

（1）果树专用反光膜。膜面为凹凸不平的波纹状，反射光线呈乱反射状态，光线利用率比平膜高，可将树冠内平均相对光照强度提高到 70% 以上。本产品质地结实，可抗性强，膜面有透水孔，使用寿命长，一般可达 5 年以上，但价格相对较高。

（2）银色反光膜。为平面膜，质地薄，反射率达 80%～90%，能有效增强冠下光照，提高紫外线比例，而且价格较低，生产中应用较多。

（3）白色塑料膜。白色塑料膜也有一定的反光、保墒、保温作用，但反光效果不如专用膜和银色膜，因价格低，材料易得，也可应用。

2. 覆反光膜的方法　覆反光膜在果实开始着色时进行，套袋苹果在去袋之后进行。在树冠两侧顺行向各铺一条膜。铺膜前，先整好地，剪除树干周围根蘗，拾净地面上的大小石块，打碎土块，使园地树干两边土壤略向外低，这样，能使雨水流向行间保持膜面光洁。铺膜时不要把膜拉得太紧。铺膜后将铺面两侧用砖块压好，以防风吹起或起皱纹。注意经常打扫膜上的枝叶和尘土，以增加反光膜的效果。采果后将反光膜上的落叶等杂物清扫干净，收集起来下年还可使用。

第五节　分期采收与"艺术苹果"生产

一、分期采收

分期采收是一项十分重要的优果技术措施，能显著提高苹果的产量、质量和效益，特别对那些生长部位不利于着色的果实，通过分期采收，可以充分利用后期有利的自然条件，增加着色面，提高果实品质，增加果园收入。

1. 采收时间　苹果在充分成熟 30 天前，每天增重 1%～1.5%，也就是说，提前采收一天，减产 1%～1.5%。采收过晚，果实成熟过度，着色灰暗，影响贮藏。同时，树体养分消耗过大，对下年的生长结果都会受到一定的影响。适宜的采收期，要根据品种特性、果实发育状况、市场需求和贮藏时间长短而定。需要立即上市的果品，果实充分发育，已表现出该品种特有的色泽，种子变褐时，形、色、味俱全，九成熟时采收。贮藏时间长的适当早采，贮藏时间短、上市早的可适当晚采。陇东黄土高原地区，中晚熟苹果在 9 月 10 日至 9 月底采收，秦冠、富士等晚熟品种在 10 月上中旬采收为宜。

2. 采收方法　采收时，采收人员要剪短手指甲或戴手套，防止碰伤果面。从采收时期开始，每隔 4~5 天采一批，一般分 3~4 次采完。先采树冠外围和树冠上部的大果和着色好的果实，最后采内膛和下部果。为了防止碰撞，便于贮藏和出售，采收后要按果实大小进行分级。忌在雨天、晨雨未干、带霜或受冻后趁冻采收。

二、"艺术苹果"生产

在优质苹果上复制上特制的文字或图案，或用形象字模或模具使苹果长成一定形状，这种表明苹果品质或品牌，赋予吉祥祝福等含义的苹果被称为"艺术苹果"。

1. 模具制作　苹果专用模具可分为文字、图案和立体形象三种。文字和图案模具一般分为塑料薄膜字模或不干胶纸字模两种，立体形象模具一为硬质透明塑料。文字一般有单字和多字之分，即一个果上一个字或多个字，一个苹果或几个苹果组成一句话，如"吉祥如意、花好月圆、生日快乐""我爱你""福、禄、寿、禧"等，表达祝福或吉祥之意。图案如十二生肖、特殊商标等。也可用不透光的不干胶纸，借助电脑工具刻成赏心悦目的文字或精美图案，文字尽量选择笔画粗实、庄重的字体，图案力求简洁、美观、新颖、大方。形象苹果用硬质透明塑料制成"心、寿星、笑佛"等形象模具，将苹果套入让其长成形象果。对于比较重要的节会会标或有重要语意的文字或图案，如"热烈祝贺中国国际商标节圆满成功"等或一首诗的艺术果，如毛泽东的《沁园春·雪》等，为了保证其果个、果形、色泽、文字清晰度统一美观和优良品质，在制作字模时一套艺术果需制作三套字模，粘贴三套苹果，以便从中选出一套优质精品艺术果。

2. 果实选择　生产艺术苹果，要严格选择果园、果树和果实，先选园后选果。首先，选择十年生左右、肥水管理到位、树体生长健壮、通风透光良好、授粉品种配置合理或进行人工授粉、无病虫危害、挂果均匀、易于着色、品种一致、管理水平较高的初盛果园或盛果期果园。其次，在品种选择上，选择元帅系三代以上、富士片红系、嘎拉着色系、秦冠等易于着色、生长在树冠外围向阳面的大型果。三是在单果选择上，选择果面光洁、端正高桩、单果重 250克左右的果实。生产连句文字的艺术果，果实大小、色泽要均匀一致，以保证整齐美观，图案对比分明、字迹清晰。

3. 模具粘贴悬挂方法　粘贴悬挂模具的时间应避开中午高温和早晚有露水的时段。当果实外袋去除后，揭起内袋立即粘贴字模，边去外袋边贴字模。贴模时先轻轻擦掉果面果粉，在果实阳面将字模摆正。如果是不干胶纸字模，揭开后用双手大拇指将字模压实贴在果面即可。如果是塑料薄膜字模，可均匀涂抹少量凡士林油将字模粘贴在果实的向阳面。在贴字模后第二天开始检查，如发现翘边等影响图案和文字效果的应及时处理，不干胶纸字模可用大拇指压实，塑料薄膜字模可用少量凡士林油补贴。一套字有多套字模的，在选择果实时同一字的多套字模要粘贴在同一个品种的同一棵树上或同一个果园内。形象模具在苹果套袋时将幼果装入模具内固定，通过缓慢生长长成很形象的"方形、心形、寿星、笑佛"等形态，使人们爱不释手。其他管理措施参考套袋苹果管理。

4. 艺术果的保存　采收艺术果时，要轻采轻放，严禁碰撞、划伤。采收时按文字、图案和果个大小归类存放于冷藏库，并在包装箱上注明文字图案名称、数量或级别。为了防止散射光使贴字和图案串色，在摘果时可连同字模一同摘下保存，出售或需要时再去掉字模。

第八章

高光效整形修剪技术

整形修剪是苹果栽培管理上一项很重要的技术，选用适宜的树形和正确的修剪技术，是苹果树早产早丰、优质高效的重要保证。

第一节　整形修剪的作用及原则

一、整形修剪的概念及作用原理

（一）整形修剪的概念

整形，主要指在果树盛果期前，根据果树的生物学特性，通过人工修剪和化学调控技术，将树冠的骨干枝排列成一定的形状，使其骨架搭配合理，更加符合果树生长栽培要求。

修剪，是在整形的基础上，根据果树生长和结果的需要，结合自然环境和管理条件，对树体施行人工外科手术或化学药剂调控的方法，以调节枝条生长与结果、衰老与更新、个体与群体、果树与环境等诸多矛盾，从而保证骨架牢固、枝组理想、果大质优、丰产稳产、低消耗和高收益的目的。

（二）整形修剪的作用及原理

1. 调节果树与环境关系，提高养分积累　"无光不结果，无肥水不长树"。果树修剪使树冠通风透光，就是所说的"光路"。而叶片制造的有机养分输送到地下供给根系生长，根系吸收的水分和无机营养又回送流到地上部，供给枝叶生长，这种养分的相互运转都是通过水分来运载的，所以称为"水路"。苹果树的修剪从某种意义上来讲，主要是调节好"光路"和"水路"。果园郁闭，树密枝多，通风透光不良，叶片光合效能差，制造的有机养分就少，回流到根部的有机养分也少，造成根系生长不良又影响无机养分的吸收，致使树瘦枝弱，造成恶性循环。所以，对果园采取疏枝，就是打开光路，进而疏通了水路。疏枝如水渠扒口，短截如闸门堵水。因此，目前苹果树采取多疏枝、少短截的修剪方法，促进了早结果、早丰产，成为现代苹果园整形修剪上的主要技术措施。

2. 调节局部与整体关系，实现动态平衡　果树修剪对局部是促进，对整体是抑制。如短截修剪，对一个枝条局部增大了枝量，但由于养分消耗而使一棵树整体减少了枝量；对大枝多的树疏除大枝而使小枝明显增多，使大小枝平衡；

对上强下弱的树疏除中上部枝条，刺激下部枝量增加，使树势上下平衡，达到了内外结果、上下结果、大小枝结果的目的。

3. 调节生长与结果关系，促进早产稳产　通过修剪，使果树内外部之间、上下之间、枝组之间长势均衡，有利于成花结果。否则，不利于结果。在管理中，通过抑顶促萌、转枝、拉枝、摘心、去叶等缓势修剪法，产生大量中短枝，促进了果树花芽形成；对外强内弱、上强下弱果树，采取疏除外围枝、落头开心等措施促进通风透光，促使花芽形成；对不结果的旺树进行环割显著提高成花能力；对大年树疏花疏果、缓放营养枝，小年树少疏花枝、短截营养枝，调整了大小年结果现象。

二、整形修剪的原则

随着苹果园栽培模式的不断改变，苹果树修剪的技术也在发生改变，由大冠稀植向矮化密植方向发展，密树稀枝、一级结构、简化修剪已广泛应用，树形简化、修剪方法简化，使果树修剪的原则有了新的定位。

1. 因地制宜，随树做形　在果树修剪中，树形一般由密度决定，密度由砧木类型、品种特性、栽培条件和管理水平决定。但在整形修剪过程中，还应考虑土壤肥力、果树长势和栽植方式等情况，通过修剪尽量维持各部分之间应有的从属关系，随枝做形，不生搬硬套，使其有形不死，无形不乱。

2. 动态管理，灵活适度　目前，以纺锤形为代表的苹果树形，在修剪上以轻剪长放、多疏多拉为主，除主干以外的枝条，一生中可以进行多次更换，枝的配备不强求高度统一，可以采取多留多放、先乱后清、轻重结合、促缓结合、边结果边整形，为早成形、早结果、稳产高产奠定基础。因此，灵活适度的动态管理，成为果树早果早丰的有效措施。

3. 长远谋划，统筹安排　果树整形修剪要协调好个体与群体、生长与结果、早果与早丰的关系，即要有长远规划，也要有短期安排。采取先密后稀、先高后低、先乱后清、边结果边整形，达到了早果早丰、高产稳产的目的。如果一味整形会影响到早果早产，反之，为了早结果，就会造成树体结构不良，骨架不牢固，影响以后的经济效益。丰产树实行三套枝（预备枝、营养枝、育花枝）修剪，乔化果园采用永久株和临时株的栽培修剪手法，使果树结果长树两不误，提高了经济效益。

4. 简单易行，省时省工　传统修剪方法重树形讲究级次，重冬剪轻夏管，看起来修剪规范，手法齐全，但实际越剪树体结构越复杂，致使果树挂果迟、产量低、质量差。现代果业技术采用简化修剪，重树形不唯树形，以轻剪长放为主，使修剪技术简单易用，更节省人工，达到了低成本高收入。

5. 四季修剪，综合配套　果树修剪由冬季修剪向四季修剪转变，除个别大枝在冬季疏除外，其余枝条在生长期通过疏、拉、摘、扭等措施，减少了冬季修剪量，节约了树体养分。同时，修剪与土肥水管理相配套，强旺树以缓放为主，少施氮肥，弱树水肥强攻，促使果树均衡生长。

三、果树生长的生物学特性及优质果园树相指标

1. 果树生长的生物学特性

（1）芽的异质性。果树芽子在发育过程中，由于内部的营养状况和外界环境条件的影响以及芽的着生部位的不同，所形成的芽的质量差异，叫芽的异质性。芽子越饱满枝条长势越强，芽子瘦瘪枝条长势就弱。

（2）顶端优势与垂直优势。顶端优势是指枝条上的芽或枝，其着生部位越高萌发成枝能力越强的表现。在同一个枝条上，靠顶端的芽，萌生成枝力强，向下依次递减。垂直优势指果树枝或芽生长强度由下往上依次增强的现象。对于不同的枝，直立枝的顶端优势最强，斜生枝表现较弱，水平枝表现最弱。

（3）成枝力和萌芽力。一年生枝上芽的萌发能力叫萌芽力。芽抽生枝条的能力叫成枝力。

（4）叶面积系数。叶面积系数指单位土地面积上的叶面积总和，一般为2～3。一般丰产园每667米^{2}适宜的总叶量为110万～130万片，即指果园土地面积上有2～3层叶片，小于2的为低产果园，大于4的证明树冠通风透光不良。

（5）枝叶覆盖率。枝叶覆盖率指果树枝叶与果园土地面积之比，一般是60%～70%。枝叶覆盖率大于80%，证明果园树冠郁闭，通风透光不良，果实质量差；枝叶覆盖率小于60%，证明树冠较小，枝叶生长慢，果园不能丰产。

（6）苹果树花芽形成的条件。

① 芽（枝条）的生长点处于缓慢生长状态。

② 营养充足，每个芽子有6毫克碳水化合物（有机营养）积累。

③ 外界温度在19～24℃；适当干旱。

2. 优质高效苹果园的树相指标

（1）每667米^{2}产量2 500～4 000千克。

（2）每667米^{2}枝量6万～7万个（冬剪后为4万～5万个）。

（3）每667米^{2}留花芽量1.5万～2.0万个。

（4）每667米^{2}留果量1.25万～1.5万个。

（5）单果重200克以上，一级果率80%以上。

（6）枝叶覆盖率60%～80%。

（7）叶面积系数2～3。

（8）新梢生长量25～30厘米。

（9）长、中、短比例为1：2：7。

（10）花叶芽比1：3～4。

（11）枝果比5～6：1。

（12）果台副梢结果当年能抽生 1 个长约 10 厘米以下的果台枝。

（13）花芽占枝芽量的 30％左右。

（14）6 月底以前有 70％～80％的枝条停止生长。

（15）单叶面积 30～38 厘米^2。

（16）叶片为绿色稍淡，粗枝表皮出现红褐色及灰褐色。

第二节　整形修剪的时期、方法及作用

一、春季修剪

春季修剪是一种缓势修剪法，通过对已萌芽的幼旺树延迟修剪、疏除回缩过大的辅养枝、扳顶刻芽、疏剪花芽等措施，可显著提高萌芽率，增加枝量，改善光照条件，有利于幼树早结果，提高果品质量。春季修剪的主要任务和作用如下。

1. 花前复剪

（1）对在冬剪时遗漏的枝条进行疏除或缩剪。

（2）破除大年树上的中长果枝顶花芽，适当回缩串花枝，疏除弱枝、弱花芽，用健壮的短果枝或中果枝上的优质顶花结果。

（3）对小年树多留花芽及腋花芽结果，缩剪串花枝留 3～4 个花芽促进坐果，适当回缩无花的弱枝，减少成花量。

（4）疏除或缩剪各类骨干枝头形成的花芽到叶芽处，保持枝头长势。

2. 刻芽增枝　萌芽前，对光腿枝每隔 15～20 厘米在芽前 0.3～0.5 厘米处横刻一刀，长度 1～1.5 厘米，以增加枝量。另外，对中干上甩放的一年生辅养枝，每 5～10 厘米在其两侧芽前依次各刻伤一芽，每枝刻 4～6 芽，促发中短枝，有利成花。刻芽时，对需要抽发短枝的刻芽远些（芽前 0.5 厘米）、晚些（萌芽后）、浅些（只伤及木质部）、窄些（和芽同宽），需要抽发长枝的早些（萌芽前）、近些（芽上 0.3 厘米）、深些（刻伤木质部）、宽些（超过芽宽的一倍）。多刻两侧芽，少刻下侧芽，不刻背上芽。

3. 拉枝变向　从树液流动至萌芽前，采用撑、拉、别、垂、牵引等方法，将主枝角度（特别是基角）开张到 60°～70°，辅养枝开张到 90°以上。在方位角度上，将下部三大枝调整到互为 120°左右，让其各占一方，并对辅养枝一律拉到主枝之间的空隙处，为主枝打开光照和空间。

4. 破顶除萌　在 3 月下旬至 5 月中旬，对上年无花的中长枝进行破顶或扳顶或疏梢，可于当年萌生大量中短枝。对冬季修剪剪口和拉枝发出的萌蘖枝芽，有用的斜生枝芽保留，无用的直立、背上枝芽及时抹除，以节省树体养分。

5. 调整花、叶芽比例　在疏花疏蕾时，强树按 1：2、中庸树按 1：3、弱树按 1：4 比例调整花、叶芽比。

6. 疏蕾疏花   首先根据树体长势因树定产，其次按 20～25 厘米留一朵中心花进行疏蕾疏花。红富士苹果为防果肩偏斜，最好选留侧枝上的花及花萼（即果顶）朝下的花朵。

二、夏季修剪

夏季果树营养在枝叶上运转，贮藏养分很少，采取适当、适度的缓势措施，可有效地控制枝条长势、减少无效消耗、调节生长和结果的平衡关系，有利于成花坐果，增加中短枝数量，提高果品质量。

1. 拉枝

（1）拉枝的目标。通过整形修剪对保留的枝条在达到目标树形后要求呈水平状（夹角 90°），对红富士等长势旺的品种枝条应呈水平略下垂状（90°～110°），可缓和长势、促发短枝、形成花芽，提高果品产量和质量。拉枝角度因立地条件、树势、品种、土壤肥力、栽培模式的不同而不同，应灵活掌握。

（2）拉枝的时期。一般来说，拉枝的最佳时间为 8 月上旬至 9 月上旬，这时枝条较软，易开角，伤口恢复快，背上冒条少，节省养分，拉后容易固定，翌春萌芽多，枝势中庸，夏季易成花。但对秋季应拉而未拉的枝条须在翌年春季叶片成形后的 4 月下旬至 5 月下旬拉枝，有利于成花结果。

（3）拉枝的方法。采取"一推二揉三压四固定"的方法，具体是："一推"，手握枝条基部向上方反复推动；"二揉"，将枝条反复揉软；"三压"，在揉软的同时，将枝条下压至所要求的角度；"四固定"，用拉枝绳或铁丝系于枝条，使其恰好直顺，不呈弓形为宜。1～2 年生枝也可选用 E 形开角器开角。对较粗的、推揉拉有困难的大枝，在枝条基部背下方位置连二锯或连三锯，深达枝粗的 1/3，锯间距大约在 3 厘米左右，然后下压，使锯口合缝，埋地桩用铁丝固定一年，基角应拉至 80°，腰角、梢角须拉至 90°，呈水平状态。

对密植果树或连续两年重剪果树的 1～2 年生枝条的拉枝，可采取揉软后或直接下压到所需角度用拉绳在枝条和主干上绑"8"字形固定，这种方法简单方便，节省人工和拉枝材料，枝条固定效果好，不影响地下管理。另一种方法是将 14 号铁丝截 40 厘米长，在拉枝时一头折弯钩在枝条上，另一头折弯钩在主干上，根据枝条所需角度大小进行调整，这种方法简单便捷，拉枝速度快，材料可以二次利用。

（4）注意的问题。

ⓐ拉枝前应先整形后拉枝，先疏除背上枝、徒长枝、对生枝、密挤枝、重叠枝等无用的枝条，以减少不需要的拉枝而带来人力物力的浪费。ⓑ拉枝一般下部枝条长度达到株距的 40% 后即可拉枝。下部枝拉到 85°～90°，中部枝拉到 90°，上部枝和所有侧生、结果枝长度达到 60～70 厘米时拉至 110°。同时，要根据树形要求和品种生长特性确定拉枝角度，如高纺锤形拉枝角度应大一些，枝

条较脆、易成花的寒富、澳洲青苹、嘎拉、密脆等品种，拉枝角度比富士要小一些。ⓒ拉好的枝须平顺直展，不能呈弓形。ⓓ拉枝时，在调整好上下夹角的同时，应注意水平方位角的调整，让小主枝和结果枝组呈90°夹角，均匀分布于树体空间，不能交叉重叠。ⓔ拉枝不可能一次到位，随着枝龄增长，要不断更新拉枝部位，保证所有枝条拉到要求的角度。

2. 疏枝　将枝条齐根剪去叫疏枝，是目前果树修剪上使用最广泛的一种技术，主要对直立竞争枝、徒长枝、衰弱下垂枝、过密的交叉枝、对生枝、重叠枝、病虫枝、外围发育枝和过时的辅养枝、把门侧枝等去除，其作用是改善树冠通风透光条件，提高叶片光合能力，增加养分积累，有利于花芽形成和开花坐果。

3. 拿枝　方法是对2～3年生长放的辅养枝或当年生强旺新枝在6～8月选择晴天的中午到下午，用手捏住枝条基部，每隔5厘米向下弯折一次，直至枝条梢部，只伤木质部而不伤皮，使枝条下垂，具有缓和长势，促生短枝，改变枝向，促进花芽形成的作用。

4. 扭梢　在5月下旬至6月上旬，将当年直立枝、竞争枝在半木质化时进行扭梢，具有改善通风透光条件、促进花芽形成的作用。方法是用左手紧握枝条基部3～5厘米处，右手紧握枝条由内向外扭转180°，使木质部和皮部受伤而又不折断，使新梢扭曲下别枝间。除红富士等难成花的品种，其他品种均有明显的促花作用。

5. 摘心　就是摘去新梢顶端的幼嫩部分，可使枝条充实，有利于叶片早熟增大，加强果树的光合作用。小年树果台副梢摘心有利于提高坐果率、提高产量；幼树新梢5月下旬至6月中旬摘心，并摘去枝条前端6～8个叶片，能促发二次枝，扩大树冠，促进成花结果；8～9月摘心，有利于提高木质化程度，使其安全越冬。

6. 环割或环切　在5月下旬到6月中旬，对三年生以上不易成花的红富士等幼旺树，在其主枝或辅养枝上选基部光滑处用环割剪或环切刀环切或环割1～2刀，具有显著的成花作用。第一刀与第二刀相距5厘米以上，环割剪或环切刀要进行消毒，要求只伤及韧皮部不能伤到木质部，预防死树或死枝。

三、秋季修剪

8～9月是果树营养贮藏阶段，进行适度修剪，有利于控制树势，防止枝条旺长，改善风光条件，提高贮藏营养和果实着色度。秋季修剪郁闭园比幼园效果好，幼树修剪量要轻。

1. 疏枝　对生长密挤的直立枝、对生枝、重叠枝、徒长枝、病虫枝、竞争枝和冬季需要疏除的结果枝组等进行剪除，可减少养分消耗，有利于通风透光，提高果品质量，促进花芽形成。

2. 疏梢　对树冠外围密挤枝、无用枝、多杈枝及时疏除，可改善通风透光条件，增加树体营养积累。

3. 拿枝　对当年生长在适宜部位的斜生枝和直立枝进行软化，使无用枝变为有用枝，可增加幼树枝量，增加产量。方法和夏季一样。

4. 拉枝　在疏枝的基础上，于 8 月上旬至 9 月上旬进行拉枝，具有定型快、不冒条，缓势效果好，有利于花芽分化。拉枝方法与夏季拉枝相同。

四、冬季修剪

冬季修剪的主要任务是调整树体结构，平衡树势，调节从属关系，控制骨干枝数量，调整生长枝与结果枝比例、花叶芽比例等，修剪量一般幼树为总枝量的 10%～20%，丰产树为总枝量的 20%～30%。

冬季修剪的具体时间一般为落叶后的 12 月上中旬至翌年的 2 月上旬，挂果树宜早，幼果树宜晚。

1. 长放　枝条保留不剪称长放，又叫缓放。在目前，是苹果树重点应运的修剪技术，主要用于苹果树各类骨干枝、辅养枝、结果枝的培育，其作用是缓和枝条生长势，增加中、短枝数量，有利于营养物质的积累，促进果树花芽形成，提早结果。

2. 疏枝　疏枝对全树起到削弱生长势的作用。对枝条来讲，剪（锯）口上是抑制，剪（锯）口下是促进。冬季在生长期修剪的基础上，对已结果的直立枝、下垂枝、交叉枝、病虫枝和辅养枝等去除，疏枝方法和夏季相同。

3. 开张角度和变向　开张角度和变向是目前苹果树早结果、早丰产的主要措施，通过人工改变枝条生长角度和分布方向并对枝条有某些损伤，以缓和长势，改善通风透光条件，促进花芽形成，方法有拉枝、扭枝、拿枝等。

4. 造伤　造伤也叫刻芽或目伤，就是在树体上造成一定的伤口，使水分营养的向上运输和光合产物的向下运输受到阻碍。在光秃枝干上造伤可萌发新枝，增加枝量，缓和枝条长势，对扩冠和花芽形成有明显的促进作用。

5. 短截　剪去一年生枝条的一部分为短截。目前应用很少，但对生长弱的树，可以进行短截。一般有 4 种短截法。

（1）轻短截。只剪去枝条上部 1/3～1/5，能形成一些较弱的中、短枝，可缓和势力，有利于结果，主要用于部分幼树主干延长头和主枝延长头的修剪。

（2）中短截。在枝条中部饱满芽（1/2）处剪截，能发出较多的、势力较强的中、长枝，有利于生长和扩大树冠，主要用于新建园苗木的栽植定干。

（3）重短截。在枝条下部半饱满芽（1/3～3/4）处剪截，能抽生 1～2 个长枝或 1～2 个中枝，主要用于衰老树的复壮更新。

（4）极重短截。在枝条基部留 2～3 个瘪芽剪截，能抽生 1 个强枝或 1～2 个中短枝，主要用于幼树骨干枝及丰产树结果枝的培养。

6. 回缩　对二年生以上枝条在适当部位剪截，叫回缩，是一种果树增势修剪措施。在目前苹果树修剪上，重点用于衰老树的复壮更新和盛果期树骨干枝延长头沉长、细弱结果枝的控制及病虫枝的处理。对自根砧果园，分枝超过 2.5 厘米，必须留 2 厘米短桩进行回缩。

第三节　幼龄果树整形修剪技术

陇东黄土高原果区，由于地形、海拔、气温、投入、管理水平等原因，目前各种栽培模式均有，其中条件好的川塬区引进推广矮化自根砧高密度栽培模式，条件较好的川塬区大力推广矮化中间砧中密度栽培模式，条件一般的山川塬区继续应用乔化稀植栽培模式，均体现了"因地制宜、适地适树"的建园原则，较好地发挥了各自的优势和潜力，使现代果业技术有了较快的推广和应用。果园栽培模式不同，整形修剪的方法也不同，但随着栽培模式的不断更新，管理方法和修剪技术更简单，早产早丰效果更明显。

一、高密度树形结构与培养

（一）高纺锤形

适宜于矮化自根砧及"双矮"（中间砧加短枝型）品种（每 667 米^2 110～200 株）的栽培，是高密度苹果树的代表树形。

1. 树形结构　干高 80～90 厘米，树高不超过行间 90%，冠径 1.0～1.5 米，在中央领导上着生 30～50 个螺旋状排列的临时性小主枝，小主枝平均长度 80 厘米，与中央领导干的夹角为 110°，同侧小主枝上下间距为 20 厘米，所有枝条开张角度 90°～120°。整形时 5～15 厘米留一枝，以后及时更换强于主干 1/2 的大枝，小主枝粗度不超过 2 厘米。幼树中干与侧生分枝的粗度比为 2～3∶1，盛果期中干与侧生分枝的粗度比为 5～7∶1，每 667 米^2 枝量为 8 万～12 万条，长中短枝比为 1∶1∶8。

2. 树体培养

（1）定植时的修剪。高纺锤形树形宜栽植 1～2 年生以上、带 6 个以上分枝、高度 1.5 米以上的大苗。

栽植后中心干不剪截，侧枝不剪截，用斜剪法剪去与主枝竞争的侧枝，去掉夹角小的侧枝及直径超过主枝一半的侧枝。若栽植光干没有分枝的大苗，要将其苗木短截到 1.5 米左右处，对二年生 1.3 米以下的苗木，在饱满芽处定干，第一年冬季或第二年春季修剪时按定植时的修剪方法修剪。

（2）第一年生长期整形修剪。对光秃部位在萌芽后每隔 10 厘米左右进行芽上目伤出枝。对 60 厘米以下的主干进行抹芽，以便集中营养促进其他枝芽生长。当新梢长至 10 厘米以上时，留中心干梢部萌发的旺梢，剪除旺梢以上的弱梢，并将旺梢下面 2、3、4 芽长出的竞争侧梢剪除，根据情况还可剪去 5、6 芽的侧梢，促使下面多长侧枝并加大侧枝角度。为了将多余的生长势转移到侧枝和中心干，对主干上部 1/4 段内的侧梢进行摘心。当二次新梢再长至 10～15 厘米时，再次对树上部 1/4 段内的侧梢进行摘心。将主干绑扎在立架铁丝或竹竿上，并留出 5 厘米直径的空隙，给主干留出增粗空间。7 月顶端生长停止前将50～60 厘米长的枝条通过引缚或拉、压至水平线以下，拉枝角度 110°，以便固定枝条并诱导成花。到秋季落叶果树可长到 1.8～2.0 米，中干直立健壮。冬季不修剪。一般第一年中心干延长枝生长 70 厘米左右。

（3）第二年生长期整形修剪。对光秃部位在萌芽后仍然进行芽上目伤 6～8个促发分枝，当新梢长至 10～15 厘米时，剪除中心干延长枝下面 2、3、4 或 5、6 芽长出的竞争侧梢，树上部 1/4 段内的侧梢仍然进行摘心。当二次枝长至 10～15 厘米时，再次对树上部 1/4 段内的侧梢进行摘心。继续将主枝绑扎在立架铁丝或竹竿上。当分枝长度达到 50～60 厘米时立即拉枝，枝条越粗越长拉的角度越大，所有枝条必须拉至水平以下，一般拉到 110°。对拉枝后形成的背上直立枝一般在长度 10 厘米以下时采取摘心或剪梢的办法，留 1～2 厘米控制生长。对侧枝强于主干 1/2 的枝条及时疏除。在花芽分化（6 月上旬）前喷布 3～4 次2.5～5 毫克/千克 NAA（萘乙酸），促进花芽形成。到秋季落叶果树可长到 2.5～3.0 米，具有 20～30 个小主枝。冬季不进行修剪。

（4）第三、四年整形修剪。在前 4 年尽量减少修剪，冬季用斜剪法剪除大于主干 1/2 的侧枝和侧枝上的 Y 形枝及 V 形枝，使其单轴延伸。夏季采取拉、压、扭、拿等方法控制枝条长度，促其成花挂果。对拉枝后形成的背上直立枝仍然采取摘心或剪梢的办法控制生长。要确保主干顶部没有竞争枝条，主干上没有较大的侧枝，侧枝上也没有竞争枝条，去除膝盖以下生长过低的枝条，使这些枝条离地面不小于 60 厘米，其他基本按二年生的修剪方法修剪，使三年生树高度达到 3.0～3.5 米，具有 30 个以上小主枝，其中上年生长的大部分枝形成优良短枝并成花，果园初步成型并进入丰产初期。幼树期为了促进果树生长，一般每隔 30～45 天追肥一次，施肥量逐年增加。四年生树高达到 3.5～4.0 米，中心干直立健壮，干枝比达到 4～5：1，具有 40 个左右小主枝，每 667 米^2 枝量在 3 万～5 万个，产量达到 1 000 千克左右。一般第 3～4 年中心干延迟枝生长30～50 厘米。

（5）第五年冬季修剪。将中心干回缩至较弱的结果枝来限制树高，及时剪除直径超过主干 1/2 的侧枝和 2 厘米以上的侧枝及个别较旺的枝，以改善苹果着色。夏季进行轻剪，继续采取拉、压、扭、拿等方法控制枝条长度，促其成花挂果。五年生以下的树严格控制负载量，合理的负载量为，红富士＝4/厘米^2（干截面面积），嘎拉＝7 果/厘米^2（干截面面积）。

（6）盛果期树修剪。五年生后树形基本稳定，产量到了盛果期。在修剪上总体要求，对主枝或侧枝不短截，采用斜剪法剪除与主枝竞争的侧枝，剪除夹角小的分枝，每年剪除直径超过主枝直径1/2的侧枝1～2个，剪除长度超过80厘米的侧枝，剪除直径超过2厘米的分枝。对所有结果枝5～6年更新一次，当侧枝过大时须从基部去除，使结果枝始终处于年轻状态。在达到树高要求对中心干进行压缩之前，采取以果压弯树顶，用弱枝当头。

（二）细长纺锤形

适宜于矮化中间砧及短枝型品种（每667米² 80～110株）栽培的树形。

1. 树形结构　中央领导干直立、强健，干高70～80厘米，树高3.0～3.5米，中干上均匀分布20个侧生枝（小主枝），枝间距15～20厘米之间。下部侧生分枝长1米左右，中部侧生分枝长60～80厘米，上部侧生分枝长50～60厘米，所有枝条开张角度90°～100°。整形时每10厘米左右留一枝，以后隔1枝去1～2枝，及时更换强于中干1/3的大枝，中干与侧生分枝的粗度比为5～3∶1，成形后树冠呈细长纺锤形。

2. 树体培养

（1）一年栽植定干。定植后在80～100厘米处剪截定干，高于（1.5米以上）的苗木在1.0～1.2米处剪截，中庸的在80～90厘米处定干，较弱的在70～80厘米处定干或饱满芽处定干。如果是三年生（1.5米以上）带分枝的大苗，定植时尽量少修剪、不定干或轻打头，强于主干1/2的侧枝剪除，缺枝部位刻芽增枝。对1.5米以上没有分枝的大苗在1.5米以下的适当部位短截定干。

萌芽后剪口2、3、4芽扣除，当年发出的其余枝条不动。6月后对主干60厘米以下的强旺枝剪除。

（2）二年打光重剪。当年冬季或第二年早春（幼树春季修剪剪口芽不怕冻伤），对发出的一年生枝条，从主干80厘米处每10厘米左右选一枝进行极重短截［留三芽抬（斜）剪，留长1～1.5厘米］，其余枝全部疏除。中央领导干在当年生枝上部半饱满芽处轻剪截，剪口下2、3、4芽扣除或萌发后剪除。对中央领导干分枝数量少的在中干上按应发枝部位刻芽促枝。对保留的枝条超过80厘米时，每隔20厘米进行分次多道环割，并摘除顶芽。生长期所有枝条保留。

（3）三年拉枝促花。长势中庸的矮砧或短枝型品种，第二年冬季或第三年春季，从主干80厘米处每15厘米左右选一枝条，枝与枝插空排列，同一侧主枝间距不能小于60厘米，枝干比不能大于1/3，否则一律疏除。中央领导干在其上部半饱满芽处轻剪截，对缺枝部位，在萌芽前进行刻芽补枝。对选留的枝条，长度达到100厘米以上时，枝条两侧每隔20厘米在芽前0.5厘米处刻芽生枝，4月下旬至5月上旬进行拉枝，拉枝角度大于90°，临时辅养枝拉至110°，长度不够的枝条待秋季再拉，以便控制长势，促其成花。对拉枝后形成的背上直立枝一般在长度10厘米以下时采取摘心或剪梢的办法，留1～2厘米控制生长。整个生长期及时抹除剪口不用的枝芽和拉枝后产生的背上直立枝及基部萌蘖枝条，剪除延长枝的二次枝。

对长势较旺、发出的枝条大多数强于主干 1/2 的乔化品种或其他栽培模式品种，为了使中干强壮，继续从主干 80 厘米处每 15 厘米左右选一枝进行极重短截，其余枝全部疏除。7 月后当发出的枝条长度大于 100 厘米时按春季拉枝方法进行拉枝。

(4) 四年成形见产。此期果树基本成形，对中央领导干上发出的新枝，按要求选留小主枝，中央干延长头超过 3 米的不再剪截。对缺枝部位，刻芽补枝，剪除无用的直立枝、竞争枝和秋梢，重点搞好拉枝，以拉代剪。部分旺枝夏季进行环切，控制旺长，由营养生长向生殖生长转变。

(5) 五年优质丰产。第五年果树每 667 米² 产量可达到 1 000 千克左右，修剪上注意临时枝多结果，骨干枝少结果，采取刻、剥、拉、摘等方式增加枝量，扩大树冠，培养树形，快速进入盛果期。注意疏除强于主干直径 1/2 的小主枝和小主枝上强于 1/3 的结果枝，使枝干比处于合理的状态。

二、中密度（自由纺锤形）树形结构与培养

此树形适宜于（每 667 米² 50～80 株）短枝型或乔砧品种的栽培。

1. 树形结构　成形后树高 3～3.5 米，干高 70～80 厘米，中央领导干直立，枝间距 20 厘米左右，无明显层次，螺旋式上升排列。下层主枝稍长，为 1～1.5 米，向上依次缩小，主枝上不留侧枝，直接着生中小结果枝组，角度呈 80°～90°，单轴延伸。整形时每 10～15 厘米留一枝，以后隔 1 枝去 2 枝，全树保留 10～15 个小主枝，及时更换强于中心干 1/3 的大枝，中心干与主枝的粗度比为 3：1，若主枝过粗，应严格控制。

2. 树体培养

(1) 当年定植果树的修剪。定植后春季在 80～100 厘米的饱满芽处短截定干，抹去 2、3 芽。生长期对当年发出的所有枝条不抹芽，促其生长，6 月对树干 60 厘米以下发出的个别强旺枝剪除。

(2) 一年生果树的修剪。重点是培养强壮的中央领导干和分布均衡的小主枝及临时结果枝，为早结果、早丰产奠定基础。修剪的方法是：冬剪或春剪时对发出的一年生枝条，从主干 80 厘米处每 10～15 厘米选一枝进行极重短截（三芽剪），促其第二年发出均衡的小主枝，其余枝全部疏除。中央领导干在上部半饱满芽处剪截，萌芽后剪除 2、3、4 芽新梢。翌年春季萌芽前在中干上按应发枝部位刻芽促枝。刻芽方法：用小钢锯条在其芽前 0.5 厘米处横拉一锯，深达木质部。整个生长期发出的所有枝条一律不动，促其快长。

(3) 二年生果树的修剪。重点是选留下层小主枝和临时结果枝，培养中部小主枝和辅养枝。冬季修剪的方法是：在主干 80 厘米处每 10～15 厘米选一枝条，枝与枝插空排列，强于 1/3 的一律疏除。对选留的枝条，一枝为主枝，一枝或两枝（枝间距小于 10 厘米）为临时结果枝，第一主枝一般选留在南面或东

南面。中央领导干在其中上部半饱满芽处剪截，萌芽后剪去 2、3、4 芽新梢。对缺枝部位，翌年春季萌芽前进行刻芽补枝。及时疏除主干上过于拥挤的重叠枝、对生枝。秋季当下部主枝长度达到 130 厘米以上时进行拉枝，拉枝角度大于 90°，成型角度 85°。临时枝长度达到 80 厘米以上时进行拉枝，拉枝角度大于 110°。

（4）三年生果树的修剪。重点是选留中层小主枝和临时结果枝，培养中上部小主枝和辅养枝，通过刻剥拉，促使下部辅养枝成花结果。冬季修剪的方法是：对当年在中央领导干上发出的新枝，每 15 厘米左右选留一枝，强于中心干 1/3 的疏除。中央领导干在半饱满芽处剪截，已超过 3 米的不再剪截，翌年春季萌芽前对缺枝部位进行刻芽补枝。夏季 5～6 月或秋季 8～9 月对下部主枝长度大于 130 厘米、中部主枝大于 80～100 厘米时进行拉枝开角，拉枝后及时疏除背上枝和无用枝条，部分背上直立枝可在长度 10 厘米以下时采取摘心或剪梢的办法，留 1～2 厘米控制生长，以节省养分，促花结果。

（5）四年生果树的修剪。重点是选留中上部小主枝和辅养枝，培养上部小主枝和辅养枝，通过刻剥拉，使树势缓和，促使中下部小主枝和辅养枝成花结果。修剪的方法：冬季继续按三年生果树修剪的方法培养树形，中央领导干和中下部大枝上着生的强于中心干 1/3 的侧枝疏除，延长头不再短截。主干和大枝上缺枝部位，翌年春季萌芽前进行刻芽补枝。5 月下旬至 6 月上旬对所留枝条和中下部主枝上长出的所有辅养枝长度达到 60～70 厘米时进行拉枝，角度固定到 110°，6 月上旬对其强旺枝环切促花。

（6）第五年修剪。重点是选留上部小主枝和辅养枝，调整全树中下部小主枝和辅养枝，通过刻、剥、拉、扭、摘，促使中下部主枝、辅养枝成花结果。修剪方法是：中央领导干上着生强于中心干 1/2 的小主枝和中下部小主枝上着生强于中心干 1/3 的侧枝全部疏除，主干延长头长放不剪，大小枝单轴延伸，其他枝保持缓放，个别旺枝夏季环切，促使开花结果。

三、低密度（改良纺锤形）树形结构与培养

此树形适宜于（每 667 米² 50 株以下）乔化苹果园栽培使用。

1. 树形结构　改良纺锤形是小冠疏层形和由自纺锤形的复合树形，成形后树高 3.5～4.0 米，干高 0.8～1.2 米，冠幅 3～3.5 米。在主干中下部 0.8～2.2 米之间保留 3 个主枝，主枝角度 80°～85°，枝间距 40 厘米左右，在主枝上直接着生中小结果枝组。在三主枝中上部中央领导干上每隔 20 厘米左右留一小主枝，中部枝长 0.8～1.0 米，上部枝长 0.5～0.7 米，与三主枝插空排列，呈螺旋式上升，角度水平至下垂，单轴延伸，直接着生结果枝群。

2. 树体培养

（1）定植后修剪。春季在 70～90 厘米的饱满芽处短截定干，抠去剪口下 2、

3芽。生长期对当年发出的所有枝条不抹芽，促其生长，6月对树干60厘米以下发出的个别强旺枝剪除。

(2) 第一年冬季修剪。在主干70厘米左右处选三大主枝，主枝间距40厘米左右，一次不能选成时，待第二、三年选留，为增加枝量促进生长，两主枝之间可选留2～3个临时辅养枝，主枝头在50～60厘米处轻短截，辅养枝不剪截，缓放早成花。中央领导干在60～70厘米处进行轻剪截，在需要培养主枝的部位刻芽促枝，夏季及时疏除萌蘖枝条。

(3) 第二、三年的冬季修剪。按其第一年的方法培养三主枝及其侧枝，主枝轻剪长放，侧枝不短截，生长期通过刻、剥、拉、扭、摘，开张主枝、辅养枝和临时枝角度。主枝开张到80°～85°，辅养枝开张到90°以上。当第三主枝培养出后，在其20厘米以上处每隔20厘米左右选留一小主枝，与三主枝插空排列螺旋式上升，两小主枝之间可选一临时结果枝，夏季通过拉压扭摘等方法提早成花结果。夏秋季将主枝和外围延长头上的竞争枝、密挤枝及时疏除，促使及早增加枝量、扩大树冠。

(4) 第四年冬季修剪。主干延长头达到3.5米以上时停止打头，否则，在其上部半饱满芽处轻短截。主干上每20厘米选留一小主枝，干枝比强于主干2：1的疏除。生长期及时疏除骨干枝中上部和强于侧枝1/3的结果枝、主侧枝背上枝、过密枝、外围竞争枝，改善风光条件，其余枝一律缓放不剪，中下部主枝进行环切，缓和长势，促进成花，提早挂果。

(5) 五年生树修剪。以调整培养骨干枝长势和缓和树势、促进早丰为重点，疏除中干上强于1/2的大枝和对生枝、重叠枝。选留的中下部主侧枝、辅养枝和临时性结果枝，继续采取刻、剥、拉、扭、摘等夏剪措施，促其挂果，以果压冠，控制树势。选留的临时结果枝有空则留，无空则去，对主、侧枝有影响的逐年疏除，特别是小主枝和侧枝上的结果枝比逐步控制在3～5：1，角度拉至90°以下。

第四节 丰产果树整形修剪技术

一、丰产初期苹果树的整形与修剪

苹果树（5～7年）进入初丰产期后，营养生长仍然占优势，修剪反应敏感，产量很难快速上升。因此，在修剪上坚持以疏拉为主、轻剪缓放的修剪方法促进花芽形成，使果树快速进入盛果期。重点做好以下几点：

1. 调整树体结构，分清主辅关系 对影响主枝生长的临时枝逐步回缩或疏除，为主枝让路。对生长较旺的辅养枝进行拉枝，使其早结果、多结果。

2. 培养疏松、下垂、细长的结果枝组 以夏剪为主，冬夏结合。疏除背上直立枝，缓放斜生、侧生枝，使其单轴延伸。通过夏季拉枝、开角、捋枝、拿枝变向，使其水平或下垂，连年缓放，不截不缩，缓和生长势，增加短枝比例，多成花结果。

3. 边结果边整形　对每 667 米^2 栽 50 株左右的乔化果园，一般要分永久株与临时株，对永久株继续选留好骨干枝，形成坚强良好的结构骨架，为以后高产奠定基础。对临时株则采用主干环割，控长促花，完成前期丰产任务，以后随永久株树冠逐步增大，逐渐缩小临时株，直至间伐，为永久株让路。

二、盛果期苹果树的整形与修剪

此期修剪的目标及任务是维持健壮树势，使枝量适宜，通风透光良好，产量稳定，优质果率高，尽量延长盛果期年限。围绕上述目标任务，在修剪上要做好以下几点：

1. 调整枝量，改善通风透光条件　进入盛果期后，树冠枝量基本达到高峰期，光照条件开始恶化，应逐步疏除强于主干 1/3 的主枝和强于主枝 1/3～1/5 的结果枝，分年去除过低主枝和中间多余主枝，按树形要求，拉大枝间距。同时削弱主头生长势，落头开心，弱枝当头，使树高控制在行距的 75％左右，主枝数量控制在适宜的范围内，每 667 米^2 枝量控制在 6 万～8 万个。

2. 夏剪为主，合理配置结果枝组　冬季修剪时，除无用枝疏除外，对于密挤的结果枝，不截不缩，有空则留，无空则去。春季对空闲部位刻芽增枝，密集部位抹芽除萌，夏秋季调整枝条方位、角度，采用拉枝、拿枝等开角手法培养疏松、下垂的中、小型结果枝组。

3. 限产提质，克服大小年结果　冬剪时，按照树体情况，确定合理留枝量和花芽数量，花量过大时，疏除细弱串花枝，在分枝处回缩过长结果枝组，减少花量，使花、叶芽比趋于合理，并严格疏花疏果，限制产量，克服大小年结果现象。

4. 保持枝干优势，延长盛果期年限　如果延长枝角度太大或结果后衰弱时，要适当回缩，抬高枝头，使后部结果枝组充实、健壮，延长枝保持一定优势，使"营养枝、育花枝、结果枝"各占 1/3，轮换更新，交替结果，结果枝 3～5 年更新一遍，使结果枝绝大部分处于健壮状态，延长盛果期年限。

第五节　密植郁闭果园更新改造技术

一、郁闭园的形成

在以前的苹果园栽培中，为了达到早果早丰的目的，大多以提高栽培密度、增加栽植株数来取得果树早期产量和效益。但在管理中，密植园按稀植园来管理，不及时控高控冠、减少枝量，造成树冠、树高超大超高，导致果园大小年现象严重，株行间交叉郁闭，成花能力差，病虫害严重。同时，个别果园使用重回缩、强落头措施控高控冠，不但不能解决郁闭问题，而且造成了果树外围生长旺盛，内膛风、光条件恶化，冠内光秃，使果园更加郁闭，产量和质量不但没有增加反而下降。

二、郁闭园对果树生长的不良影响

果树必须在良好的地下土壤条件和地上通风透光条件下生长，果园如果郁闭，首先造成果树地下根系密挤生长，当土壤养分和水分供应不足的情况下，争水争肥现象严重，抗逆性差，树势容易衰弱。其次是由于地上通风透光不良，造成树冠内膛和下部叶片得不到阳光和空气中的二氧化碳，使追施的肥料无法转化成有机营养供应果树枝、叶、果、根生长，因而造成果树肥料利用率低，导致果树产量变低，质量变差，病虫害加剧，果树寿命缩短。三是果园郁闭后，无法实施机械化管理，造成投资成本加大，经济效益下降。

三、改造目标

郁闭园改造后，果树地面覆盖率为 $70\% \sim 80\%$，树高＝行距×0.8；行间保持 $1.0 \sim 1.5$ 米作业道；每 667 米^2 枝量 6 万～8 万个，长中短枝的比例为 1：2：7；夏季树冠透光率为 $25\% \sim 35\%$，叶面积系数为 2.5～3.0；每 667 米^2 产量，干旱塬区为 2 000～2 500 千克，灌区果园为 3 000～4 000 千克；优果率在 75% 以上，全红果率在 55% 以上。

四、改造技术

（一）生产中主要改造技术

陇东果区技术人员和果农，总结出了 3 种模式的改造技术，介绍如下。

1. 间伐改造 在冬季修剪时，对株间两侧交接超过 50% 的乔化郁闭果园，最好整行间伐，有利于以后果园的机械化管理和不存在二次郁闭改造，或按"隔 1 挖 1"的方法，当年一次性把栽植密度降低一半。对株间两侧交接不超过 20% 的乔化郁闭果园，整行或梅花状确定永久株和临时株，并予以标记，临时株缩，永久株放，并按照"三让路"（临时株为永久株让路、临时主枝为永久主枝让路、临时结果枝为永久结果枝让路）的原则进行修剪，两年后将缩小的临时株挖除。对有腐烂病的果园，间伐不能按正规的株行距间伐，而是先间伐腐烂病严重的单株，再确定所间伐树。间伐保留的果树，1～3 年内不提干、不疏枝、不落头，只对一些无用枝、徒长枝进行疏除，以后按中干开心形的树形要求培养树形，确保间伐果园少减产或不减产。

2. 提干落头改造 对主干太低的乔化开心形果园，抬干打开"底光"。冬剪时，将主干提高到 0.8～1.2 米，其他树形提高到 0.8～1.0 米。第一年先疏除距地面较近的主枝或朝北方向延伸的基部主枝，以后分 2～3 年将其他对生或轮生大枝疏除到位，使主干 0.8～1 米以下不再保留主枝。同时，对主枝上的大侧枝、大结果枝进行疏除，先疏除强于主干 1/2 的大枝，以后逐步将主、侧枝枝干比例控制到 3：1。

对树高超过行距 80％的果园，落头打开"顶光"。落头应分 2～3 年完成，对树势较弱、树冠较小的树，第一年先选一较弱的主枝当头；第二年再选一较弱枝当头或落至所需高度，落头后最上部的大枝应选留北向枝。对树势强旺、树冠较大的树，第一年选两个较弱的双枝"开叉"，落头至所需高度的一半左右；第二年将落头处的另一主枝甩放，并疏除主枝上的强旺枝和直立枝；第三年再落头至所需高度。落头任务完成后，树高控制在行距的 75％左右，一般树高应为 2.8～3.0 米。

3. 疏枝控冠改造　对主、侧枝过多过大、结果枝组过大、枝干光秃部位较多的果园，分 2～3 年将其改造到位。一是疏主枝，首先疏除中央领导干上粗度大于主干 1/2 的主枝，主干抬高到 0.8 米以上；再疏除对生枝、重叠枝、轮生枝、竞争枝，通过疏枝乔化开心形果树每株保留主枝 5～7 个，主干和主枝的比例达到 3：1，枝间距达到 30 厘米左右，调整基角达到 80°～90°。对主干上的光秃部位，发芽前目伤促发新枝，填补空间。二是疏侧枝，对于主枝上侧枝过多过大者，先疏除距主干 10 厘米以内的把门侧枝和超过主枝粗度 1/2 的大侧枝，以后再逐年疏除超过主枝粗度 1/3 的侧枝，使主枝和侧枝的比例逐步达到 3～5：1，并通过拉枝，使侧枝角度达到 110°左右，小枝下垂，单轴延伸，培养珠帘式下垂结果枝。

采用纺锤形的矮化密植果园，对超长的主枝、过长的结果枝组，回缩到冠幅要求，或用侧枝代替主枝，或背下（后）枝换头回缩控冠，增强冠内光照条件。对过粗过大的结果枝组，可采用去强留弱、去直留平、去大留小、去长留短、并用弱枝当头的方法控制长势。

对保留的主枝，注意保持果树株间不交叉，行间有 1 米宽的通风带。因此，根据果树的生长情况，当树冠株间或行间还有影响时，将过长的主枝先拉平，再用背后弱小枝回缩换头，分 2～3 次换到位。当控制到所需的冠幅时，每年在主枝延长枝新梢基部瘪芽处剪截，控制树冠延伸。对主枝上密挤、衰弱的结果枝，有空则留，无空则疏。

（二）主要树形改造技术

1. 矮砧果园细长纺锤形或高纺锤形　对不符合细长纺锤形或高纺锤形的枝及时疏除，对主枝不断更新，保持无永久性主枝，中心干与主枝的粗度比为：细长纺锤形 4～5：1，高纺锤形 5～7：1，主枝角度大于 90°，结果枝全部为下垂状态。

2. 乔砧果园改良纺锤形和开心形　乔砧果园栽植 10 年前一般培养为改良纺锤形。10 年后如果果园郁闭，要逐年改造成中干开心形。如果光照条件好继续保持原有树形，等光照不好时再进行改造。如果光照条件一直很好，就不必改造，维持原有树形。

对需要改造的果园，改造前要区分永久株和临时株，永久株有计划地疏除和减少主枝数，树高以 3 米左右为宜，主干抬高到 1.0～1.2 米，培养主枝 5～7 个，主枝上逐年培养大型结果枝组 1～2 个。临时株树高控制在 2.5 米左右，按照三让路（临时株为永久株让路、临时主枝为永久主枝让路、临时结果枝为永久结果枝让路）的原则，逐年疏除与永久株交接的主枝和结果枝，将树冠"打扁"，2～3 年后将临时株挖除。

改造后的开心形树形，树高控制在 2.8 米左右，干高 1.2～1.5 米，全树有 4～5 个主枝，各主枝上配有 1～2 个大型结果枝，结果枝组均为松散下垂状，长度在 1～1.5 米。主枝上的结果枝大中小合理搭配，高中低错落分布，实现立体结果、丰产稳产、优质高效。

五、配套措施

郁闭园改造后的重点是维持良好的树形结构，做好土肥水管理、四季修剪和病虫害防治等配套措施的落实，如果热衷于树形改造，忽视配套技术应用，则达不到郁闭园改造的目的。因此，必须要有"三分改造七分管，十分操心才保险"的思想，把配套措施应用好。

1. 伤口保护 果树修剪的剪锯口伤面要平整光滑，边修剪边涂抹剪口愈合剂，外面包裹塑料薄膜，以促进伤口愈合，预防腐烂病发生。

2. 增强肥水 土肥水管理是保证郁闭园改造目标实现的关键。果树间伐或改形后不能因减少株数而减少肥料使用量，要确保每 667 米^2 施有机肥不少于 4 000 千克，纯量氮磷钾各不少于 50 千克。有机肥在 9 月中下旬施入，氮磷钾肥在果树萌芽前、花芽分化期、果实膨大期施入，确保增产增效。

要把抗旱保墒作为郁闭园改造土壤管理的主要措施。一是秋季深翻，二是秋季覆膜，三是顶凌耙磨，四是生草覆草，五是中耕除草，六是适时灌水。

3. 四季修剪 春季及时抹除剪锯口下的萌蘖枝芽，缺枝部位刻芽出枝，光秃枝干分段环切，新梢长至 5 厘米时掰顶促发短枝；夏秋季采用拉枝、拿枝等手法开张角度，改变枝势，促发中短枝，促进花芽形成，快速提升产量；冬季修剪时以疏放为主，培养良好的树体结构，为丰产稳产打好基础。

4. 合理留果 改造果园因枝芽、花量减少，会形成当年或次年减产。因此，为了保证少减产或不减产，应多留花果，但不能留双果，间伐改造当年留果距离掌握在 15～20 厘米，产量稳定后留果距离控制在 25 厘米左右。

5. 防病保叶 果园通过树形改造，风光条件改善，树势恢复，病虫危害将会减轻，但要把防病保叶作为郁闭改造园管理的重点，在果树萌芽前喷施 5 波美度石硫合剂、生长期喷施 1 000 倍液多抗霉素、8 000 倍液福星、300 倍液菌毒清、3 000 倍液阿维菌素预防早期落叶病、锈病、腐烂病、红蜘蛛等病虫害。

六、注意的问题

间伐是苹果郁闭园提质增效的首选措施，但在间伐中必须注意以下几点：

1. 及早规划永久株和临时株　乔化苹果树合成的碳水化合物 60％的用于营养生长，自身造就了高大的树体特性，人工难以控制树冠生长，化学控制影响果实质量。而矮化苹果树合成的碳水化合物 74％的用于生殖生长，树体矮小而果实产出率高。因此，今后要以发展矮化苹果园为主，如果发展乔化苹果园，必须在建园时提前规划永久株和临时株，永久株按自由纺锤形整形，边结果边整形，临时树以结果为主，按高纺锤形整形，当达到一定覆盖度时间伐临时株，以减少人力、物力浪费和因间伐给果园带来的经济损失。

2. 严禁过早回缩落头　郁闭期的果园，永久树严禁过早抬干、落头和主侧枝回缩，未确定永久、临时株的果园也不能提前回缩，待确定永久、临时株之后再按需要回缩。否则，树冠虽然郁闭，但难以间伐，不间伐太密，间伐当年太稀，影响间伐效果。

3. 边结果边整形　间伐当年保留的永久株和确定的临时株只考虑结果，不考虑树形，待产量稳定后边结果边整形。因此，在修剪上主要疏除一些背上枝和无花芽的无用枝、密挤枝，以减少当年产量损失，利于体现间伐效果。

第九章
病虫鼠害综合防治技术

病虫鼠害是影响苹果产量、质量、效益的主要问题，部分果园每年因病虫危害造成果品产量、质量下降，甚至有的果园在未挂果之前就因病虫鼠危害树死园毁，给果农朋友带来数以万计的经济损失。同时，因病虫害防治的需要，造成环境污染和果品农药残留量及果园成本增加，直接影响生态环境安全、生产者安全、果品质量安全和果园经济效益。当今，生态环境和果品安全日益受到全社会的重视，但由于果园生态系统的复杂性和人们对高品质果实的需求，作为苹果园管理重要内容的病虫害防治，应作为一项重要措施合理加以利用，采取综合防治和关键的防控时期，方能达到早产早丰、优质安全、高产高效的目的。

第一节　病虫鼠害综合防治

一、防治原则

坚持"预防为主，综合防治""治早、治小、治了"的原则，以农业防治和物理防治为基础，以生物防治为核心，根据病虫害的发生规律，科学地选择安全、高效、低毒、无污染的化学农药，把病虫害控制在经济阈值之内。

二、防治方法

（一）植物检疫
在引进苹果苗木建园时，严格检疫，防止检疫性病虫害传入和扩大蔓延。
（二）预测预报
根据当地环境条件和苹果树生长发育及栽培管理状况，及时进行病虫害的预测预报，准确判断病虫害的发生趋势，提出防治时期和方案。
（三）农业防治
新建果园为避免自然灾害，应有规范的防护和排水设施。苹果不能与桃、梨等果树混栽，周边不能栽植刺槐。施肥时，不施未经腐熟的人畜粪便；控制果园内杂草和生草的高度；无生草的果园秋末深翻，破坏土壤中越冬病虫害的正常生存环境，使其被翻出土表冻死或风干死；及时夏剪，清除萌蘖和徒长枝；

冬季落叶后，清除果园中病虫危害的残枝落叶，带出园外集中烧毁或深埋；不用剪下的枝梢作支撑材料和篱笆。每年坚持秋施基肥，增施磷钾肥，尤其生长后期一定要控制氮肥；做到旱浇涝排，防止干旱和积水，并注意避免冻害；通过花前复剪和疏花疏果等措施，防止结果过量，注意克服大小年结果现象；幼树宜采用纺锤形，推行矮砧密植高效集约栽培方式，使树冠保持良好的通风透光条件。

（四）生物防治

利用天敌和害虫相互制约、相互依存的关系以及果园内微环境的调节，人为创造或改变条件，使其不利于病原物的生存，达到控制病虫害发生的目的。具体方法：

1. 以虫治虫　瓢虫类、草蛉类、小花蝽类、食蚜虻和食虻蝇等，捕食蚜虫、叶螨、卷叶虫和食心虫类；食蚜蝇、草蛉和七星瓢虫以蚜虫为食；赤眼蜂控制卷叶蛾和梨小食心虫，对卵块具有较高的寄生率；小黑花蝽、中华草蛉、深点食螨瓢虫和西方盲走螨可控制叶螨危害。

2. 以菌治虫　常用的有杀螟杆菌、苏云金杆菌、白僵菌和青虫菌等，这些菌对鳞翅目害虫的幼虫有良好的防治效果。

3. 以菌治菌　已广泛应用的春雷霉素防治苹果树腐烂病，青霉素和井冈霉素防治苹果早期落叶病，内疗素防治轮纹病和白粉病，灰霉素防治苹果花腐病等，均有良好的防治效果。西北农林科技大学千阳苹果试验站，初步试验全年EM（益恩木）菌剂喷叶面 10 次，其中仅加杀虫剂一次，单喷杀菌剂一次，达到以菌治菌，以菌治虫的效果。

（五）人工和物理防治

根据害虫的某些习性，利用光、电、机械装置、气味、果实套袋、性诱芯（带、板）等诱杀、阻隔、窒息杀灭害虫。

1. 太阳能杀虫灯　利用害虫的趋光性制成的诱杀害虫装置。引诱源用黑光灯、杀虫用高压频振式电网，架设于果园树冠中上部，可诱杀各种趋光性较强的害虫。每台杀虫灯可覆盖 2 公顷（30 亩）左右，可减少杀虫剂用量 50%。

2. 诱虫带　利用害虫沿树干下爬行越冬的习性，在树干分枝下 5~10 厘米处绑扎瓦楞纸诱虫带诱集叶螨、介壳虫、卷叶蛾等，越冬后销毁。树干粘贴双面胶带亦对该类虫害有良好的粘杀作用。

3. 果实套袋　除能有效提高果实外观品质、减少污染物外，对病虫害还有阻隔作用，免遭病虫（如食心虫、烂果病等）对果实的直接侵害。

4. 树盘覆膜　早春土壤中越冬害虫出土前用塑料薄膜覆盖树盘，既可抗旱保墒，又可阻止食心虫、金龟甲和某些鳞翅目害虫出土，致其死亡。

5. 悬挂粘虫板　利用苹果蚜虫的趋黄色习性，在有翅蚜的迁飞期，用涂有黏胶的黄色纸板放置园间粘捕蚜虫等。此外，果树上绑草或绑瓦楞纸片，诱集害虫化蛹越冬，然后集中杀灭，也很有防效。

6. 糖醋液诱杀　用红糖 1 份、食用醋 2 份、水 7 份并加适量白酒放置罐头瓶或盆碗中，诱杀大体形啃食果肉的金龟甲和鳞翅目害虫。

7. 悬挂性激素谜向丝　害虫求偶联络依赖性外信息激素。人工合成具有相同作用的衍生物，制成谜向剂放在果园内对相关害虫进行谜向干扰（也可用于测报），诱杀雄成虫，使雄虫找不到雌虫而不能正常求偶交尾，控制其繁殖，减少虫口数量。目前生产上应用的主要有桃小食心虫、苹小卷叶蛾、金纹细蛾、苹果蠹蛾的性诱剂。每 667 米^2 悬挂（距地面 1.5 米的树冠内）50 枚，一年更换 1～2 次，可有效干扰害虫的求偶交尾。谜向法防治一是使用面积要大，二是连年坚持使用。

（六）应用高效低毒农药

提倡使用植物源农药（如鱼藤酮、除虫菊素、烟碱、植物油乳剂、大蒜素、苦楝、印楝素、川楝素、芝麻素、腐必清、害立平等）、动物源农药（如昆虫信息素即性诱剂、拒避剂、蜕皮激素、抗蜕皮激素、寄生性和捕食性昆虫天敌等）、微生物源农药（如春雷霉素、多抗霉素、井冈霉素、农抗 120、浏阳霉素、华光霉素、绿僵菌、苏云金杆菌即 Bt，青虫菌、乳状芽孢杆菌、核多角体病毒、齐螨素即阿维菌素等）、矿物源农药（如矿物油乳剂、低磺酸值的机油乳剂、煤油乳膏、石硫合剂、硫黄悬浮剂、波尔多液等）、化学诱杀剂（如卷易清、杀铃脲等）和无残留的有机合成低毒农药（如灭幼脲、吡虫啉、蛾螨灵、尼索朗、甲基硫菌灵、多菌灵等），禁止使用剧毒、高毒、高残留农药和致畸、致癌、致突变农药（如甲拌磷、久效磷、对硫磷、甲胺磷、氧化乐果、磷胺、福美胂等有机磷制剂及砷制剂、杀虫脒、拟除虫菊酯类杀虫剂、有机合成的植物生长调节剂和各类除草剂等）。总之，使用化学农药必须严格按国家、行业和地方标准的规定执行。

第二节　主要病虫鼠害及其防治

在陇东黄土高原果区，严重影响果品产量和质量的病虫（鼠）害有 30 多种，现提出最主要的苹果病虫（鼠）害诊断和防治方法。

一、病害诊断与防治

（一）苹果树腐烂病

苹果树腐烂病几乎遍及全世界，尤其是树龄为 20 年左右的果园，发生非常严重，部分幼龄初果树也有感染发生。国家苹果产业技术体系病虫害防控研究室对我国苹果主产区腐烂病发生情况进行了调查，全国平均发病株率达 52.5％，造成果树主干、主枝及枝杈皮层部分坏死，甚至整株死亡。生产上，在腐烂病防治中存在的主要问题是：重治疗、轻预防；重药剂、轻树势；重春季刮治，轻周年预防治疗。腐烂病已成为苹果树树势衰弱和造成树体死亡的主要病害。因此，防控工作要高度重视。

1. 发病症状　苹果树腐烂病属弱寄生性真菌引起的枝干病害，多发生于主干、大枝背阴面以及树杈部位和剪锯口处，症状表现为溃疡型和枯枝型两类。

（1）溃疡型。春季病斑为红褐色、略隆起、呈水渍状，用手按压松软下陷，可流出黄褐色汁液，病疤组织有酒糟味，后干缩下陷，表面长出许多黑色小粒点。

（2）枯枝型。枝干表现枯枝，小枝、果台和干桩等部位都会发生。病斑边缘不明显，不呈水渍状，病菌蔓延迅速，环枝一圈，全枝干枯，后期出现黑色小粒点。春季病原菌进一步扩展，可导致生长衰弱的大枝发生溃疡。重病果树枝叶不茂，但特别容易成花，表现结果特多的异常现象。

2. 发生规律

（1）侵染规律。苹果树腐烂病发病基本规律一般表现"夏侵染、秋潜伏、冬扩展、春腐烂"。病菌具有潜伏侵染特点，入冬时，病菌在果树病疤、残枝和有剪口的枝上越冬。早春病菌借风雨传播从伤口侵入，多年生枝的叶痕、皮孔、果柄痕也是病菌侵入主要部位。初春3月下旬至5月上旬，溃疡型病斑腐烂症状表现明显。7月上旬至9月为侵染高峰期。病菌在健壮、抗病力强的树上潜伏时间较长，入侵点周围树皮衰弱，伤口疤痕等处有腐生组织时，病菌活跃并扩展，引起腐烂。苹果腐烂病发病快慢主要取决于寄主抗性程度，一般夏季生长旺盛，发病较少，树势健壮的稳产树不发病或发病很轻。

（2）发生原因。ⓐ气候反常。春季低温冻害频发，夏季高温少雨，秋季雨水过多，为苹果腐烂病侵染发生创造了有利的条件。ⓑ肥水不足，树势衰弱，树体抗病力降低。偏施化肥，施肥量不足，特别是有机肥严重不足的果园，树势易衰弱，抗病力降低，导致腐烂病容易发生。ⓒ挂果量大。留果量多，出现大小年，导致树势衰弱，极易侵染腐烂病菌。ⓓ修剪不当。修剪造伤过多，不及时对修剪工具消毒，伤口保护重视不够，导致腐烂病交叉传播染病或大发生。

3. 防治方法

（1）农业措施。ⓐ加强土肥水管理，增强树势。增施有机肥，平衡施肥，提高树体贮藏养分。ⓑ合理负载，严格控制产量，克服大小年结果，保持树势健壮。ⓒ适时喷药防治病虫害，以免造成树势衰弱。ⓓ合理修剪，平衡树势；树体越冬涂白，防止越冬受冻。

（2）人工措施。ⓐ减伤口，不侵染。修剪中剪锯口要平整，剪锯口应及时涂抹保护剂（如膜立康或愈合灵或新果康宝，主要成分为甲基硫菌灵），促使伤口愈合，避免再度发病。ⓑ勤检查，勤刮治。将病斑坏死组织彻底刮除，刮成梭形或弧形，刀口要圆滑，周围应刮去好组织皮层0.5～1厘米，深达木质部，不留毛茬、平整，上端和两侧应留立茬，下端留斜茬以避免积水，利于伤口愈合，之后先用3%的碱水或7%的盐水清洗消毒，然后再用铲除保护剂涂抹病疤。对刮下的病残组织，应带出园外焚烧或深埋，刮刀也要常用药液消毒，以免带菌传病。在病斑上敷厚3～4厘米的胶泥（超出病斑边缘5～6厘米），用力贴紧裹紧塑料带，既可防病，又可防止雨水冲刷和早裂。生产上也有用马粪和草合胶泥来贴裹的。ⓒ重刮皮，勤涂药。在5～8月果树愈伤能力强的时期，对主干、主枝基部行重刮皮术，重刮树皮表层1～2毫米，使新皮露白、幼皮露青，达到"病灶刮尽，刮面光滑"的要求。刮后涂药，当年就可长出新皮。对原有病斑每年涂药加固一次，可减少复发。ⓓ脚接桥接，恢复树势。多年生树病斑过大的，在春夏季进行脚接和桥接，以利养分上下输导，恢复树势。

（3）药剂防治。药剂防治是防治苹果树腐烂病快捷有效的关键措施，选好药剂和方法是重点。当前，治疗苹果树腐烂病斑的主要药剂有新果康宝（主要成分为3%甲基硫菌灵，42%矿质糊剂抑制菌）5～20倍液涂干或100～500倍液喷施，膜力丹（5%菌消毒）30～50倍液涂干或1 000～1 200倍液喷施，腐迪或源迪（腐殖酸≥40克/升、生物膜≥20克/升）刮完病疤后刷涂原液或5～10倍液，43%戊唑醇20～30倍液涂抹或4 000倍液喷施，园易清（10%甲基硫菌灵）10～20倍液涂抹或400～500倍液喷干，50%醚菌酯1 000倍液涂抹（刷）或5 000～7 500倍液喷施，噻霉酮（即菌立灭，1.6%噻霉酮）50倍液涂抹或1 000倍液喷干，50%丙环唑5倍液刷涂或500～1 000倍液喷干，斯米康（1.8%辛菌胺）刮治后涂抹原液或300～400倍液喷干。此外，还有用腐烂灵（络氨铜）、腐绝（噻菌灵）、腐烂克星（抗霉菌素）、25%丙环唑乳油、45%施纳宁、7.5%强力轮纹净、5%菌毒清水剂、妙治、9281、"拂蓝克"人工树皮膏剂、植物保护膜剂等。

（4）综合防治。

① 采取"营养抗御、药物治疗"的防治原则，重点是"沃土、养根、壮树"。

② 防治时间要做到四季并重，一般采用"春治、夏涂、秋除、冬防"（春季喷药治疗病疤，夏季刮涂药防侵染，秋季清园打药防潜伏，冬剪保护防继续扩散）和科学施肥灌水、减少树体伤口、勤检查勤刮治与"一施、二刮、三喷、四涂"（一施即在采果后注重秋施有机肥，培养树势；二刮即早春和晚秋两次集中刮治腐烂病病斑；三喷即早春清园期、开花后、采收后喷药防止侵染；四涂即修剪后涂药保护伤口、6月中旬至8月生长期及时涂干促进落皮层脱落，入冬前树干涂白防冻害，并刮治涂药以防复发）防治法，辅以密集桥接（脚接）和民间验方治疗，抵御腐烂病诱发与侵染扩展，促使伤口愈合，避免发病，逐步治愈。

（二）轮纹病

1. 发病症状 陇东黄土高原地区在20世纪90年代前基本没有枝干轮纹病，

但随着 90 年代果园大面积栽植从东部沿海调入苗木，造成陇东部分果区枝干轮纹病成为仅次于苹果腐烂病的枝干性病害，给果园产量、质量带来较大的影响。

轮纹病不仅危害枝干，还可严重危害果实。枝干受害，初期以皮孔为中心形成瘤状突起，然后在突起周围逐渐形成一近圆形坏死斑，秋后病斑周围开裂成沟状，边缘翘起呈马鞍形；第二年病斑上产生稀疏的小黑点，同时病斑继续向外扩展，在环状沟外形成一圈坏死组织，秋后该坏死环外又开裂、翘起，病斑连年扩展，即形成了轮纹状病斑。枝干上病斑多时，导致树皮粗糙，故俗称"粗皮病"。轮纹病在一年生及细小枝条上病斑一般较浅，容易剥离，但在弱树和弱枝上，病斑横向扩展较快，并可侵入皮层内部，深达木质部。导致果实受害，形成轮纹状果实腐烂，即"轮纹烂果病"。

2. 发生特点　枝干轮纹病是一种高等真菌性病害，病菌主要以菌丝体和分生孢子器（小黑点）在枝干病斑上越冬，并可在病组织中存活 4～5 年。生长季节，病菌产生大量孢子（灰白色黏液），主要通过风雨进行传播，从皮孔侵染危害。当年生病斑上一般不产生小黑点（分生孢子器）及病菌孢子，但弱枝上的病斑可产生小黑点（很难产生病菌孢子）。老树、弱树及衰弱枝发病重，有机肥使用量小，土壤有机质贫乏的果园病害发生严重；管理粗放、土壤贫瘠的果园受害严重；枝干环剥可以加重该病的发生；富士苹果枝干轮纹病最重。

3. 防治技术

（1）加强栽培管理。增施农家肥等有机肥，平衡（配方）施肥；合理留果，科学灌水，尽量少环剥或不环剥，新梢停止生长后及时叶面施肥（尿素 300 倍液＋磷酸二氢钾 300 倍液），培强树势，提高树体抗病能力。

（2）刮治病瘤，铲除病菌。发芽前，刮治枝干病瘤，集中销毁病残组织。刮治轮纹病瘤时，应轻刮，只把表面硬皮刮破即可，然后涂药，杀灭残余病菌。效果较好的药剂有：甲托油膏（70％甲基硫菌灵可湿性粉剂：植物油＝1∶20～25）、30％戊唑·多菌灵悬浮剂 100～150 倍液、60％统佳（铜钙·多菌灵）可湿性粉剂 100～150 倍液等。需要注意，甲基硫菌灵必须使用纯品，不能使用复配制剂，以免发生药害，导致树死；树势衰弱时，刮病瘤后不建议涂甲托油膏。

（3）喷药铲除残余病菌。发芽前，全园喷施 1 次铲除性药剂，铲除树体残余病菌，并保护枝干免遭病菌侵染。常用有效药剂有 30％龙灯福连悬浮剂 400～600 倍液、60％统佳可湿性粉剂 400～600 倍液、77％多宁（硫酸铜钙）可湿性粉剂 300～400 倍液、45％代森铵水剂 200～300 倍液等。喷药时，若在药剂中混加有机硅类等渗透助剂，对铲除树体带菌效果更好；若刮除病斑后再喷药，铲除杀菌效果更佳。

（三）早期落叶病

1. 危害情况　苹果早期落叶病是陇东黄土高原地区苹果树生长期常见的叶片病害，尤以春夏高温多雨年份和季节发病最重，它不仅影响当年苹果产量和品质，而且对今后树体正常生长发育带来较大影响，甚至会造成树死园毁的灾难性后果。

2. 发病症状　早期落叶病有褐斑病、斑点落叶病、灰斑病、圆斑病4种。

（1）褐斑病。是苹果早期落叶病的主要病害种类，症状有三种。

① 轮纹状斑点：初期在叶片正面出现深褐色斑点，以后逐渐成为同心轮纹状的斑点（圆形，中间褐色，四周黄色，外围有绿色的晕圈）。

② 针芒状病斑：叶片病斑小，呈针芒放射状向四周延伸，黑褐色。

③ 以上两种的混合类型：不规则形、褐色，边缘绿色，不整齐，病斑上后期密生小黑点，小黑点排列不同，后期病叶变黄脱落。除叶片感病外，果实受害表现为褐色病斑，凹陷，病部果肉为褐色，疏松（海绵状）干腐。

（2）斑点落叶病。又名大星病，是陇东苹果园主要落叶病害。病斑圆形，初为淡褐色小点，后扩大形成有明显轮纹的红褐色圆斑，边缘紫褐色，病斑中心有一黑红色小点或呈轮纹状，高温潮湿时，正反面均可呈墨绿色至黑色，严重时病叶呈黑枯状，叶斑背后可长出黑色霉状物，即病菌的分生孢子梗和分生孢子，造成满园落叶。

（3）灰斑病。病斑圆形或不规则，叶上病斑暗褐色或白色，边缘清晰，初为黄色，渐变褐色，后期银灰色，表面有光泽，后期病斑上散生稀疏的黑色小点。此病一般不引起叶片变黄，严重时病斑密集，病叶呈焦枯状，分生孢子器在落叶上越冬。

（4）圆斑病。一般很少发生。该病不仅危害叶片，而且危害果实，主要侵染20天以内的果实和叶片。嫩叶受害时，产生褐色正圆形小斑点，边缘清晰，病健交界处为紫褐色，斑中有一紫褐色环纹，病斑中心只有一个小黑点。严重受害时叶片焦枯，有的扭曲，这与褐斑病形成明显区别。果实受害形成圆形褐色斑点，果面病斑周围有红色晕圈，果肉受害极少。

3. 发生规律

（1）发病规律。病原菌大多在树叶、病枝上越冬（深埋入地后的腐烂叶的病菌不能存活），翌年春暖后，当苹果树展叶、开花时，越冬病原菌随温度的回升而萌发，病菌随风雨传染，先侵染新生叶片，花期出现蔓延。斑点落叶病和褐斑病在陇东地区一年有两次侵染高峰期。第一次在4月下旬至6月上旬，尤其是展叶20天内的受伤叶片最易侵染，有的叶片4月中下旬就会出现病斑；病菌有时侵染后暂不表现症状而进入潜伏期，待时机成熟（大约7月初）叶片上会出现小的病斑和发病中心。一般5月中下旬病菌滋生较快，6月上中旬侵染春梢叶片。第二次在8月中下旬至9月上旬，病菌侵染秋梢上的嫩枝叶片，也有侵染成熟叶片的，叶片老化、发黄，病情加重提前脱落，形成早期落叶；有时病菌也危害枝条梢部和摘袋后的果实。

一般苹果树开始萌动后，特别是春雨较多的年份，雨水中分生孢子分散、传播到枝干的伤口、皮孔和果实皮孔附近，孢子产生芽管侵入树体，然后潜伏待机蔓延。当温度提高到 20 ℃、相对湿度超过 85％时，引起病菌孢子萌发，然后从叶片侵入（主要侵染 20 天以内叶龄的叶片）；5～6 月开始发病，7 月中下旬随雨季、高温降临病害骤增，8 月进入高发期，严重时果园内膛叶片落光。直接影响果实生长和花芽分化，降低树体抗病能力，甚至导致苹果腐烂病的大发生。

（2）引发原因。

① 果园管理粗放。清园不彻底，病残枝和落叶携带大量病原菌顺利越冬。

② 施肥方法不当。果园不按果树生长规律施肥，缺少有机肥或偏施化肥，施肥不足，造成树势虚弱，抗病性降低。

③ 果园密闭。果树通风透光条件差，夏季高温高湿，有利病菌扩展和蔓延，常引发再次侵染。

④ 留果量大。疏花疏果不严不细，留果量偏多，使树体养分消耗增多，抗病性降低。

⑤ 病虫害防治不及时。不提前预防，不见病叶不防治，防治时间偏迟、偏晚等，发现病叶再喷药已不顶用。

⑥ 防治用药不科学。用药品种、用药次数不完全对路，存在盲目防治现象。

4. 防治技术

（1）认真清园。做好冬、春季两次全面清园，结合冬剪剪除病虫枝，清除残枝、落叶并开沟深埋，减少病源。对果树主干和枝干分权进行涂白，开春结合树体打药清园，再次对树干涂药刷肥，以减轻病害发生。

（2）农业防治。增施有机肥，平衡施肥，覆膜覆草，增施磷钾肥等，在沃土基础上，开展科学修剪，合理留花留果，春季保墒补灌，夏季控氮排水，增强树势和树体免疫力，提高果树抗病性。对郁闭果园，通过开展疏剪、落头、拉枝、间伐和夏季修剪等措施，减小密度，减少枝量，改善树体通风透光条件。

（3）药剂防治。由于早期落叶病存在潜伏期，药剂防治体现"早"字；全年主抓 3 个关键防治期：

① 萌芽前到中心花露红时（3 月中旬至 4 月中旬），喷 5％菌毒清 1 000 倍液或 5 波美度石硫合剂，要求树体、树干和地面一起喷洒，有效消灭越冬病原菌。

② 落花后至苹果套袋前，喷施易保 1 200 倍液、普得金或 3％多氧清 600 倍液、10％多抗霉素 1 000 倍液等 1～3 次，与此同时，对有红蜘蛛、金纹细蛾等危害的果园，配合喷施苦参碱、吡虫啉等杀虫剂，防治害虫传播病菌；对无虫果园不用吡虫啉，禁用毒死蜱。

③ 果实套袋后，每隔半月喷施一次福星 8 000～10 000 倍液，金力士 5 000～7 500 倍液，杀菌优、扑海因、扑菌灵 600～800 倍液，或 1：2：200 波尔多液、50％丙森锌 800 倍液、10％多抗霉素 1 200 倍液、12.5％烯唑醇 800 倍液等，连

喷 2～3 次。另外，如果在 5～8 月，当果园发现初期病斑后或叶片有病斑出现时，应选先喷丙环唑药液，连喷 2 次控制落叶病初期蔓延，然后及时喷保护性杀菌剂波尔多液（每次喷药间隔 12～15 天），注意轮换用药。在多雨年份，须在雨后第一个晴朗无云的天气及时补喷药剂（不受喷药间隔时间的限制）。总之，病害严重地区全年喷防次数一般应在 6 次左右。

（四）炭疽病

炭疽病是陇东果区苹果果实上的主要病害，果园发生率一般在 5％左右，特别是管理粗放的果园发病率相对较高。

1. 危害症状　炭疽病主要危害果实，也可危害果台、破伤枝及衰弱枝等。果实受害，多从近成熟期开始发病，初为褐色小斑点，外有红色晕圈，表面略凹陷或扁平；扩大后呈褐色至深褐色，圆形或近圆形，表面凹陷，果肉腐烂。腐烂组织向果心呈圆锥状，有苦味，故又称"苦腐病"。当果面病斑扩展到 1 厘米左右时，从病斑中央开始逐渐产生呈轮纹状排列的小黑点，潮湿时小黑点上可溢出粉红色黏液。有时小黑点排列不规则，散生；有时小黑点不明显，只见到粉红色黏液。病果上病斑数目多为不定，常几个至数十个，病斑可融合，严重时造成果实大部分腐烂果台、破伤枝及衰弱枝受害，症状不明显，但潮湿时病部可产生小黑点及粉红色黏液。

2. 发生特点

炭疽病是一种高等真菌性病害，病菌主要以菌丝体在枯死枝、破伤枝、死果台及病僵果上越冬，也可在刺槐上越冬。第二年苹果落花后，潮湿条件下越冬病菌可产生大量病菌孢子，主要通过风雨传播，从果实皮孔、伤口或直接侵入危害。病菌从幼果期至成熟期均可侵染果实，但前期发生侵染的病菌由于幼果抗病力较强而处于潜伏状态，不能造成果实发病，待果实近成熟期后抗病力降低后才导致发病。该病具有明显的潜伏侵染现象。近成熟果实发病后产生的病菌孢子（粉红色黏液）可再次侵染危害果实，该病在田间有多次再侵染。炭疽病的发生轻重，主要决定于越冬病菌数量的多少和果实生长期的降雨情况。降雨早且多时，有利于炭疽病菌的产生、传播、侵染，后期病害发生则较重。刺槐是炭疽病菌的重要寄主，果园周围种植刺槐，可加重该病的发生。果园通风透光不良，树势衰弱，树上有许多枯死枝条，也可加重炭疽病的发生。

3. 防治技术

（1）消灭越冬菌源。一是结合修剪，彻底剪除枯死枝、破伤枝、死果台等枯死及衰弱组织。二是发芽前彻底清除果园内的病僵果，尤其是挂在树上的病僵果。三是不要使用刺槐作果园防护林，若已种植刺槐，应尽量压低其树冠，并注意喷药铲除病菌。四是生长期及时摘除树上病果，减少园内发病中心，防止扩散蔓延。五是发芽前，全园喷施 1 次铲除性药剂，如 30％戊唑·多菌灵悬浮剂 400～600 倍液、60％铜钙·多菌灵可湿性粉剂 100～600 倍液、77％硫酸铜钙可湿性粉剂 300～400 倍液或 45％代森铵水剂 200～300 倍液等，铲除树上残余病菌，并注意喷洒刺槐防护林。

（2）加强栽培管理。果实尽量套袋，这样不仅可以提高果品质量，降低果实农药残留，而且还可在套袋后阻止病菌侵染果实，减少喷药次数，可谓"一举多得"。增施农家肥及有机肥，增强树势，提高树体抗病能力，减轻病菌对枯死枝、破伤枝等衰弱组织的危害，降低园内病菌数量。合理修剪，使树冠通风透光，降低园内湿度，创造不利于病害发生的环境条件。

（3）生长期药剂防治。药剂防治的关键是适时喷药和选用有效药剂。一般从落花后 7～10 天开始喷药，10 天左右 1 次，连喷 3 次药后套袋；不套袋果则需连续喷药至采收前或降雨结束，并特别注意冰雹后及时喷药。具体喷药时间根据降雨情况决定，尽量在雨前喷药。炭疽病的发生特点与果实轮纹病相似，结合果实轮纹病防治即可基本控制炭疽病的发生危害。对炭疽病防治效果好的药剂有：30％龙灯福连悬浮剂 1 000～1 200 倍液、70％甲基硫菌灵可湿性粉剂或 500 克/升悬浮剂 800～1 000 倍液、70％多菌灵悬浮剂 800～1 000 倍液、50％多菌灵可湿性粉剂 600～800 倍液、45％咪鲜胺乳油 1 500～2 000 倍液、20％戊唑醇水乳剂 2 000～2 500 倍液、80％代森锰锌可湿性粉剂 800～1 000 倍液、50％克菌丹可湿性粉剂 600～800 倍液、25％溴菌腈可湿性粉剂 600～800 倍液、90％三乙膦酸铝可溶性粉剂 600～800 倍液、10％苯醚甲环唑水分散粒剂 1 500～2 000倍液等。用刺槐作防护林的果园，每次喷药均应连同刺槐一起喷洒。

（五）苹果白粉病

1. 发病症状

苹果树白粉病是真菌引起的病害。病菌主要危害苹果树的幼芽、新梢、嫩叶、花和幼果。从病芽发出的新梢、叶丛和花器往往全都染病，布满白粉。染病新梢，节间缩短，叶形变狭，叶缘卷曲，质脆而硬，渐变褐色，冬季落叶后病梢呈灰白色。受害花器，多不能开花，即使开花，花瓣狭小变形，呈黄绿色，也不能坐果。叶片受侵染后，叶背面产生灰白色粉状病斑，叶正面颜色浓淡不均，凹凸不平，叶片皱缩扭曲，布满白粉。新梢顶端受害后抽出的叶片细长，呈紫红色，发育停滞。幼果受害后，多在萼洼或梗洼处产生白粉，后来白粉脱落，形成锈斑。

2. 发病规律

病菌以菌丝体在冬芽的鳞片间或鳞片内越冬。春季随着芽的萌发，越冬菌丝产生分生孢子经气流传播传染。4～9 月为病害发生期，其中 4～5 月气温较低，枝梢组织幼嫩，为白粉病发病盛期。待秋梢出现幼嫩组织时，又开始第二次发病高峰。该病的流行与气候和栽培条件有关，春季温暖干旱的年份有利于前期发病，夏季多雨凉爽、秋季少雨则有利于后期发病。地势低洼、栽植过密、偏施氮肥尤其是缺钾、管理粗放、树冠郁闭和枝条细弱等均有利于发病。

3. 防治方法

（1）农业防治。一是结合冬剪，彻底去除病枝梢和病芽，注意连同顶芽以下 2、3、4 个侧芽一起剪掉。二是早春萌芽后要及时检查，摘除病叶丛、病花丛、病芽、病梢，并带出果园集中烧毁或深埋。三是增施有机肥，适当控制氮肥使用量，注意氮、磷、钾配合使用。四是修剪上注意降低群体和个体密度，改善果园的通风透光条件，保证果树健壮生长，提高抗病力。

（2）药剂防治。一是清园。在苹果树发芽前，全树喷布 5 波美度石硫合剂，以铲除越冬病菌。二是花序分离期喷布 25％三唑酮可湿性粉剂 2 000 倍液或 12.5％烯唑醇可湿性粉剂 2 000 倍液或 6％氯苯嘧啶醇可湿性粉剂 1 000～1 500 倍液或 30％醚菌酯·啶酰菌胺悬浮剂 2 000～4 000 倍液或 10％己唑醇乳油 3 000～4 000 倍液或 40％腈菌唑可湿性粉剂 6 000～8 000 倍液或 70％甲基硫菌灵悬浮剂 800～1 200 倍液。三是套袋后喷一次 50％克菌丹可湿性粉剂 400～500 倍液或 50％灭菌丹可湿性粉剂 200～400 倍液或 3％多氧清水剂 400～600 倍液或 2％嘧啶核苷类抗生素水剂 200 倍液或 10％多抗霉素可湿性粉剂 1 200 倍液。

（六）苹果锈病

随着城乡绿化步伐加快，苹果锈病在城镇和新农村周边一些果园严重发生，特别在主干公路两侧、机关、学校、村部和墓地周围凡有桧柏、刺柏、龙柏附近栽植的果园，几乎每年都发生锈病，有的发生率高达 100％，就是距离 1 千米以上的果园，发病率都在 10％左右。大部分造成苹果树早期落叶，树势衰弱，严重影响果树产量和果品质量。

1. 发病症状 苹果锈病又称赤星病，病原菌属于真菌类的山田胶锈菌，病菌危害苹果树叶片以及新梢和幼果。叶片受害症状最初在叶片背面出现油亮的橙黄色小圆点，直径 1～2 毫米，有光泽，上面密生针尖大的小点。以后病斑扩大，叶片病部逐渐增厚，中央颜色渐深，外围较浅，中央长出黑色小点，病斑变厚变硬，叶面隆起，叶背病斑长出许多丛生的黄褐色或灰褐色细管毛状物，即病菌的锈孢子器。一张叶片上可能发生数个至数十个斑，发病严重时病叶提早脱落。叶柄染病，病部显纺锤形橙黄色稍隆起，上面着生性孢子器及锈孢子器；新梢染病，初与叶片受害相似，后期病部凹陷，龟裂，易折断。果实染病在萼洼处呈 0.5 厘米黑色斑点。

2. 发生规律 病原菌为转主寄生菌（病菌的生活史一段时间在苹果树上寄生，另一段又会转到桧柏树上寄生），只有辗转在两种不同寄主上寄生才能完成生活史。转主寄主目前主要有桧柏、高塔柏、新疆圆柏、欧洲刺柏、希腊柏、翠柏、龙柏等。苹果锈病主要在苹果开花后 50 天内侵染。上年或前些年发生过锈病的果园，当年也一定会再次发病，其发病的轻重主要取决于花后 50 天内的降雨。当遇到低温多雨、阴冷条件，桧柏上的病菌冬孢子角迅速吸湿膨大，产生小孢子，传播和侵染苹果的叶片、嫩梢和幼果。病菌传播半径可达 5 千米左右，一般在苹果树开花前后发病。7月，苹果树上的病菌产生锈孢子，锈孢子不侵染苹果，转而会侵害桧柏的新梢或嫩叶，来年形成冬孢子角，产生小孢子。小孢子不侵染桧柏，只能侵染苹果树。苹果锈病的发生不仅与桧柏等常绿树有关，而且与苹果开花前后的降雨情况密切相关，春雨早、降雨多的年份发生早病害重，春旱年份发生晚或发生轻微甚至不发生。此病形成的病瘤在苹果上极易诱发苹果树枝溃疡。

3. 防治技术

（1）合理规划。规划苹果园附近5千米以内坚决禁止栽植桧柏、龙柏和刺柏等苹果锈病转主寄生，以切断侵染循环，减少防控成本，确保苹果树体和果品食用安全。

（2）铲除寄主。在苹果园附近已有桧柏、刺柏等寄主植物时，及时挖走移栽或予以铲除。如不能移走或不宜砍除寄主植物时，冬前及时剪除柏树等寄主植物上的菌瘿并集中烧毁。开春对苹果树、柏树同防同治锈病病菌，早春下雨前在桧柏等柏树上喷1～2次5波美度的石硫合剂，控制冬孢子萌发。

（3）及早预防。自苹果开花后50天内，陇东地区5月中上旬如果出现降雨，应在降雨后6～12天，每天检查苹果叶片正面有无锈病斑（铁锈红小点）出现，如果出现病斑，且病叶率超过5％，应在症状出现的当天喷施杀菌剂。锈病凸显症状后，每过1天药剂的防治效果就会降低20％，症状出现3天后，药剂就很难控制病斑扩展。

（4）强化管理。加强冬季修剪，增强树体风光通透；增施农家肥，生长期喷施钙、磷、钾肥，提高果树抗病能力。

（5）喷药防治。

① 花露红至花序分离期，结合其他病害防治喷施稍高浓度的内吸性杀菌剂，以保护花期的幼叶幼果不受病菌侵染。药剂可选用40％氟硅唑（福星）6 000倍或10％苯醚甲环唑（世高）2 000倍液或43％戊唑醇3 000倍液。

② 花后7～10天和花后20～25天，结合其他病害防治各喷施1～2次20％三唑铜2 000倍液加70％甲基硫菌灵1 000倍液，有较好的防治效果。

③ 自苹果开花后的50天内，如果病情没有控制，再喷施一次三唑类杀菌剂，可选用40％福星8 000倍液或43％唑醇4 000倍液或10％苯醚甲环唑1 500倍或12.5烯唑醇1 000倍液。

为提高防治效果，要合理选用施药器械，正确规范操作，喷孔细，药液雾化好；喷药做到均匀、细致、周到；主要喷施苹果嫩叶、嫩芽背面。

（七）苹果缺钙症

苹果缺钙病在陇东果区表现的比较突出，果园发病率在80％左右，成为影响果品质量的主要病害之一。

1. 发病症状 缺钙症主要表现在果实上，是苹果成熟期和贮藏期常发生的一种生理性病害，主要有以下 5 种类型。

（1）痘斑型。初期在果实表皮下产生褐色病变，表面颜色较深，有时呈紫红色斑点，后病斑逐渐变褐枯死在果实表面上形成褐色下陷坏死干斑，直径 2～4 毫米。病斑散生，病斑下果肉坏死干缩呈海绵状，病变只限浅层果肉，味苦。

（2）苦痘型。症状特点与痘斑型相似，只是病斑较大，直径达 6～12 毫米，多发生在果实萼端胴部，在绿色或黄色品种上呈浓绿色，在红色品种上则呈暗红色，而且病斑稍凹陷。后期病斑部位果肉干缩，表皮坏死，会显现出凹陷的褐斑，深达果肉 2～3 毫米，有苦味。轻病果上一般有 3～5 个病斑，重的 60～80 个，遍布果面。

（3）糖蜜型。有的也叫"水心病"。病果表面出现水渍状斑点或斑块，透明似蜡；剖开果面，果肉内散布许多水渍状半透明斑块，或果肉大部分呈水渍半透明状，似"玻璃质"。病果甜味增加，贮藏后，果肉会逐渐变褐甚至腐烂。

（4）水纹型。病果表面产生许多小裂缝，裂缝表面木栓化，似水波纹状。有时裂缝以果柄或萼洼为中心，似呈同心轮纹状。裂缝只在果皮或表层果肉，一般不深入果实内部，不造成实际产量损失，仅影响果实的外观质量。富士苹果发病较重。

（5）裂纹型。症状表现与水纹型相似，只是裂纹少而深，且排列没有规则。病果采收后易导致果实失水干缩。

有时在一个病果上会出现两种或多种症状类型。

2. 发病原因 黄土高原地区土壤有机质含量低，钙元素缺乏，常常造成树体生理性缺钙，所以是由缺钙引起的生理性病害。同时，由于修剪过重，偏施、晚施氮肥，树体过旺及肥水不良、土壤瘠薄、果实生长期降水量大，都会加重病害发生。钙在土壤中的流动性较差，苹果缺钙症的发生主要与果实中的氮、钙含量及其比例有关。果园施氮过多会影响苹果对钙的吸收，因此，果个偏大的果实含钙量低，发病就较重。

3. 防治方法

（1）改善栽培管理条件。增施有机肥和绿肥，改良土壤，严防偏施和晚施氮肥，防止过量氨态氮的积累。合理修剪，适量留果，减少特大果的生产。适时套袋，幼果从坐果到套袋的天数要大于 40 天，通过太阳照射增加果实对钙的吸收。适时采收，防止果实过度成熟。

（2）叶面、果实喷钙。盛花期后隔 2 周喷 1 次氨基酸钙或速效钙，直到采收；或红色品种在发病前 2～3 个月喷氯化钙150～200 倍液；黄色、绿色品种喷硝酸钙共 4～6 次，但应注意，气温高于 21 ℃易发生药害，所以喷洒前应试喷，以确定适当浓度。二是增施钙肥，秋施基肥时增施骨粉既增加有机质又补充了钙。

（3）加强贮藏期管理。果实采收后立即放入 1 ℃的预冷池中冷却，入库前用

2％～8％钙盐溶液浸渍果实，如8％氯化钙、1％～6％的硝酸钙等。贮藏期要控制库内温度不高于2℃，并保持良好的通透性，不仅延长贮藏寿命，还可减少病害发生。

（八）苹果缺铁症

1. 危害症状　苹果树缺铁会出现叶片发黄，也叫黄化病，以新梢叶片受害最重。初期，叶肉变黄，叶脉仍保持绿色，叶片呈绿色网纹状，随病情加重，除主脉及中脉外，细小支脉及绝大部分叶肉全部变成黄绿色或黄白色，新梢上部叶片大都变黄或黄白色，严重时病叶全部呈黄白色，叶缘开始变褐枯死，甚至新梢顶端枯死，呈现枯梢现象。

2. 发生特点　黄叶病是一种生理性病害，由于树体缺铁造成，即土壤中缺少苹果树可以吸收利用的铁元素（二价铁离子）。铁是叶绿素的组成成分，当铁在土壤中形成难溶解的三价铁盐时，苹果树不能吸收利用，导致叶片缺铁黄化。土壤瘠薄、有机肥施用少的土壤容易缺铁；砧木类型影响铁的吸收，如SH系砧木在碱性较大的土壤栽植黄化病较重，盐碱地或碳酸钙含量高的土壤容易缺铁；大量使用化肥，土壤板结的地块容易缺铁；土壤黏重，排水不良，地下水位高，容易导致缺铁；根部、枝干有病或受损伤时，影响铁元素的吸收传导，树体容易表现缺铁症状。

3. 防治技术

（1）优选砧木。碱性土壤尽量不用SH系砧木。

（2）加强肥水管理。增施农家肥、绿肥等有机肥，改良土壤，使土壤中的不溶性铁转化为可溶性铁，以便树体吸收利用。结合施用有机肥土壤混施二价铁肥，补充土壤中的可溶性铁含量，一般每株成年树根施硫酸亚铁0.5～0.8千克。盐碱地果园适当灌水压碱，并种植深根性绿肥。低洼果园，及时开沟排水。及时防治苹果枝干病害及根部病害，保证养分运输畅通。根据果园施肥及土壤肥力水平，科学确定结果量，保证树体地上、地下生长平衡。

（3）及时树上喷铁。发现黄叶病后及时喷铁治疗，每7～10天喷1次，直至叶片完全变绿为止。常用有效铁肥有：螯合铁2 000倍液、黄腐酸二胺铁200倍液、铁多多500～600倍液、黄叶灵300～500倍液、硫酸亚铁300～400倍液＋0.05％柠檬酸＋0.2％尿素的混合液等。

（九）苹果小叶病

1. 危害症状　小叶病主要危害枝梢，使枝梢上叶片变小。病枝节间短，叶片小而簇生，叶形狭长，质地脆硬，叶缘上卷，叶片不平展，严重时病枝逐渐枯死。病枝短截后，下部萌生枝条仍表现小叶。病枝上不能形成花芽；病树长势衰弱，发枝力低，树冠不能扩展，显著影响产量。

2. 发生特点　小叶病是一种生理性病害，由于树体缺锌引起。根系损伤严重的易缺锌，如机械耕作；修剪较重或造成枝干对口伤的易缺锌；有机肥使用少的地块易缺锌；长期使用除草剂的果园易缺锌；沙地、碱性土壤及瘠薄地果树容易缺锌；长期施用速效化肥、土壤板结影响锌的吸收利用，土壤中磷酸过多可抑制根系对锌的吸收，钙、磷、钾比例失调时影响锌的吸收利用，造成果树缺锌。

3. 防治技术

（1）加强果园栽培管理。增施农家肥、绿肥等有机肥，并配合施用锌肥，改良土壤。沙地、盐碱土壤及瘠薄地，在增施有机肥的同时，按比例科学施用氮、磷、钾、钙及中微量元素肥料。果园尽量少用除草剂。与有机肥混合施用锌肥时，一般每株需埋施硫酸锌 0.5~0.7 千克。改良土壤及土壤补锌是防治小叶病的根本。

（2）及时树上喷锌。对于小叶病树或病枝，萌芽期喷施 1 次 3%~5%硫酸锌溶液，开花初期再喷施 1 次 0.2%硫酸锌＋0.3%尿素混合液、氨基酸锌 300~500 倍液或锌多多 500~600 倍液，可基本控制小叶病的当年危害。

（十）苹果花叶病

1. 危害症状　花叶病为病毒性病害，因病毒类别及品种不同主要分为 4 种类型：

（1）轻型花叶型。症状表现最早，叶片上有许多小的黄绿色褪绿斑块或斑驳，高温季节症状可以消失，表现为隐症。

（2）重型花叶型。叶片上有较大的黄白色褪绿斑块，甚至褐色枯死斑，严重病叶扭曲畸形，高温季节症状不能消失。

（3）黄色网纹型。叶片褪绿主要沿叶脉发生，叶肉仍保持绿色，褪绿部分呈黄绿色至黄白色。

（4）环斑型。叶片上产生圆形或近圆形的黄绿色至黄白色褪绿环斑。

2. 发生特点　花叶病是一种全株型病毒性病害，病树全株都带有病毒，终生受害。主要通过嫁接传播，无论接穗还是砧木带毒均能传病；农事操作也可传播，但传播率较低。轻病树对树体影响很小，重病树结果率低，甚至丧失结果能力。管理粗放果园危害重，蔓延快。

3. 防治技术

（1）培育和利用无病苗木。这是预防花叶病的最根本措施。利用组培育苗技术生产无病毒的砧木和品种；大田育苗时选用无病实生砧木，坚决避免在病树上剪取接穗；苗圃内发现病苗，彻底拔除销毁；严禁在病树上嫁接繁育新品种，并禁止在病树上取接穗进行品种扩繁。

（2）加强栽培管理。对轻病树加强肥水管理，增施有机肥及农家肥，适当重剪，增强树势，可减轻病情危害。对于丧失结果能力的重病树，及时彻底刨除。

（十一）苹果根腐病

苹果根腐病在黄土高原果区普遍存在，大多是在苗木调入时从圃地中带入，发病株率在5％左右，严重的影响园相、园貌和果树产量、质量，有的造成树体死亡。

1. 发病症状 苹果根腐病主要有：圆斑根腐病、紫纹羽病、白绢病、白纹羽和根朽病五种。它们大多发生在老果园、滩地或土质黏重、排水不良的果园或者干旱缺肥、土壤板结、水肥易流失、大小年现象严重以及管理粗放的果园。另外，其他病虫害危害重的果园根腐病发生也严重。根腐病是一种分布最广、危害最重的烂根病。可广泛地寄生在苹果植株上造成危害，常常造成植株生长缓慢、树体矮小、挂果迟、产量低。

根腐病菌从早春根部开始萌动即可在根部危害，地上部要到发芽展叶后才表现。病菌首先危害根毛、小根再蔓延至大根，病初先在须根基部形成红褐色圆斑，病部皮层腐烂再扩大至整段根变黑死亡。病轻时，病根可反复产生愈伤组织和再生新根。地上部由于受多种因素影响而表现出不同的症状类型。

2. 发病规律 苹果根腐病的病菌系土壤习居菌，即尖孢镰刀菌、茄属镰刀菌、弯角镰刀菌等高等真菌，这些病菌在土壤中大量存在并长期进行腐生生活，也可寄生于果树根部，并且表现弱寄生，就是当树势强健时几乎不发病，只有当树势衰弱时才可能发病。

3. 防治方法

（1）园地改良。秋季全园深翻，增施有机肥，深化土层。肥力差的果园，可多种绿肥，增施钾肥，施肥量一般以每50千克果施用纯氮350克、磷150克、钾350克为宜。生长季节及时中耕锄草及保墒。盐碱地、低洼地，挖好排水沟，以便雨季排水防涝。冬季进行合理修剪，控制大小年，保持树势健壮。

（2）土壤消毒。发病较普遍、较重的果园，在病区周围挖1米以上深沟，防止病菌向外蔓延。对病园进行翻耕晾晒，也可用福尔马林200倍液浇灌土壤，然后覆膜熏杀病菌。

（3）灌根防治。在早春和夏末进行扒土晾根，刮治病部或截除病根或用77％多宁（硫酸铜钙）可湿性粉剂500～600倍液、50％多菌灵可湿性粉剂600～800倍液、70％甲基硫菌灵可湿性粉剂800～1 000倍液、45％代森铵水剂500～600倍液稀释进行灌根，小树每株灌7.5～10千克，大树每株灌15～25千克。

二、害虫诊断与防治

（一）蚜虫类

1. 苹果黄蚜、苹果瘤蚜

（1）危害症状。黄蚜、瘤蚜是陇东果区主要害虫，均以成虫和若虫群集危害苹果的嫩梢、嫩芽和嫩叶，黄蚜受害叶片向叶背面横卷，瘤蚜受害叶片向背后纵卷成双筒状，叶肉组织增厚，影响新梢生长发育。严重时嫩梢、嫩叶皱缩不平变色，甚至使叶片早落，新梢生长受阻。

（2）特征习性。

① 黄蚜无翅胎生雌蚜，体黄色至黄绿色，头浅黑色；有翅胎生雌蚜体黄褐色；若蚜体鲜黄色。一年发生 10 余代，以卵在枝条基部和裂皮缝隙越冬。第二年苹果萌芽后开始孵化，若蚜集中到芽和新梢嫩叶上危害，并陆续孤雌生殖胎生后代。5～6 月主要以无翅胎生繁殖，是苹果新梢受害的盛期；气候干旱时，蚜虫种群数量繁殖快，危害重。进入 7 月后产生有翅蚜，迁飞至其他寄主植物危害。10 月产生有性蚜，有性蚜交尾后陆续产卵越冬。

② 瘤蚜无翅胎生雌蚜，体长 1.4～1.6 毫米，暗绿色，近纺锤形，头淡黑色，复眼暗红色，胸部主腹部背面有黑色横带；腹管长筒形，末端稍细，具瓦状纹。一年发生 10 代，以卵的形式在一年生枝条芽缝、剪锯口等处越冬。5～6 月危害最重，盛期在 6 月中下旬，9～10 月出现有性蚜，交尾后产卵，以卵越冬。由于受害叶片背向纵卷药剂较难防治。

（3）防治方法。ⓐ苹果发芽前喷 3～5 波美度石硫合剂或 5% 柴油乳剂可消灭越冬卵。ⓑ在果树生长期，新梢上蚜虫数量迅速上升期（多为 5 月中下旬）开始喷药，7～10 天喷 1 次，连喷 2 次，常用药剂有吡虫啉、啶虫脒、阿维菌素以及高效氯氰菊酯。ⓒ药液涂干。苹果瘤蚜当叶片卷曲后较难喷药防治，可用 5% 啶虫脒乳油 15～20 倍液用毛刷沿主干或受害枝条下部主枝涂药一圈，宽度约为主干或主枝的半径至直径。若树皮较厚先用刀刮去老翘皮再涂药，涂药后用塑料膜包扎，5～7 天后及时取下膜。ⓓ有条件地区可人工饲养与释放草蛉和瓢虫，引进日光蜂，进行生物防治，注意保护天敌。

2. 苹果绵蚜

（1）发生传播。苹果绵蚜又名赤蚜、血色蚜、血色蚜虫、绵蚜、白毛虫、山楂卷叶绵蚜，俗名棉花虫、白毛虫，是《中华人民共和国进境植物检疫潜在危险性病、虫、杂草（三类有害生物）名录（试行）》中涉及的重要检疫害虫之一。苹果绵蚜原产于北美洲东部，此后随苗木传播发展至欧洲、大洋洲和亚洲 70 多个国家和地区，其发生特点是繁殖力强，寄主范围广，危害严重，严重影响苹果树势和果品产量及品质，危害一般造成减产 10% 左右，重者达 30% 以上，并使果树早衰枯死。苹果绵蚜 1914 年传入我国山东威海，2005 年 8 月苹果绵蚜在甘肃首次出现记录，随后甘肃省将列入补充检疫性林业有害生物之一。

（2）形态特征。

① 成虫。有翅胎生雌蚜（即有翅雌蚜）体长 1.7～2.0 毫米，翅展 5.5 毫米左右，暗褐色，头胸部黑色，腹背部覆有较少蜡质白绵毛状物；复眼暗红色，单眼 3 个深红色，有眼瘤。无翅胎生雌蚜（即无翅雌蚜）体长 1.8～2.2 毫米，椭圆或卵圆形，腹部显著膨大（肥大），暗红至暗红褐色，腹背部覆有较多的白绵毛状物，体侧有瘤状突起，无额瘤；有性蚜蚜体有少许白色绵状物，触角丝状 5 节，口器退化；雌蚜体长 1.0 毫米，体宽 0.4 毫米，淡黄褐色，头、触角、

足均为淡黄绿色，腹部赤褐色；雄蚜体长 0.6～0.7 毫米，黄褐色，腹部分节明显，各节中部隆起。

② 若虫（即若蚜）。共 4 龄。1 龄时为扁平圆筒形，黄褐色，体长 0.65 毫米；2 龄后渐变为圆锥形，红褐色，触角 5 节，体长 0.8 毫米；3 龄体赤褐色，腹背被白绵毛状物但比 4 龄老熟若蚜要少，体长 1.0 毫米；4 龄时体长 1.4～1.8 毫米，与成虫蚜体相似，体上有白色蜡绵。有翅若蚜（即有翅基蚜）与无翅若蚜 3 龄以下很难区分，到 4 龄时，有翅若蚜体上有两个较小的黑色翅蚜。

③ 卵。椭圆形，长 0.5 毫米左右，宽 0.2 毫米左右，一端略大精孔突出，表面光滑，外被白粉，初产为黄色或橙黄色，较大时渐变形为褐色。

（3）危害症状。苹果绵蚜虫体多分泌白色绵状的蜡质，似棉絮状，虫体暗褐色，有有翅、无翅之分，常以成、若虫群集剪锯口、旧伤口、树干、新梢及根部、果实上。成、若虫群集枝干、新梢及根部刺吸汁液，果树的干部被害初期逐渐隆起形成瘤状突起，即被害部皮层肿胀渐成瘿瘤，后破裂形成大小、深浅不一的畸形伤口，削弱树势造成落叶、落果、重者枯死；此虫危害果树根，尤其根基部危害较重，根部受害后肿瘤密集，其刺吸寄主汁液、不能再生新的吸收根，致使根系腐烂，严重的阻止水分、养分的吸收、输导而导致树势衰弱，影响花芽形成和果品产量；幼树受害后树势衰弱而延缓结果，甚至死亡。苹果绵蚜还危害果实梗、萼洼处，使其失去商品价值，并容易引发其他病虫危害。

（4）生活习性。苹果绵蚜全年发生数量常形成两次高峰或称为蔓延期。第一次高峰在 5 月中旬至 7 月中旬，但以 6 月中旬最为集中，苹果绵蚜数量急剧增加，成为全年数量最多、危害最重的时期。第二次高峰常在 8 月下旬至 10 月上旬出现，但以 9 月下旬最为集中，这次数量高峰为越冬苹果绵蚜的基数奠定了基础。自 9 月下旬至 10 月中旬发生大量 1 龄若虫四处散发蔓延，到 10 月中旬，当旬平均气温降到 7 ℃左右时，大部分绵蚜转入越冬状态，主要以 1～4 龄若虫（其中 3 龄若虫占 74.2%）在腐烂病疤、剪锯口、粗皮裂缝等处或在根基部群集、群聚越冬。等到来年春季，重新开始危害。7～8 月天气炎热，雨多温度高，再加上天敌（特别是七星瓢虫、日光蜂、异色瓢虫，草青蛉）大量发生，绵蚜数量常急剧下降。但在个别年份，由于天气变化，这一时期的苹果绵蚜也会出现一次小的高峰，但峰值较低。

（5）传播途径。苹果绵蚜短距离的传播途径主要有人、畜、鸟类、昆虫、农具、果箱等包装器材携带传播，常将苹果绵蚜传到其他无害的果园；夏季有翅蚜的飞迁，若蚜的爬行，可迁移到邻近果树上去，风力将带有若蚜的绵毛吹起传播蚜虫。苹果绵蚜的远距离传播，主要是苗木、接穗、果实和包装器材的携带传播。

（6）综合防治。

① 严格检疫，科学防控。绵蚜是检疫性害虫，必须严格检疫，严禁从疫区

新调苗木接穗，加强果品市场检疫监督，严把产地及调用检疫关。

② 加强土肥水基础管理，增施有机肥，复壮树势；合理修剪，通风透光，合理负载，增强树势，提高树体抗病虫害能力。

③ 在初冬和早春，结合休眠期清园和腐烂病防治，刮除树干翘皮、树洞、伤口等处的绵蚜，随后涂 1 000 倍 48%毒死蜱乳油剂或 1 500 倍新绵贝（20%毒死蜱乳油剂）。

④ 谢花后，在距地面 30～50 厘米处，轻轻刮去树干 5～6 厘米宽的一圈表皮、露出绿色皮部，用金长丰（1.5%苦参碱）、氰戊菊酯 EC＋48%毒死蜱乳油剂或每株树涂 10%吡虫啉药液 5 毫升涂抹茎环，然后用纸（或脱脂棉）包扎后再涂湿，并用塑料膜包扎好，涂药 10 天后去掉塑料膜。

⑤ 生长季节彻底铲除果园特别是树干周围的杂草和残枝落叶等，减少苹果绵蚜的滋生场所。

⑥ 在苹果绵蚜发生果园，在果树发芽前，选用内含溶蜡消絮酶成分的毒死蜱系列药剂，全树喷防，效果很好。由于苹果棉蚜越冬、危害场所比较隐蔽，加之虫体较小且外被白色蜡絮，一般药剂很难穿透蜡絮触杀虫体，因此，防治不但要选好药，而且对树缝、洞、剪据口、翘皮、主枝、主干、枝杈、根颈等绵蚜栖居处应喷透喷足方可，尽可能彻底消灭越冬的 1～4 龄若蚜。

（二）果树叶螨

1. 危害特点　叶螨是黄土高原及陇东果区主要害虫之一，危害苹果的叶螨主要有红蜘蛛（山楂叶螨、苹果全爪螨、果台螨）和白蜘蛛（二斑叶螨），特别是近两年在西北果区出现的白蜘蛛食性广、活动范围小、抗药性强，容易在种群内加速增加。叶螨吸食危害苹果芽、叶的汁液，严重时芽变枯黄而不能展叶；被害叶的组织和叶绿素受到破坏，起初为小黄斑点，严重时全叶变淡黄绿色或枯黄。

2. 形态特征

（1）山楂叶螨。雌成螨体卵圆形，长约 0.5 毫米，4 对足；初蜕皮时红色，取食后变为暗红色。雄成螨体略小，蜕皮初期浅黄色，渐变绿色，后期呈淡橙黄色，体背两侧有黑绿色斑纹。

（2）苹果全爪螨。雌成螨体近圆形，长约 0.5 毫米，4 对足；取食后变为深红色。体表有明显的白色瘤状突起。雄成螨体略小。

（3）果台螨。雌成螨体椭圆形，长约 0.6 毫米；红褐色，取食后变为绿色。若螨初为褐色，取食后变为绿色。

（4）二斑叶螨。雌成螨体椭圆形，长 0.5～0.6 毫米；灰绿色、黄绿色或深绿色，体背两侧各有一个明显褐斑。越冬态雌成螨为橙黄色，褐斑消失。幼螨半球形，淡黄绿色；若螨椭圆形，黄绿色或深绿色。

3. 生活习性

（1）红蜘蛛。一年发生 3～6 代或更多，10 月以成螨于果树的翘粗皮、土缝、果实萼洼、梗洼等处隐藏越冬。立春后气温达到10℃以上出蛰（富士苹果蕾期为出蛰盛期，花期为冬螨产卵盛期），至7月以前各代发生比较整齐，6、7月以后世代重叠，进入发生危害高峰。山楂叶螨不活泼，常以小群在叶背危害、拉丝产卵（卵多产于叶背至叶脉两侧）。全爪螨成虫生性活泼，多集中叶面危害。

（2）白蜘蛛（二斑叶螨）。一年发生7～15代，果树萌芽时日均温10℃以上时出蛰。地面越冬个体先在阔叶杂草取食繁殖（两性生殖，不交尾也产卵），逐步上树危害，6月中旬至7月中旬为危害盛期，连阴雨天气呈下降趋势，后期干旱再度猖獗，9月下旬向杂草转移，10月陆续以成螨在果树的翘破皮、伤口以及杂草、根际土块中越冬。喜群集在叶背面主脉附近吐丝结网（网下危害）。温度25～31℃、相对湿度35％～55％时为繁殖高峰。

4. 防治技术

（1）农业防治。ⓐ在螨类藏身越冬前的8月下旬树干捆绑绑草环或诱虫板诱集越冬螨，12月清园时取除烧毁。ⓑ刮除树干翘皮，清除枯枝落叶，集中深埋或烧毁。

（2）喷药防治。ⓐ萌芽前至开绽期喷施5波美度石硫合剂等，杀灭越冬害螨。ⓑ花蕾分离期喷阿维菌素或螨死净。ⓒ落花后7～10天，喷阿维菌素、哒螨灵防治。ⓓ套袋前后，加入阿维菌素、赛螨酮、四螨嗪、哒螨灵等。白蜘蛛在套袋后大发生时，用25％三唑锡1 000倍液＋齐螨素4 000倍液喷施防治。红蜘蛛发生时可喷25％丁醚脲甲氰菊酯或齐螨素、阿维菌素4 000倍液。

（3）生物防治。注意保护叶螨天敌。如异色瓢虫、草青蛉、小黑花蝽等。有条件的人工释放捕食螨。

（三）卷叶蛾类

苹果卷叶蛾类主要有苹小卷叶蛾、苹褐卷叶蛾、黄斑卷叶蛾、顶梢卷叶蛾、苹大卷叶蛾等。

1. 危害特点　它们均以幼虫危害叶片和舔食果实，幼虫一般吐丝后把几片叶片连缀在一起，从中取食危害，将叶片吃成缺刻、孔洞或网状。危害果实，在果实表面舔食出许多不规则的小坑洼，严重时坑洼连成一片，尤以叶果相贴和两果接触部位最易受害。

2. 形态特征及生活习性

（1）苹小卷叶蛾。主要以幼虫危害叶片和啃食果皮及果肉。幼虫吐丝将2～3个叶片连缀在一起，从中取食，将叶片啃成缺刻或网状。果实受害，表面出现形状不规则的小坑洼连片，尤以叶果相贴和两果接触部位最易受害。老熟幼虫体长13～17毫米，头和前胸背板淡黄色，幼龄时淡绿色，老龄时翠绿色。一年发生3～4代，以2龄幼虫在果树剪锯口、树皮裂缝、翘皮下等处结白色薄茧越冬。翌春，苹果花芽萌动后开始出蛰，中熟品种盛花后期为出蛰盛期，是全年的第一个防治的关键时期。出蛰幼虫先爬到幼芽和幼叶上取食，稍大后吐丝把几个叶缀合在一起取食危害。越冬幼虫很少危害幼果。幼虫老熟后在卷叶内化蛹。6月上旬成虫羽化产卵，卵期6～10天。6月中旬前后为第一代幼虫初孵盛期，是全年防治的第二个关键时期。成虫有较强的趋化性和微弱的趋光性，对糖醋液或果醋趋性甚烈。

（2）苹褐卷叶蛾。主要以幼虫危害叶片和果实。叶片受害和苹小卷叶蛾一样，危害果实时，其啃食的坑洼面积较大。老熟幼虫体长18～20毫米，头近方形，头和前胸背板淡绿色，体深而稍带白色。一年发生3～4代，以幼龄幼虫结白薄茧越冬，越冬部位、出蛰时期及危害习性与苹小卷叶蛾相似。成虫主要产卵于叶背面，有趋光性和趋化性。

（3）黄斑卷叶蛾。主要以幼虫危害叶片。幼虫喜食嫩梢近端的几片嫩叶，吐丝将数张叶片卷成团。1、2龄幼虫仅食叶肉，残留表皮；3龄后残食叶片，咬成孔洞；严重时，叶片千疮百孔，甚至仅留叶脉。老熟幼虫体长约22毫米。一年发生3～4代，以冬型成虫在果园落叶、杂草及砖石缝中越冬，翌年苹果发芽时开始出蛰活动并产卵。开花前为第一代幼虫发生初盛期，也是全年防治第一个关键期。第一代幼虫先危害花芽，再危害叶簇和叶片。以后各代幼虫主要危害叶片，幼虫有转叶危害习性。夏型成虫对黑光灯和糖醋液有一定趋性。

（4）顶梢卷叶蛾。主要以幼虫卷嫩叶危害，影响新梢生长。幼虫吐丝将几个嫩叶缠缀一起呈拳头状，并吐丝用叶背绒毛做成小茧，幼虫潜伏其中。嫩梢顶芽受害后常歪向一侧呈畸形生长。1个虫苞内有3～5头幼虫。虫苞冬季不脱落。老熟幼虫体长8～9毫米，体污白色，头、前胸背板、胸足均为漆黑色。一年发生2～3代，以3龄幼虫在新梢顶端的卷叶虫苞内做白色丝质茧越冬，害虫苞坚硬。1个虫苞内有1至数条幼虫。翌年苹果发芽后，幼虫开始活动，从虫苞内爬出，吐丝将几片嫩叶缠缀在一起，潜于其中危害，老熟后在其内化蛹。6月中旬左右为第一代幼虫初孵盛期。成虫对糖蜜有趋性，白天不活动，夜间交尾、产卵。

3. 防治方法

（1）消灭越冬虫源。结合冬剪剪除叶虫苞。萌芽前刮粗皮、翘皮，破坏越冬场所。清除果园杂草及落叶，集中深埋和烧毁。

（2）用诱虫带、粘虫板诱杀成虫。秋季树干绑草把或包瓦楞纸诱集幼虫。冬春刮老翘皮消灭越冬幼虫。果树生长季节捏死虫苞。有条件的释放赤眼蜂。

（3）物理防治。在果园设置频振式杀虫灯、性诱剂诱捕器，诱杀成虫。

（4）药剂防治。在早春冬眠幼虫出蛰前，在果树剪据口，环割口以及病虫伤疤处刷涂绿色功夫或20.5%阿维除虫脲4 000倍液。在花蕾分离期，及时喷卷易清1 500～2 000倍液、甲维盐＋灭幼脲。在各代成虫和产卵期，喷15%阿维毒死蜱1 500倍液或48%毒死蜱乳油1 000倍液。

（5）悬挂糖醋液，诱杀成虫。

（四）金龟类

金龟类害虫在陇东黄土高原果区发生较多，主要有白星花金龟子、苹毛丽金龟子、黑绒鳃金龟子、小青花金龟子，是危害苹果树叶片的主要害虫。

1. 危害特点

（1）白星花金龟子。在苹果、梨、桃、李、杏、樱桃、葡萄等果树上均有发生，主要以成虫啃食嫩芽、嫩叶、花器及果实。将嫩尖吃光，嫩叶、花器被咬成缺刻，或花器组织被吃光，果实受害被啃成孔洞。

（2）苹毛丽金龟子。又称苹毛金龟子，除危害苹果、梨等果树花器、嫩芽及嫩叶，在苹果开花盛期，成虫食害花蕾，将花瓣咬成缺刻，并食去花丝和柱头，影响开花坐果。

（3）黑绒鳃金龟。又称黑绒金龟子，在苹果果树上主要以成虫危害花芽、花蕾、嫩叶等，影响开花坐果，严重发生时将全株叶片、花芽吃光，幼树受害较重。另外，幼虫在地下危害根部组织，导致树势衰弱。

（4）小青花金龟。又称小青金龟子，在桃、苹果等果树上以成虫危害嫩芽、花蕾、幼叶、花器及果实等，将近成熟果食成孔洞，丧失经济价值。另外，幼虫在土中还可危害根系组织，导致树势衰弱或幼树死亡。

2. 形态特征及发生习性

（1）白星花金龟子。成虫椭圆形，体长 17～24 毫米，宽 9～12 毫米，全体黑铜色，具古铜色或青铜色光泽，体表散布许多不规则白绒斑，足较粗壮，膝部有白绒斑，各足跗节顶端有 2 个弯曲爪。卵圆形或椭圆形，长 1.7～2 毫米，乳白色。幼虫体长 24～39 毫米，常弯曲呈 C 形，俗称"蛴螬"。

白星花金龟一年发生 1 代，以幼虫在土壤中或秸秆沤制的堆肥中越冬。翌年 3 月开始活动，4 月下旬及 5 月上中旬危害粮油作物种子及幼苗，5 月上旬出现成虫，6～7 月为发生盛期。成虫白天活动，有假死性，对酒、醋味有趋性，飞翔力很强，常群聚危害。产卵于土壤中。幼虫（蛴螬）多以土壤中或沤制堆肥中的腐败物为食，一般不危害植物。

（2）苹毛丽金龟子。成虫卵圆形至长卵圆形，体长约 10 毫米，宽约 5 毫米，除鞘翅和小盾片外全体密被黄白色茸毛；头、胸部古铜色，有光泽。卵椭圆形，长 1.5 毫米，初乳白色渐变米黄色，表面光滑。老熟幼虫体长 15 毫米左右，头部黄褐色，胸、腹部乳白色。蛹长卵圆形，长约 13 毫米，初期黄白色，渐变为黄褐色。

苹毛丽金龟子一年发生 1 代，以成虫在土壤中越冬。翌年 3 月下旬开始出土危害，4 月中旬至 5 月上旬危害最盛，成虫发生期40～50 天。成虫危害约 1 周后交尾产卵，卵多产于 9～25 厘米深的土层中，卵期 20～30 天。以 1～2 龄幼虫在10～15 厘米的土层内生活，3 龄后开始下移至 20～30 厘米的土层中化蛹，整个幼虫期 60～80 天。8 月中下旬为化蛹盛期，9 月上旬开始羽化为成虫，成虫羽化后在深层土壤中越冬。成虫有假死性，无趋光性，气温较高时多在树上过夜，气温较低时潜入土中过夜，喜食花器组织。

（3）黑绒金龟子。成虫椭圆形，棕褐色至黑褐色，体长 6～9 毫米，宽 3.5～5.5 毫米，密被灰黑色绒毛，略具光泽，触角 9 节，鳃叶状；后足胫节狭厚，跗节下无刚毛。卵椭圆形，长约 1.2 毫米，初乳白色渐变灰白色。幼虫乳白色至黄白色，体长 14～16 毫米，头部黄褐色，体表被有黄褐色细毛。蛹长 8～9 毫米，初黄色，后变黑褐色。

黑绒金龟子一年发生 1 代，以成虫在土壤中越冬。翌年 4 月成虫开始出土，4 月下旬至 6 月中旬进入盛发期，以雨后出土数量较多。5～7 月交尾产卵，卵多产在 10 厘米深土层内，卵期 10 天左右。成虫出土后在傍晚上树取食危害、觅偶交配，夜间气温下降后又潜入土中。成虫有趋光性和假死性，振动树枝即落地假死不动。成虫寿命 70～80 天。幼虫孵化后，在土壤中以腐殖质和植物嫩根为食，幼虫期 70～100 天，老熟后在 20～30 厘米土层中做土室化蛹。蛹期约 10 天，成虫羽化后在土中越冬。

（4）小青花金龟子。成虫长椭圆形稍扁，长 11～16 毫米，宽 6～9 毫米，暗绿色、绿色、古铜色微红及黑褐色，体色变化较大；头部黑色，触角鳃叶状、黑色；鞘翅狭长，足黑色。卵椭圆形，长约 1.7 毫米，初乳白色渐变淡黄色。幼虫体长 32～36 毫米，头宽 2.9～3.2 毫米，身体弯曲，乳白色，头部棕褐色或暗褐色，俗称"蛴螬"。蛹长 14 毫米，初淡黄白色，后变橙黄色。

小青花金龟子一年发生 1 代，以成虫在土壤中越冬，或以老熟幼虫在土壤中越冬。以幼虫越冬者于早春化蛹、羽化。果树开花期出现成虫，4 月上旬至 6 月上旬为成虫发生期，5 月上中旬进入盛期。成虫白天活动，尤以中午前后气温高时活动旺盛，有群集危害习性，飞行力强，具假死性，夜间入土潜伏或在树上过夜，经取食后交尾、产卵。成虫 5 月开始产卵，持续至 6 月上中旬，卵散产在土中、杂草或落叶下。幼虫孵化后先以腐殖质为食，长大后危害根部、根颈部，老熟后在浅土层中化蛹。成虫羽化后不出土，即在土中越冬。

3. 防治技术

（1）人工防治。利用成虫的假死性，在成虫发生期内于早晨或傍晚振树捕杀，树下铺设塑料布接虫，集中消灭。

（2）土壤表面用药。金龟子发生较重果园，在苹果萌芽期，对树下土壤表面用药，杀灭成虫。一般每 667 米^2 使用 15％毒死蜱颗粒剂 0.5～1 千克或 5％辛硫磷颗粒剂 2～3 千克，均匀撒施于地面，而后浅耙表层土壤；或使用 50％辛硫磷乳油 300～400 倍液或 48％毒死蜱乳油 500～600 倍液，均匀喷洒地面，将表层土壤喷湿，然后耙松表土层。持效期可达 1 月左右。

（3）树上喷药防治。金龟子危害严重时，可在萌芽期至开花前喷药防治 1～

2次。以早晚喷药效果最好，但要选用击倒能力强、速效性快、安全性好的药剂。若在药液中混加有机硅类等农药助剂，可显著提高杀虫效果。

（4）悬挂糖醋液诱杀。

（5）安置振频式杀虫灯诱杀。

（6）树盘覆膜，阻止成虫树盘下入土出土。

（五）苹果桃小食心虫

1. 危害特点　桃小食心虫在苹果、梨、山楂等果树上均有发生，以幼虫蛀果危害。幼虫多从果实胴部蛀入，蛀孔处溢出泪珠状胶质点，俗称"淌眼泪"，不久胶质干涸呈白色蜡质粉末。随果实生长，入果孔愈合成小黑点，周围变形，形成"猴头"状畸形果。被害果实内充满虫粪，形成"豆沙馅"。幼虫老熟后，在果面咬一明显的孔洞而脱果，在土层3厘米深处做茧越冬。

2. 形态特征　桃小食心虫成虫体长5～8毫米，灰白色至灰褐色，前翅中部有一个带光泽的近三角形蓝色大斑，基部及中部有7簇斜立的蓝褐色鳞片。卵呈桶形，橙红色，长0.4～0.5毫米，顶部环生Y形刺。幼虫老熟时体长9～16毫米，头和前胸呈黄褐色，胸、腹橙红色，无臀栉；幼虫越冬茧扁圆形，长为4.5～6毫米。幼虫吐丝连系土粒形成，一端有孔；夏茧纺锤形，长为8～10毫米。

3. 发生习性　桃小食心虫在陇东果区一年发生1代，以老熟幼虫在3～13厘米土层中做茧越冬。脱果后多集中在树冠下0.3～1.0米的范围内，且以树干东北面较多，土壤3～5厘米内占越冬幼虫的80%。翌年5月下旬至7月上旬出蛰，6月中下旬当5厘米地温达到19℃、土壤（降雨）含水量大于10%时是越冬幼虫出土的盛期。幼虫出土后，先在地面爬行一天左右，在土缝、树干基部缝隙及树叶下等处结纺锤形夏茧化蛹。蛹期15天左右。成虫羽化后1～3天上树开始产卵，卵多产于树冠中下部外围果实萼洼处，也可产于萼片或梗洼处。卵期9～11天。初孵幼虫在果面爬行2～3小时后，多从胴部蛀入幼果内危害。7月下旬前蛀果的，果形正常，果实内充满虫粪。在8月上旬至9月下旬前老熟幼虫脱果落地，直接入土做冬茧越冬。

4. 防治方法　根据桃小食心虫"地下越冬，地面化蛹，果上产卵，果内危害、脱果落地，入土越冬"的基本特点，防治桃小食心虫必须坚持树上防治与树下防治结合、人工防治与生物防治结合的原则，处理越冬幼虫以地面防治为主，结合预测预报，及时树上喷药防治。

（1）农业防治。一是秋季结合深翻和施基肥，将树盘10厘米土壤深翻至施肥坑下部，下部生土撒于地表，将其消灭。二是秋季或春季在树盘1.50米范围内覆盖地膜，既可抗旱保墒，又可阻止越冬幼虫出土羽化的成虫飞出。三是尽量果实套袋，阻止幼虫蛀果。

（2）人工防治。果实套袋前检查树冠外围果实，当发现果实胴部表面有胶质干涸呈白色蜡质粉末或"流眼泪"时有可能是幼虫的残留物，或已发现是虫果时，及时摘除树上虫果、捡拾落地虫果，集中深埋，消灭果内幼虫。

（3）诱杀雄成虫。从5月中下旬在果园内悬挂桃小食心虫的性诱剂，每667米² 2～3粒，诱杀雄成虫。45天左右换一次诱芯。周边所有苹果园都要使用该项措施，即可消灭桃小，否则，不发挥作用。

（4）地面药剂防治。越冬幼虫开始出土时进行地面用药，使用48%毒死蜱乳油300～500倍液或48%毒·辛乳油200～300倍液均匀喷洒树盘土壤表面，消灭越冬代幼虫。5月中下旬降雨后是陇东果区桃小食心虫地面防治的关键时期。也可用桃小食心虫成虫性引诱剂测报，决定施药日期。

（5）树上喷药防治。这是防治桃小食心虫成虫的关键措施。一般地面用药后20～30天树上喷药防治，或在卵期或初孵幼虫蛀果前树上喷药；也可通过性诱剂测报，在出现诱蛾高峰期立即喷药。一般每隔7～10天喷一次药，连喷3次。常用的有效药剂：48%毒死蜱乳油1 200倍液、48%毒·辛乳油1 000～1 500倍液、4.5%高效氯氰菊酯乳油或水剂1 500～2 000倍液。要求喷药必须及时、周到、均匀。

（六）苹果吉丁虫

1. 危害症状　苹果吉丁虫是国内检疫性害虫，在陇东部分果区均有发生。幼虫在枝干皮层内蛀食，危害部位常流出红油，造成皮层干裂枯死。

2. 发生规律　苹果吉丁虫一般三年发生2代，有的两年完成1代。以不同龄期的幼虫越冬，翌春3月幼虫在皮层内串食危害，5月下旬至6月中旬是危害盛期，5月中旬开始化蛹，5月下旬开始羽化，直至9月，成虫产卵期7月下旬至8月上旬，幼虫孵化后蛀入枝干皮层危害，10月底开始越冬。

3. 防治方法

（1）幼虫期防治。春季发芽前和秋季落叶期，在冒红油的虫疤处，涂抹煤油敌敌畏液，即1千克煤油加入50毫升80%敌敌畏乳剂，摇拌均匀，配成20：1的溶液，用刷子涂抹。还可人工挖出皮层幼虫杀死。

（2）喷药防治成虫。成虫抗药力很弱，一般触杀剂都有很好的防治效果。可在成虫羽化出穴初期和盛期（6月初至7月中旬），喷施48%乐斯本乳油1 200倍液或80%敌敌畏乳油，每隔10～15天喷1次，连喷2～3次。

（3）加强检疫工作。防止带虫苗木、接穗向苹果产区调运。对带虫苗木、接穗需经熏蒸处理。此外，对苹果吉丁虫危害枯死的树，要锯掉烧毁。

（七）大青叶蝉

1. 危害特点　大青叶蝉又称大绿浮尘子，在苹果、梨、桃、李、杏、樱桃、葡萄、枣、核桃、柿子等多种果树上均匀发生，主要以成虫产卵危害枝条，也可以成虫、若虫刺吸汁液危害。成虫产卵是用产卵器刺破枝条表皮，在皮下产卵，使枝条表面产生许多月牙形疱疹状突起；翌年春天卵孵出后撑破树表皮，造成许多半月形伤口，使枝条易失水、干枯。以幼树和苗木受害最重，是陇东果区冬季易受冻害、春季易发生"抽条"的主要原因之一。另外，成虫、若虫刺吸汁液，常导致树势衰弱。

2. 形态特征 雌成虫体长 9.4～10.1 毫米，头宽 2.4～2.7 毫米；雄成虫体长 7.2～8.3 毫米，头宽 2.3～2.5 毫米；头部正面淡褐色，两颊微青，复眼绿色；前胸背板淡黄绿色，后半部深青绿色；前翅绿色带有青蓝色光泽，后翅烟黑色，半透明。卵长卵圆形，长 1.6 毫米，宽 0.4 毫米，白色微黄，稍弯曲，一端稍细，表面光滑。初孵若虫白色，微带黄绿，头大腹小，复眼红色；3 龄后出现翅芽；老熟若虫体长 6～7 毫米，头冠部有 2 个黑斑，胸背及两侧有 4 条褐色纵纹直达腹端。

3. 发生习性 大青叶蝉在陇东黄土高原果区一年发生 3 代，以卵在果树枝条或苗木的表皮下越冬。翌年果树萌芽至开花前孵化出若虫，若虫迁移到附近的杂草或蔬菜上危害。第一、二代主要危害蔬菜、玉米、高粱、麦类及杂草，第三代危害晚秋作物如薯类、豆类、蔬菜等，这些作物收获后又转移到白菜、萝卜上危害，10 月上中旬成虫迁飞到果树上产卵越冬危害。夏卵期 9～15 天，越冬卵长达 5 个月左右。

4. 防治技术

（1）农业防治。幼树果园不要间作白菜、萝卜、胡萝卜、甘薯等多汁晚熟作物，如已间作这些作物，应在 9 月底以前收获，切断大青叶蝉向果树上迁移的桥梁。另外，及时清除果园内杂草，最好在杂草种子成熟前翻于树下，作为肥料。

（2）树干涂白。幼树在成虫产卵越冬前主干涂白，阻止成虫产卵。涂白剂配方为：生石灰：粗盐：石硫合剂：水＝25：4：（1～2）：70，涂白液中也可加入少量杀虫剂。

（3）发芽前喷药。果树上越冬卵量较多时，结合其他害虫防治在果树发芽前喷洒 1 次铲除性杀虫剂，杀灭越冬虫卵，压低越冬虫量。以淋洗式喷雾效果最好。效果较好的有效药剂有：3～5 波美度石硫合剂、45％石硫合剂晶体 50～70 倍液、48％毒死蜱乳油 800～1 000 倍液等。

（4）生长期适当喷药。幼树在虫量发生较多时，于 10 月上旬成虫产卵前及时喷药防治成虫，并注意喷洒果园周围及果园内的杂草。效果较好的有效药剂有：48％毒死蜱乳油 1 000～1 500 倍液、4.5％高效氯氰菊酯乳油 1 500～2 000 倍液、5％高效氯氟氰菊酯乳油 3 000～4 000 倍液、2.5％溴氰菊酯乳油 1 500～2 000 倍液等。

三、中华鼢鼠防治技术

中华鼢鼠又名瞎老鼠、瞎瞎、地鼠等，主要栖息于以甘肃为主的西北各省

（自治区）比较干旱的农田、山林及果园中。中华鼢鼠体形粗短，呈圆筒状，体长25厘米左右，毛色呈灰褐色，头扁平，鼻部圆钝无毛，粉红色，有一对发达的门牙露于唇外，耳朵退化藏于毛下，耳孔隐于毛下，视觉退化眼很小，四肢较短，前肢爪锋利向外弯曲，便于打洞，后肢爪较细，便于拨土。嗅觉、听觉灵敏。

1. 危害特点 中华鼢鼠在西北地区主要存在于山地及塬边地带的林地、粮田和苹果园，特别喜欢在土壤疏松湿润而且食物比较丰富的地段栖息，一般取食植物根系、农作物块茎、块根，但取食重点因季节变化而有所不同，春、秋两季为重点取食期。危害果树根系主要在冬春季和秋季，这个季节地面作物收获，没有可食的农作物，所以在果园以残食苹果根系为主，特别在秋季9～10月，开始准备越冬食物，危害加重，活动频繁，常把5年生以下苹果树根系一次性啃食干净，使整行或整块果树死亡，是造成部分果区园貌园相差、年年栽树不见树的主要问题，具有危害大、生活隐秘、难防治的特点。

2. 生活习性 中华鼢鼠终年生活在地下通道，怕光、怕声、怕风雨，有自然封洞习性，当它的洞道被挖开后，就必然要推土封闭，将洞口堵死，然后另挖一通道衔接起来。

中华鼢鼠的洞穴结构复杂，地面无洞口，通常由洞道和老窝组成。洞道可分为常用洞、草洞和朝天洞。常用洞一般距地面20厘米左右，与地面平行，比较固定，弯曲多支，其直径为10厘米左右。草洞较浅，距地表大约8厘米。从常用洞通向地表，在地表形成小土丘。朝天洞是指由常用洞向下通到老窝的垂直或倾斜的通道。老窝常位于洞内较干燥处，距地面深100厘米左右，有时深度达到150厘米以上。

3. 防治方法 防治中华鼢鼠重点是识别洞道及方向，鼢鼠洞道新旧混杂，纵横交错，识别比较困难。根据观察和实践，凡是鼢鼠存在的洞上地表有很多细长的裂纹，并夹有杂草被拉入洞后留下的很多小孔或地面其他杂草、小树死亡，其下必有洞道，切开洞道纵剖面，洞道较光滑，并可观察到小土粒滚动的痕迹，即为有效洞道。根据各地鼢鼠防治经验，可以总结为"三措九法"防治法，现予以介绍。

（1）人工防治措施。

①隔离法。在果园四周埋深度40厘米的金属网片或钢丝网（网眼不超过1.5厘米），绕果园一周，将鼢鼠隔离在果园外围。对已进入果园内的鼢鼠，用其他人工防治方法或物理、化学防治法消灭。

②诱集法。果园行间内种植1米宽的油菜，诱集果园内的鼢鼠取食，减轻对果树的危害，同时根据鼢鼠活动危害情况及时捕杀。种植的油菜在开花期翻压园内作为绿肥。

③弓箭法。弓箭是广大农民在长期防鼠实践中创造出的一种经济实用的简

单器械，具有使用方法简单、制作容易、便于就地取材等优点。使用时，弓箭必须安放在较直的常洞上。洞口要切齐，洞顶的地面要铲平。弓距洞口约 20 厘米；若是地箭要安放 3 箭，箭与箭之间最好相隔 5～10 厘米。尤其需要注意的是，箭头千万不要露入洞中，箭射下之后，要恰在洞道的正中位置，不能过浅或打偏，过浅对中华鼢鼠起不到伤害作用，打偏会导致其脱逃。

（2）物理防治措施。

① 灌水法。有水源的地方，向鼠道内灌水 40～80 千克，就可将害鼠灌出进行捕杀。这种方法简单易行，效果也很好。

② 熏烟法。将鼠道挖开，用柴草加辣椒或烟叶秆点燃后用鼓风机将烟吹进洞内，通过烟熏使其致死或出洞后捕杀。

③ 窒息法。找到洞口后，将灭鼠弹点燃投入洞内立即封洞，灭鼠弹燃烧时消耗洞内氧气，使鼢鼠窒息死亡。

（3）化学防治措施。

① 药剂防治法。在洞内 30 厘米处投入鼢鼠灵或克鼠星 5 粒左右，封洞口。

② 毒饵诱杀法。将鼢鼠爱吃的葱、苹果、韭菜、蒜苗、马铃薯、苜蓿根切成小块，1 千克饵料拌入溴敌隆或毒鼠醚、杀鼠灵 30～40 克做成毒饵，拌药时加少量清油或面糊增加黏着性；或将葱、苹果、韭菜、蒜苗、马铃薯切小口加入少量溴敌隆。投药时，可用插洞投饵法，方法是：用一根一端削尖的硬木棒，在鼢鼠的常洞上插一洞口。插洞时，不要用力过猛，插到洞道上时，有一种下陷的感觉。这时不要再向下插，要轻轻转动木棒，然后小心地提出木棒。用勺子取 20～30 块毒饵，投入洞内，然后，用湿土捏成团，把洞口堵死。这种方法在松软的土地上使用较好。或用开洞投饵法，方法是：在鼢鼠的有效洞上，用铁铲挖一上大下小的洞口（下洞口不宜过大），把落到洞内的土取净，再用长柄勺把毒饵投放到洞道 15～20 厘米深处，然后将洞口封严。

③ 药剂熏杀法。挖开有效洞，放入磷化铝两片封洞。磷化铝遇 50% 的空气湿度会分解产生剧毒气体磷化氰，熏杀鼢鼠。要注意保管磷化铝，避免人畜中毒。

第三节　病虫害防治的关键时期
及用药注意事项

一、病虫害防治的关键时期

1. 冬前（11 月中下旬）　清除园内枯枝落叶，深翻土壤，树体喷施 48% 乐斯本 1 000 倍液＋40% 福星 6 000 倍液。

2. 休眠期（12 月上旬到翌年 2 月下旬）　喷施 5% 菌毒清 300 倍液、20% 戊唑醇乳油 2 500 倍液、3～5 波美度石硫合剂，防治腐烂病、红蜘蛛等病虫害。

3. 萌芽期（3月中下旬）　喷施1～3波美度石硫合剂消灭各种越冬病菌和虫害。

4. 花前至花后（4月上旬至5月上旬）　喷施25％灭幼脲3号2 000倍液或20％绿色功夫2 000倍液＋40％福星8 000倍液或70％甲基硫菌灵800倍液，预防红蜘蛛、金龟子、白粉病、锈病等。

5. 套袋前后（5月下旬至7月上旬）　喷施40％福星7 500倍液，或70％甲基硫菌灵1 000倍液＋3％多氧清800倍液＋25％灭幼脲3号2 000倍液，或齐螨素3 000倍液＋氨基酸钙500倍液，预防各种病虫害。

6. 果实膨大期（7月中旬至9月上旬）　喷施1次1：2：240倍量式波尔多液，或2～3次40％福星8 000倍液＋30％蛾螨灵或20％螨死净2 500倍液或10％苦参碱800倍液或25％灭幼脲3号2 000倍液、1％阿维菌素3 000倍液，预防以早期落叶病为主的各种病虫害，保护叶片，提高光合效能。

二、用药注意事项

苹果病虫害防治是苹果栽培管理中的一项重要环节，科学防治是减少危害、节约成本、提高果品质量安全和降低环境污染的有效措施，在防治中，应抓好以下关键环节。

1. 掌握规律，及早预防　苹果病虫害的发生、发展都有它的规律性，一般每年与果树物候期同步发生或发展。因此，建议对果园病虫害防治建立档案，详细记载发生日期和防治情况。同时，要按照果树物候期及时观察病虫害的发生发展情况，坚持"预防为主，综合防治"的原则，积极保护利用天敌，加强农业技术措施，结合病虫预报，提前运用物理、生物、性诱杀等防治办法，将病虫害控制在一定的经济阈值之内，在其他措施不能将其控制或造成危害时，应用高效低毒农药进行防治，尽量减少化学农药的施用量，达到治早、治小、治了的目的。

2. 认准病虫，对症下药　对发生的病虫害要认清发生的特征、特点，认准类型，如蚜虫是黄蚜还是瘤蚜，螨类是红蜘蛛还是白蜘蛛，分清类型，对症下药，以节约人力物力，避免用药不对症而造成不良后果。同时，尽可能做到防虫、治病和树体营养补充相结合。

3. 正确选药，预防假冒

（1）根据当地病虫害发生规律、上年病虫害发生和防治情况及近期果园调查，在分清病虫危害进程的基础上，对症选药，避免用药不正确而降低防效，甚至造成不可挽回的损失。

（2）选择证号齐全、生产厂家正规、未超过使用期限并标明有效成分的农药，杜绝高毒、高残留、低含量、劣质、过期的农药使用。

（3）选用低毒、高效、低残留的生物源农药、矿物源农药，在高效防治病虫害的同时，保护天敌，减少对环境的污染。如防治蚜虫应选用吡虫啉等专杀性农药，避免用毒死蜱等全杀性的农药防治蚜虫而造成蚜虫的天敌草蛉和瓢虫死亡。

（4）对同一种病虫害，不能长期选用同一种农药，可以采取轮换或间断选用的方法，避免病虫害产生抗药性，降低防治效果。

（5）选用药物最好一药多用，切忌一次用药中选用成分、含量相同的几种药物或作用机理、功效相同的几种药物，以防增加投入，甚至导致药害。

4. 精准配药，适时施药

（1）严格农药稀释倍数，不得降低或加大使用倍数，避免降低药效或产生药害。

（2）配制农药时要采用二次稀释法，即用少量的水将原药配制母液，再将制好的母液按稀释比例倒入准备好的清水中，搅拌均匀，即可使用。使用二次稀释法能够使某些不易溶解的可湿性粉剂或用量很小的农药更充分溶解，分布更均匀，使剂量更加准确，既能提高用药效果，又能减轻药害的发生，还能减少接触原药中毒的危险。

（3）科学混用农药或使用混配农药，可以延缓有害生物产生抗药性，扩大防治对象范围。但应取少量药物进行混用试验，混合液不出现分层、气泡、结絮或沉淀等现象方可混用，否则不可混用。农药混配时要做到防病、治虫、叶面喷施一体化。

（4）稀释农药的水选用雨水、清澈的河水或较软的常温井水。水是否清澈、水的温度、水的软硬以及水的酸碱性会影响不同药剂的溶解度和药效，从而影响防治效果。

（5）取量农药时要用量具（量杯或一次性针管），不能凭经验或瓶盖倒取。量取后的量具用稀释农药的水冲洗，将冲洗水加入到配制液中。

（6）抢抓关键时期，及时喷药防治。病害抓住未传播侵染前，虫害抓住卵期或未危害的若虫（成虫）期防治，特别是春季萌芽前，此期是病虫危害前期，也是抗药性最差的时期，可有效降低病虫基数，提高防治效果。

（7）施药时应避开早上露水大雾天气、晴天正午高温天气、雨天或大风天气，以防降低药效或发生药害。花期避免用药，幼果期避免用乳油类药剂。果实去袋后尽量不用药，防止污染果实。

（8）选用雾化效果好的器械，喷雾均匀，避免淋洗式喷药。

第十章
苹果园防灾减灾技术

黄土高原果区每年程度不同的发生霜冻、冰雹、干旱等自然灾害，给果农带来不可估量的经济损失，甚至有的树死园毁。建立健全自然灾害预警系统和防范机制，制定、落实抗灾、防灾、减灾等技术安全措施，对于保障和提高苹果产业持续健康发展，促进农民增产增收，具有十分重要的意义。

第一节　晚霜冻害防治技术

晚霜冻害是黄土高原果区主要自然灾害之一，基本是"十年九霜冻"，在一些特殊地域年年发生，有的甚至一年发生 2～3 次，是造成果园产量、质量、效益下降的主要原因。

一、霜冻发生形式及诱因

(一) 霜冻发生形式

霜冻可分为早霜冻（秋霜）和晚霜冻（春霜）两种。秋霜又叫白霜，它能在物体上形成白色结晶，对秋季晚熟的农作物有一定的影响；春霜叫黑霜，发生时看不见霜，但对早期发芽的农作物和果树枝芽、花、果实会造成一定的影响。按霜冻的成因又可分为平流霜冻、辐射霜冻、混合霜冻（平流＋辐射）3种。平流霜冻一般是由于强冷空气引起剧烈降温而形成，气温比地面温度还低，与寒潮天气有些相似，也称为风霜，这种霜冻危害面积较大，预防办法有限。辐射霜冻是由于夜间晴朗无云、无风，地面或物体表面辐射降温而形成，越靠近地面温度越低，地面温度比气温还低，故称为地霜，这种霜冻一般持续时间短而危害较轻。混合霜冻是在冷平流和辐射降温共同作用下形成的霜冻，这种霜冻一般出现的次数较多，影响范围大，并可发生在日平均气温较高的暖和天气之后，所以对苹果的影响最大。

苹果早春萌芽受冻后，使果树嫩芽或嫩枝变褐色，鳞片松散于枝上；蕾期和花期，轻霜冻时只将雌蕊和花托冻死，但花朵照常开放；稍重时可冻死雄蕊，严重时花瓣受冻变枯脱落。幼果受冻后，剖开果实可发现幼胚变褐而果实仍保持绿色，以后逐渐脱落；个别冻害较轻的果实会在萼头形成霜环病，虽对产量没有影响，但影响果品质量，一般在套袋时注意疏除。

（二）发生诱因

1. 天气条件　一般早春晴朗、无风、低湿的天气条件下容易发生霜冻。泾川县果业局通过近15年的记载，陇东地区晚霜冻发生最早时间在4月6日，结束最晚时间在5月17日。一天当中，温差越大，温度越低，持续时间越长，则受害越重。温度回升慢，受害较轻的还可恢复，如温度骤然回升，则会加重受害。

2. 自然环境　由于辐射霜冻是冷空气集聚沉落的结果，故低洼处（平塬坳心地带）冷空气易于积聚，霜冻较重；而在地势较高、空气流通处霜冻则较轻。由于气温的逆转现象，越靠近地面的气温越低，所以在低洼地带和果树下部一般受害较重。湿度大可缓冲温变，故霜冻前果园灌水可减轻危害。

3. 果树生物学特征　苹果品种不同，受害程度不同，一般秦冠、红富士较耐冻，其次为乔纳金、嘎拉、新红星和华冠，最不耐冻的是藤牧1号和金冠。

二、霜冻的防控

（一）合理规划

在建园时，易于发生霜冻的塬区要避开地坑、胡同等低洼地带，山区和川区要避开迎风、寒冷、气温变幅较大的地段。

（二）预测预报

1. 收听媒体信息　陇东黄土高原果区，每年霜冻易发生的时间在4月上旬至5月中下旬，此时期应注意收听当地天气预报，当出现大风、降温或晴朗天气时，可初步判断霜冻发生的时段和程度，及早采取预防应急措施。

2. 简易预测

（1）在果园内设立气温、地温监测记录，为预防提供可靠的依据。方法是将温度计挂在果园西北面，随时注意变化，当温度下降到2℃时，可能会有霜冻出现，应及时准备防御。

（2）根据铁器具有比果树散热快的特点，晚上把它擦干放在果园西北面的地表，如发现其上有霜，1小时后就可能会发生霜冻。

（3）将一块湿布挂在果园北面，当发现上面有白色小水球，20分钟左右就可能有霜冻出现。

（4）若看到上半天天气晴朗，有微弱的北风，下午则气温一直下降，半夜可能有霜冻；连日刮北风，天气非常冷，忽然风平浪静，晚上无云或少云，半夜也会发生霜冻。

（三）霜冻的预防与救治

1. 预防措施

（1）延迟发芽。首先在霜冻来临前的春季灌水或喷水。经试验，萌芽后至开花前连续定时喷水可推迟花期 7～10 天。其次是春季主干和主枝涂白，可使果树延迟发芽开花 3～5 天。也可用 7%～10% 的石灰液喷布树冠推迟开花。

（2）喷施营养液。泾川县通过近几年防霜实践证明，霜冻来临前 1～3 天，给树体喷施防冻营养液对预防霜冻效果显著，可喷布下列组合式配方药肥。

① 喷施海之宝或肽神 1 000 倍液＋绿贝 500 倍液＋0.3% 磷酸二氢钾＋0.5% 蔗糖（白糖）＋10% 多抗霉素 1 200 倍液混合液，增强果树抗寒性，促进花朵（芽）生长，防冻保花保果。

② 喷施富万钾 800 倍液或 0.5% 磷酸二氢钾＋0.5% 蔗糖（白糖）＋多氧清 1 000 倍液混合液，增强果树抗寒性，促进花朵（芽）生长，防冻保花保果。

③ 喷施佳上钾 800 倍液或益微 2 000 倍液或 0.3% 磷酸二氢钾＋0.5% 蔗糖（白糖）＋3% 多氧清 1 000 倍液混合液，增强果树抗寒性，促进花朵（芽）生长，防冻保花保果。

④ 喷施维果天然生长调节剂 800 倍液＋绿贝 500 倍液＋0.3% 硼肥混合液，增强果树抗寒性，防冻保花保果。

（3）果园熏烟。通过放烟增加园内温度，达到预防霜冻的目的。具体方法有两个。首先堆制发烟堆，将易燃的秸秆、杂草等与潮湿的落叶、草根、锯末等分层交错堆起，外面盖土，中间插入木棒以利点火出烟。发烟堆分布在果园四周和内部，每堆不高于 1 米，每 667 米^2 需放 5～6 堆。然后根据气象预报，在霜冻来临前的凌晨 1 时左右点燃。其次利用防霜烟剂。将硝酸铵 20%、锯末 60%、废柴油 10%、煤末 10%，混合后装入铁桶内设点点燃，每 667 米^2 6 堆。

果园熏烟能提高园内温度 1～2℃，但气温低于花果耐低温临界温度 1～2℃ 时效果不大。同时，要群防群治，单家独户熏烟防治基本没有效果。

（4）防霜机吹风法。国产防霜机利用风机风扇将空中热空气和地面冷空气吹动搅和达到防霜冻的目的，根据功率大小每台可预防果园 2～4 公顷（30～60 亩），每隔 100 米安装一台，对辐射霜冻有一定的效果。国外防霜机上有液化气发热装置，当园内温度低于 -2～-1℃ 时防霜机自动启动点火，风机即可形成一定的暖风流，可增加园内温度 2℃，防霜效果特别显著。

（5）加热法。在果园内隔一定距离放置一加热器，燃料有柴油、煤等，在霜冻来临前点火加热，可在果园上空形成一个暖气层，起到防霜作用，适用于大果园。

2. 霜冻灾后补救措施

（1）喷施叶面肥。冻花后及时喷施含有细胞分裂素类的药肥，如天达 2116 600 倍、维果天然活力素 800 倍或 481 芸薹素 300 倍＋0.3% 硼肥＋0.3% 尿素＋金富万钾 600 倍或氨基酸肥 500 倍＋10% 多抗霉素 1 200 倍混合液，修复花器，增强果树抗寒性，预防冻害，提高坐果率。

（2）人工辅助授粉。对没有发生冻害的花朵，正在开放的花朵及时人工授粉。

（3）加强肥水管理。尤其是低洼处冻害严重的果树，及时追施氮磷钾复合肥，保护树体，为下一年结果打好基础。

第二节 冰雹救治技术

雹灾是黄土高原地区的主要自然灾害，每年4～9月不同程度发生，尤以5月下旬至7月下旬频繁发生，常常造成果园减产、减质，效益严重下降，有的甚至树烂园毁。发生雹灾后应根据果园受灾程度，坚持分类指导、救管并重、地上地下同步、树体救治为主、救治与加大管理相结合的原则，将灾害损失降低到最低程度。

一、加强地下管理，增强树体营养

苹果树遭受雹灾后，打烂的枝干、叶果伤口愈合、恢复生长的关键是靠充足的树体营养，营养供给充足则伤口愈合快、树势恢复快，灾害损失就小，否则，既影响当年产量、质量，同时也影响下一年的产量和效益，所以地下管理是雹灾果园管理的关键。

（一）土壤管理

1. 清理园地 新幼园6月以前遭受雹灾，间作物被打坏、不能继续生长的，清除打坏的间作物，在留足1.5米宽营养带的基础上，种植黄豆、蔬菜等间作物。

2. 中耕松土 雹灾果园由于冰雹拍打和短时间的强降雨，使土壤板结，透气不良，地温下降，如若不及时进行中耕松土，土壤中的氧气会严重不足，加上冰雹消溶后地温降低，将严重影响果树生长。群众说："一季遭雹打，三季苗不旺"就是这个道理。因此，中耕松土是雹灾果园救治的首要措施，如果这个措施不落实，其他应用的措施效果会很差。所以，果树遭受雹灾后当地表土壤稍干时，立即对园地进行中耕松土，耕深10～20厘米，以促进果树快速恢复生长。

3. 秋后深翻 秋季（9月中下旬至10月中旬）结合施基肥，全园普遍深翻一次，深度20～30厘米。

（二）肥料管理

1. 追施化肥 受灾果园枝叶受损严重，养分消耗大，树势自身恢复更需要大量的营养。因此，收麦前发生雹灾的果园，在6月底前，1～4年生幼树每株追施氮、磷、钾复合肥0.25～0.75千克或二铵0.2～0.5千克。6月底后发生的，以叶面喷肥为主。

2. 叶面喷肥 灾后结合喷药，每隔10～15天喷施一次0.5%尿素溶液＋

0.3%磷酸二氢钾溶液；8月上旬后，单喷0.3%磷酸二氢钾溶液或500倍氨基酸液肥；10月中下旬至落叶前喷1%～2%尿素溶液，以增加树体营养；翌春果树萌芽后，结合喷药，喷施0.3%～0.5%尿素溶液，促进果树生长。

3. 增施基肥　秋后（9月上旬至10月上旬）结合土壤深翻，幼树每株增施25～50千克优质有机肥（牛、羊、猪圈肥等），施后有条件的饱灌冬水一次。

4. 春季追肥　翌春土壤解冻后（3月中旬至4月上旬），追施以氮肥为主的氮、磷、钾复合肥，1～4年生树每株追施复合肥0.2～0.8千克。

（三）灌水

如遇干旱，结合施肥，每株灌水25～50千克。

二、加强树体管理，保护受伤枝干

（一）剪除受伤的枝、叶、果

1. 伤口面积大、伤斑多，且已失去商品价值的伤果可去除，有些若能作果汁厂原料的可保留。

2. 伤口面积小、果形正、有凹点的果实尽量保留。

3. 剪除受伤枝条。受伤面积较大或受伤死亡的枝条从未受伤的地方剪除，以利伤口保护，促其生长。

4. 受伤果树伤口处起皮、裂皮要刮平，刮后可涂抹伤口愈合剂，伤口小，不必涂抹。

5. 清除落地枝、叶、果。

（二）救治受伤严重的果树枝干

1. 树干嫁接　幼树上部枝干被打坏的，如果剪口在嫁接口以下（剪在砧木处）的，采用劈接、切接、皮下接的方式重新进行嫁接。冬季应收集、贮藏好接穗。

2. 树干桥接　树干受伤严重的，为了增加树体的养分供应，预防腐烂病发生，可采用皮下接的办法进行桥接（将枝条插在树干下部未受伤的部位和上部好皮部位）。

3. 枝干改造　受灾之后立即剪去受伤死亡的枝条，对不能继续保存的主枝和侧枝，冬季结合果树改形，疏除不需要的主侧枝，疏枝时应先疏去受伤严重的主侧枝和其他枝条，以后再疏除受伤较轻的枝条。

三、加强病虫害防治，预防病虫害发生

1. 喷施药剂，预防病虫危害　雹灾果树枝干表皮均已受伤，容易发生腐烂病，影响果树生长及寿命。因此，要抢抓时间，灾后要及时喷施25%戊唑醇乳油2 000～2 500倍液或70%甲基硫菌灵粉剂600～800倍液，同时加喷48%乐斯本乳油1 500倍液、20%绿色功夫2 000倍液、10%啶虫脒3 000倍液，防治蚜

虫、卷叶虫、金龟子等害虫。

2. 配施药肥，增强树势 雹灾果树枝干表皮均已受伤，容易发生腐烂病，影响果树生长及寿命。因此，要抢抓时间，灾后及时清理残枝残叶、落果，树体喷施10％多抗霉素1 200倍液、10％己唑醇2 500倍液加48％乐斯本乳油1 500倍液或20％绿色功夫2 000倍液或10％啶虫脒3 000倍液，预防腐烂病，防治蚜虫、卷叶虫、金龟子等害虫。对受灾严重地区，为了促进果树枝皮恢复生长和发出新梢，喷药时可加入481芸薹素2 000倍液、爱多收1 500倍液、海之宝800倍液、绿贝维果全营养水溶肥1 200倍液。同时，对灾害重、叶片烂，为了增加叶柄、叶脉、新梢的杀菌剂黏着能力，可加入黏着剂4 000倍液柔水通或渗透剂必加4 000倍液，叶片好、受灾轻的果园可不加入。

3. 冬季喷药，预防腐烂 果树落叶后的12月中旬和翌年2月上旬喷施70％甲基硫菌灵600倍液和30％戊唑·多菌灵悬浮剂400～600倍液，预防腐烂病发生。

第三节 幼树抽条预防技术

一、抽条现象

1. 抽条的表现 越冬后枝条失水干枯的现象叫抽条。一般多发生于气温回升、干燥多风的2月中下旬至4月中下旬。抽条表现为枝干抽干失水，表皮皱缩，木质部呈白色，干枯，芽不能正常萌发，造成树冠残缺不全，树形紊乱，结果没有保证。严重时，整株树冠干枯死亡。随着枝条年龄增加，抽条率会下降。幼树根系少、分布浅，抽条现象比较严重；秋季长势过旺，木质化发育不充实的枝条抽条较重。

2. 抽条的原因

(1) 气候因素。由于冬、春期间，土壤水分冻结或土温过低，根系尚未活动，不能吸收水分或很少吸收水分，而地上部枝条因空气干燥、多风而强烈蒸腾，造成明显的水分失调，引起枝条生理干旱，从而使枝条由上而下抽干。如果晚秋初冬低温来临早，果树得不到充分的越冬锻炼，冬季气温变化异常，忽冷忽热，早春土壤严重缺水，空气干燥多风，加剧枝条蒸腾失水，加重抽条现象的发生。

(2) 肥水管理不当。管理后期没及时控制氮肥施用、灌水频繁或降水量大、排水不及时，造成树体贪青徒长，枝梢停长晚，养分积累少，枝条发育不充实，从而降低了树体抗寒能力。另外，早春灌水早且次数多，降低了地温，影响了根系对水分的吸收，造成枝条失水过多，加重抽条的发生。

(3) 防寒措施不合理。幼树培土防寒，如果培土去除不及时，延缓了春季地温的上升，加剧了树体地下部、地上部水分供需矛盾，会加重抽条现象发生。

二、抽条的预防

1. 控制肥水　夏收后幼树停施氮肥，多施磷钾肥，8月下旬对1～3年生幼树新梢进行多次摘心，控制枝条徒长，并喷施生长抑制剂矮壮素，加强病虫害防治。

2. 涂干埋土　ⓐ在8月下旬到9月上旬，用石硫合剂、食盐、豆浆各0.5千克和石灰3千克加适量水调和成涂白剂，涂刷在幼龄果树的树干上，既可以减少树体水分的蒸发，防止冻害，又能预防大青叶蝉产卵危害。将生猪油抹在手套上在树干上涂抹，或用鲜猪皮裹住主干基部，由下向上捋擦主干和枝条，形成薄的涂油层，可减少水分散失，防止抽条。也可用凡士林涂抹果树的枝干，以减少水分蒸发，防止抽条的发生。ⓑ秋栽果树苗木压倒埋土，2～3年生果树在果树北侧培50厘米半圆形土埂可减轻幼树抽条。秋栽果树埋土翌年春季4月上旬对地温进行测定，不管外界温度多高，当20厘米地温大于8℃时才能刨土放苗，否则，刨苗过早仍然会发生抽条。

3. 喷布蒸腾剂　从2月上旬到3月下旬，每隔20天对幼树树体连喷3次100～200倍液羧甲基纤维素或20%～30%的聚乙烯醇或海之宝、旱地龙，喷后使枝干上形成一层保护膜，可有效抑制水分蒸发，减轻抽条。要求喷洒均匀，不漏枝条。

4. 顶凌耙磨　3月初，当地表土壤解冻后，采取人工或机械对园地顶凌耙磨，提高地温，减少水分蒸发，促进根系活动，增加吸水量。

5. 覆盖地膜　一般在秋季或早春地表土壤解冻后进行覆盖。地膜覆盖时可顺行覆盖或只在树盘下覆盖，以减少水分蒸发，提高根际土壤含水量，可使土壤提早解冻。

6. 施肥灌水　土壤解冻后及早施肥、灌水，萌芽前喷1%的尿素液＋1%磷酸二氢钾液或维果天然生长调节剂800倍液，均匀喷在枝干上，促进营养转化，提高抗性。

第四节　干旱防治技术

由于受秦岭山脉暖湿气流的遮挡和西伯利亚高压气流的影响，黄土高原长期受制于干旱影响，特别在果树需水期的春季，基本是"十年九旱"，有时春旱连夏旱或冬旱连春旱，常常造成树势衰弱，生长受阻，病虫害加剧，影响产量、质量和效益，干旱成为制约陇东黄土高原地区果树健康生长的重点灾害，应积极采取以下防控措施。

一、建立健全水利基础设施

因地制宜地建设各种水利设施，及时拦蓄雨水，完善水利系统，努力做到遇旱能灌、遇涝能排，积极推广滴灌、管灌、喷灌等节水灌溉方式。

二、实施农业抗旱措施

1. 增施有机肥，中耕保墒，平衡施肥，科学补灌，合理负载，壮树养根。
2. 果园覆膜、覆草、覆沙，减少水分蒸发。
3. 穴贮肥水，提高果树抗旱能力。
4. 合理修剪，降低蒸腾系数。干旱胁迫下，通过疏枝、疏果，减少枝叶量和留果量，从而减少果树蒸腾失水的有效面积，降低蒸腾失水量，达到节水、抗旱的目的。

三、喷施抗旱蒸腾抑制剂

1. 在干旱来临前的降水期或结合施肥，每株果树追施抗旱保水剂 80 克，方法与施肥一样，可起到明显的抗旱保墒作用。
2. 在果树干旱时期，喷施黄腐酸（抗旱剂 1 号）、甲草胺（拉索）乳胶、丁二烯丙烯酸、高岭土和 TCP 植物蒸腾抑制剂，降低果树蒸腾，减少水分蒸发。
3. 在果树干旱前期，喷施 1 次 1‰～5‰膜利康（Anti-Strss 550）水剂，可显著提高果树抗旱能力。如果持续干旱，30～60 天后再喷施一次。

第十一章
果实采收及商品化处理技术

　　果实采收和采后处理是果品由产品变商品的一项特别重要的过程，也是一项既精细又科学的管理工作，通过适时采收、贮藏保鲜、商品化加工等过程，对提高果品商品性状和销售价格，为消费者提供绿色安全、新鲜洁净的优质果品，为产品开拓市场，为果品生产者、经营者获取一定的经济效益具有十分重要的意义。

第一节　果实采收

　　采收是苹果生产的最后一个环节，也是采后商品化处理的开始。苹果采收成熟度与其产量、质量和贮藏性有密切的关系。果实采收前 30 天，每天生长量为 1%，早采 10 天，影响产量 10%。同时，采收过早，果实成熟度低，不仅果个小，产量低，而且含糖量低、果汁少，风味、品质和色泽低劣，又由于果面角质层和蜡质尚未充分形成，对果实保护能力差，贮藏期易发生虎皮病和苦痘病，果实易失水皱缩；采收过晚，果实过于成熟，果实水心病增加，贮藏期间对二氧化碳的敏感性增强，果肉易发绵，抗病性差，腐烂率高。在陇东地区，目前存在的主要问题是，由于品种结构不合理，中熟、中晚熟品种少，供应国庆、中秋节市场的品种偏少，造成中晚熟品种和部分晚熟品种采收过早，影响了果品质量和后期果品市场的销售。所以，适期采收是提高果品产量和果品商品性状、延长贮藏期限、获得高效益的重要保证。

一、适期采收

　　采收应根据市场要求和销售目标来确定，一般来说早采晚销售，晚采早销售。果实采收之时，是品质开始下降之日。

（一）适时采收

　　采收期的确定：

　　（1）外观性状。ⓐ果皮底色。由深绿色逐渐转为黄绿色的果品基本成熟。ⓑ果柄。果实稍受一点外力或轻微振动就会脱落或抬高枝头就会落果。ⓒ种子颜色。果实种子变褐色或黄褐色表明果实已经成熟。也可借助分色板或经验确定成熟度。

（2）果实生育期。每个品种从盛花期到成熟期都有一个相对稳定的天数，一般早熟品种 90～110 天，中熟品种 110～130 天，中晚熟品种 130～150 天，晚熟品种 150 天以上。陇东果区从盛花期到果实成熟，美国 8 号为 100～110 天，嘎拉苹果为 110～120 天，元帅系 140～150 天，富士系 170～180 天，秦冠 180 天。因不同地区果实生长期积温不同，采收期会有所差异，最好按当地采收期前后 7～10 天以内分期采收。

（3）内质指标。采收最好根据果品的去向来决定，如若立即上市场销售，果实要基本成熟后采收；如若贮藏，要在果实硬度最大时采收，以保证果实保持较长的贮藏期和新鲜度。一般来说，贮藏期较长的果实稍早采，立即上市的果实稍晚采，具体采收时的硬度要因品种而异。在陇东地区，红富士果实硬度为 7.5～8.5 千克/厘米^2，可溶性固形物含量≥14.0%；新红星系列果实硬度为 6.5～8.0 千克/厘米^2，可溶性固形物含量≥11.5%；嘎拉系果实硬度为 6.5～8.0 千克/厘米^2，可溶性固形物含量≥12.5%；秦冠果实硬度为 8.5～9.0 千克/厘米^2，可溶性固形物含量≥13.0%。品种成熟期推迟，可溶性固形物含量将有所提高。

（4）果实横切面的淀粉指数。苹果在成熟过程中，淀粉会转化为糖，淀粉含量下降。淀粉遇碘溶液时会呈现蓝色，所以把苹果横面切开，将其断面涂上碘溶液半分钟后会发现果肉变色，若切面呈深蓝紫色，着色面积在 70% 以上，表明此时果肉淀粉含量较高，果实尚未成熟，不宜采收；若切面色泽较浅，且着色面积较小，说明此时果肉中的大部分淀粉已转化为糖，这时采收已为时过晚，果实不耐久藏；若切面着色面积为 1/3～1/2，介于已成熟和不成熟之间，说明近半数淀粉转化成糖，成熟适中，是最适采收期。这时的苹果个头大、品质好、产量高、耐贮藏，可明显提高经济效益。

（二）分期采收

1. 分期采收的作用　分期采收能显著提高苹果的产量、质量和效益，特别对于那些生长部位不利于着色和果个较小的果实，通过分期采收，可以充分利用后期有利的自然条件，增加着色面，提高果实品质；采收部分果实后，集中营养供给未采收的果实，会增大果个，增加产量，增加果园收入。

2. 分期采收的方法　同一棵树上的苹果果个大小、着色度均不一致，为了提高果实整齐度，要根据果实成熟度和着色情况进行采收，一般先采树冠外围和树冠上部的大果和着色好的果实，最后采内膛和下部果。从采收时期开始，每隔 4～5 天采一批，一般分 3～4 次采完。

二、采收方法

（一）人工采收

1. 采收方法　采收时，要求采收人员穿软底鞋，剪短手指甲或戴上手套，用手掌将果实向上一托，果实可自然脱落，将果实放入采收袋或采收筐。

2. 采收顺序 在同一棵树上，要先外后内、先下后上采收，树冠顶部用梯子站高采收。

3. 采收时间 中午温度较高时尽量不要采收，避免大量田间热促使果实呼吸，影响贮藏性。有雨、有雾或露水未干前不要采收，严防病菌传播和果面污染。

4. 注意事项 一是采前对采收人员进行现场培训；二是田间周转箱（筐）内壁衬垫发泡塑料、薄膜、布或草，以减少果实挤压损伤；三是采收时要保留果柄，这是国家苹果质量标准和市场销售所要求的，在装箱时将果柄置于两果空隙之间，防止扎伤果面；四是果实采收后在田间停留不能超过 12 小时，如果田间临时存放，要搭设防雨、防晒阴棚；五是用于贮存或外销的果品要及时预冷，入库时间不能超过 24 小时，入库后尽快将温度降到－1.5～0 ℃。

（二）机械采收

机械采收一般是半机械半人工采收，一种是升降式采收，人站在采收平台进行采收，可根据树高调节平台高度，过高的枝上果实用机械臂采收；二是机械平台加自动化传送带采收，人工将苹果放入运输带送至带有分级装置的采收机包装筐内，另一台机械将分了级的包装筐运走。机械采收具有采收效率高、成本低的特点，但机械采收果实易受机械损伤。

第二节　贮藏与保鲜

一、果品贮藏库类型

（一）土窑洞（砖混结构）自然通风库

陇东黄土高原果区果农以前利用当地土质好、入地深、崖背高、受外界气候条件影响小、土体便于贮冷的自然特点，修建土窑洞（或砖箍窑）、砖混结构（砖墙、预制板盖顶）果库贮藏苹果，再配合塑料薄膜袋或塑料薄膜帐贮藏，投资少、效果好，仍不失为是一种好的贮果方式。随着社会经济的发展和科学技术水平的不断提高，这种贮藏方式由于设施标准低，不能满足苹果贮藏的基本条件，保鲜效果有限，已经逐步被淘汰。但已建成和使用的土窑洞（多为砖箍窑）和砖混结构果库作为短期贮藏设施，特别是苹果采收后不能立即出售或运往冷藏库之前，仍然发挥着重要作用。

（二）机械冷藏库

通过制冷机械循环运动的作用产生冷量并将其导入有良好隔热效能的库房中，根据不同贮藏果品的要求，控制库房内的温、湿度条件在合理的水平，并适当加以通风换气（也可不换气）的一种贮藏方式。冷藏库一般由冷冻机房、贮藏库、缓冲间和包装场四部分组成。

（三）气调冷藏库

气调贮藏是一种在特定气体环境中冷藏果品的方法，为当今新鲜果品保鲜效果最好的贮藏方式。在这种方式的贮藏环境中，苹果的呼吸强度被抑制，呼吸高峰值降低且出现时间推迟，新陈代谢速度变慢，从而有效地抑制了乙烯的生成和作用发挥，防止了病虫害发生，延缓了果实成熟衰老，较好地维持了果品原有的色、香、味、质地特性和营养价值，有效地延长了果品的贮藏寿命和货架期，而且无污染，与一般冷藏相比，贮藏技术更趋完善。

气调贮藏苹果的方法很多，但无论采用哪种方式，都根本无法提高和改善果实的品质，只能对果实原有品质不同程度地尽量保持。从目前国内苹果气调贮藏情况看，建造大型现代化气调库是方向，但建设成本高，加之市场的不稳定性，以致企业投资建办者较少。因此，要在大力推广气调贮藏的基础上，同时选择便于群众接受、造价低廉和节省能源的气调贮藏方式。

1. 人工调气贮藏

（1）塑料薄膜袋贮藏。在果箱或果筐中衬以塑料薄膜袋，装入苹果，缚紧袋口，每袋构成一个密封的贮藏单位。在应用时要注意袋的厚度，红富士多选用透气性强、厚度为 0.03～0.04 毫米厚的聚乙烯袋（而红星、金冠、秦冠等苹果多采用透气性差、厚度为 0.06～0.07 毫米的聚乙烯袋）。塑料薄膜袋贮藏，一般初期二氧化碳浓度较高，以后逐渐降低，这对红富士苹果贮藏非常有利。冷藏条件下，袋内的二氧化碳和氧的浓度比较稳定，在贮藏初期的 15 天内，二氧化碳即达最高浓度，以后二氧化碳浓度应一直维持在 2% 以下的水平。

（2）塑料薄膜帐贮藏。控制帐内氧气浓度可采用快速降氧、自然降氧和半自然降氧等方法。硅胶膜对氧气和二氧化碳有良好透气性和适当的透气比，可以用来调节控制帐内环境的气体成分以达到控制呼吸作用的目的。生产中应用十分方便，贮藏中可根据红富士苹果贮藏温、湿条件要求，选择一定面积的硅橡胶织物膜热合于塑帐中部和下部的两侧，作为贮藏时气体交换的窗口（简称硅窗）。硅窗的面积是根据贮藏量和要求的气体比例，经过试验和计算确定。一般在 0～5 ℃条件下，为使氧维持在 3%～5%，二氧化碳控制在 2% 以下，贮藏 1 000 千克红富士苹果，相应硅窗面积应为 0.4～0.6 米²（每千克果需要硅胶膜 4～5 厘米² 或硅胶布 6 厘米²），略大于元帅系苹果贮藏。

2. 双变气调贮藏　双变气调贮藏方法适合小型冷藏库贮藏。红富士苹果采收后，分装于 0.06～0.07 毫米厚的聚乙烯袋中，当库内温度降至 0 ℃时，整个贮藏期间氧为 3%～5%，二氧化碳逐步降至 2%，并维持到贮藏结束。此法贮藏果实硬度好，外观色泽鲜艳，风味好，贮藏效果优于 0 ℃低温贮藏。

二、果品贮藏与保鲜方法

（一）预冷降温

苹果采收后带有大量的田间热，将田间热带到库中，库温升高，会降低果实贮藏性，影响贮藏效果。因此，苹果采收后，必须经过预冷降温后才能正式入库贮藏。一是自然冷却。将苹果放在阴凉、通风的地方使其自然冷却，也可选择背阴干燥通风处露天放置，白天覆盖遮阳物（如草帘），夜间敞开，1～2 天可完成预冷。在此过程中，注意防止雨淋。自然预冷的特点是适合晚熟耐贮品种，经济方便、操作简单，成本低廉，但预冷效果差、速度慢，不利于果品贮藏，采收后在 20 ℃的环境下存放 24 小时相当于减少了果实一周的贮藏寿命。二是风冷预冷。有冷藏库的果园，将苹果箱用冷风机强制冷空气在苹果的包装箱之间循环流动，从而对箱内苹果进行预冷，这也是我们常用的一种预冷方式。强制预冷的特点是预冷期间能连续吹风冷却，投资较少，操作简单，但易产生冷却不均现象。

（二）入库贮藏及管理

1. 土窑洞贮藏管理

（1）窑洞消毒。对已贮过果的旧窑，在贮果前要进行打扫和消毒，以减少病菌传播。一般用硫黄熏蒸（每 1 米³ 加 10 克硫黄与锯末混合点燃）或用 1‰福尔马林溶液均匀喷布，然后密闭两天，再通风使用，地面可喷一层消石灰消毒。

（2）增加湿度。当果库温度高，湿度不够时，应在夜间打开门窗让外界冷气进入库内降低库温，同时在库内墙体喷水、地面灌水、存放湿锯末或放入冰块可起到降温增湿的双重效果。白天关闭通气设备，防止外界热气进入库内。

（3）果实预冷。刚采收的果实果温高于气温，可将果实放在冷凉地方，利用夜间低温降低果温，当果温接近窑温时入贮。

（4）果实入贮。贮果前应剔除病虫果、伤残果等，保证优质果入贮，防止烂果损失。

（5）贮期管理。刚入库时，要注意在夜间低温时开门通风降温，白天关门保温，贮藏中后期注意保温受冻，使窑内温度保持在－1.5～1.0 ℃，湿度维持在 90％左右，湿度过低时窑内及时喷水。

2. 机械（气调）冷藏库管理

（1）库房准备。①苹果入库前库房用硫黄、高锰酸钾＋甲醛、过氧乙酸、次氯酸钠等灭菌消毒，并及时通风换气。②检修设备。检修所需的温湿度系统、制冷循环系统，调试好制冷、加湿、气调设备。③入库时库温应预先降至－1 ℃，地面贮水槽放入足量水，以提高库内湿度。

（2）果品入库。①果实要求。入库果品要求新鲜洁净，无机械伤、病虫伤、雹伤、枝叶磨损等伤斑，产地入库机械伤果不能超过 3％，销地入库时机械伤果不能超过 10％，同时外观指标、硬度、可溶性固形物含量等必须符合质量要求。②货位安排。根据不同包装容器合理安排货位、堆码形式和高度。货垛排列方式、走向及间隙应与库内风机空气环流方向一致，并按不同品种分库、分垛、分等级堆码，为便于货垛空气环流散热降温，库内有效空间的贮藏体积不能超过 70％，否则会影响包装件的通风散热，使果品变质。为便于检查、盘点和管理，入库存放的果品一般以果园或产地为单位单独进行存放，也可根据果实成熟度及果实硬度进行存放，垛位不宜过大，入满库后应及时填写货位标签和平面货位图。

（3）货位堆码。距墙 0.20～0.30 米，距冷风机不少于 1.50 米，距库顶 0.50～0.60 米，垛间距离 0.30～0.50 米，库内通道宽 1.20～1.80 米，垛底垫木（石）高度 0.10～0.15 米。

（4）冷藏条件。苹果预冷入库后库房温度尽量避免出现波动，一般制冷机能够达到此标准，有气调的开启气调设备。库房入满后要求 48 小时内库房冷藏温达到－0.5～0.5 ℃，相对湿度达到 90％～95％，果心温度稳定在 0 ℃左右，气调指标温度达到－0.5～0 ℃，相对湿度达到 90％～95％；45 天后氧气降为 1.5％～3％，二氧化碳为 1％～3％。以上数值在生产管理中仅供参考。

在贮藏过程中每日对库房运行情况进行登记，发现异常情况及时进行调整；定期对果品贮藏情况进行检查，检测可溶性固形物、果实硬度等指标，观察果实的失水及病害的发生与否。总之，要预防贮藏过程中果实质量的变化，做好风险排查，及时予以处理。

（5）通风换气。由于苹果的代谢活动会排出积累的有害气体乙烯和挥发性物质（乙醇、乙醛等），所以贮藏前期可利用夜间或早上低温时适当通风换气，但要防止引起库内温湿度较大的波动。通风时间最好在气温较低、库内温差较小的早晨进行，雨天、雾天外界湿度过大，不适宜通风换气。

（三）贮藏期间病害的预防

贮藏病害是影响贮藏质量的重要因素之一。贮藏病害的产生与贮藏管理有关，也与品种和栽培特性有关。贮藏病害一般分病原菌引起的侵染性病害和生理失调导致的生理病害两类。在果实生长和贮藏期间，由病原菌通过皮孔或伤口侵入而引起的病害，可采取预防措施加以防止。一是果园中彻底清除污染源和加强防病措施；二是在采收、分级、包装、运输过程中所有操作要小心仔细，尽量做到无损伤或少损伤，减少病原菌侵染的机会；三是包装材料和冷库藏可采用漂白粉喷洒熏蒸、硫黄粉熏蒸、0.5％高锰酸钾喷洒、过氧乙酸喷洒、乳酸熏蒸、福尔马林和高锰酸钾混合熏蒸方式预先消毒处理。

苹果贮藏期生理病害主要有缺钙病和虎皮病。缺钙病主要依靠生长期及时喷补钙并结合采后及早用 3％～5％氯化钙液在真空条件下浸渍果实来防止。虎皮病用 0.13％～0.25％二苯胺（DPA）或丁基化羧基苯甲醚（BHA）溶液浸渍果实防效明显。用含有二苯胺的包果纸（每张包果纸含有 1.5～2 毫克二苯胺）包果实，也可有效地防止虎皮病。用 0.25％～0.35％乙氧基喹浸渍果实或用含一氧基喹的包果纸（2毫克/张）或装箱的纸隔板上浸有乙氧基喹（4克/箱），都有防治虎皮病的效果。果实无论用哪种药液浸渍处理，都需要待果面晾干后包装贮藏或运输。

第三节　商品化处理

商品化处理可改进苹果产品质量，进而提高苹果的商品价值和商品率，提高经济效益。果实从果园采摘后到进入市场之前，要经过清洗→打蜡→贴标→分级→包装→运输等过程，其中处理过程中的每一步骤都可能影响到苹果的商品价值。因此，处理方法应当规范科学。

一、清洗

清洗是为了清除果面污物、污染，提高果面光洁度。清洗可采用喷淋、冲洗、浸泡等方式水洗或用毛刷刷洗，除去苹果上沾着的污泥或污物，减少病菌和农药残留，使果实清洁卫生，符合商品要求和卫生标准，提高商品价值。水洗后必须进行干燥处理，否则容易引起果实腐烂。套袋苹果如果果面洁净可不清洗。清洗的方法有人工清洗和机械清洗。清洗时在水中加入漂白粉60～180毫升/升进行消毒杀菌。

二、打蜡

打蜡就是在果面上涂上一层果蜡。果实打蜡后，可以抑制水分蒸发、减少腐烂、保持鲜度、延长供应时间，使果实变得洁净、美观、漂亮，提高商品价值。

果面上涂的果蜡是可食性液体保鲜剂，主要有石蜡类物质如乳化蜡、虫胶蜡、水果蜡等。

苹果打蜡一般应在洗果后进行。其方法有人工浸涂和刷涂以及机械涂蜡。少量处理时，可用人工方法将果实在配好的涂料中浸蘸一下取出；或用软刷、棉布等蘸取涂料抹在果面上。无论采用哪种方法，都应使果面均匀着蜡，萼洼、梗洼及果柄处均应涂到。并注意揩去多余蜡液，以免在果面上凝结成蜡珠而影响效果。大量处理时，用机械涂蜡工效高、效果好，先进行清洗、烘干，再机械涂蜡、贴标、分级、包装等，以流水线的形式一次通过。

三、分级

苹果通过分级才能实现按级定价、收购、销售和包装。分级不仅可以体现优质优价，而且可以推动果树栽培技术的发展和提高。同时，通过果品分级，剔除伤残、病虫果，能够有效防止病虫和有害生物的传播与扩展，便于产品的包装和分类销售，实现商品的标准化，满足不同层次消费者需要。

中华人民共和国国家标准《鲜苹果》（GB/T 10651—2008），将鲜苹果分为优等品、一等品、二等品 3 个等级，对我国苹果的主栽品种的外观质量、内在品质和食用安全做了明确的规定，是鲜苹果分级和交易的基本准则。陇东黄土高原各苹果主产市县也制定了各自苹果等级标准，均高于国家标准，可参照执行。

苹果的分级方法一般采取人工分级和机械分级两种。人工分级一是凭人的视觉判断果实大小、颜色、形状，将产品分为若干级，分级误差较大。二是用分级板分级，只能分大小，颜色、形状要靠人的视觉分辨，只能分选 3～4 个级别，并且级别标准不是很规范。机械分级目前采用光电数码控制，进行自动化分级分色，可分选出 20 个左右的级别，既分重量又分颜色，并可分辨挑选出残次果，工作效率极高。为了使分级更加精准，在国外采用机械分级与人工挑选相结合的方法，使分选的果品标准一致。

四、包装

果品包装是实现果品标准化、商品化，保证安全运输和贮藏的重要措施。优质果品配以精美包装，不仅可使果品在运输中保持良好的状态，减少因相互摩擦、碰撞、挤压等所造成的机械损伤，减少病害蔓延和水分蒸发，避免果品散堆发热而引起的腐烂变质，而且可以增加和保持果品在流通中的良好稳定性及卫生质量，刺激消费者的购买欲望，使人们在购买、食用过程中得到美的享受。同时，又能使果品的身价倍增，提高商品率和经济效益。

果品包装是商品处理的一部分，是贸易的辅助手段，为市场交易提供标准的规格单位，免去销售过程中的产品计量，便于流通过程中的标准化，也有利于机械化操作。

（一）包装加工厂建设

出口果品加工厂，要求配置工人工作服、工作（网）帽，建设更衣室、消毒间、选果车间、贮藏库、果品分选车间、包装车间、成品库等，库房或车间不能存放有毒有害的物品，果品清洗用水符合人饮标准。

（二）使用的包装材料

1. 包装容器基本要求　经济、美观、高雅、坚固、轻便、大方、卫生、适销，无不良气味，有利于贮藏堆码和运输。内外两面无钉头、尖刺等，应对果实具有完全的保护性能，包装材料及标志所用胶水无毒性。

2. 常用的包装材料

（1）纸箱。一是瓦楞纸箱，其造价低、易生产，但纸软、易受潮，可作为短期贮藏堆码或近距离运输用。另一种是由木纤维制成的纸箱，质地较硬，可作为长期贮藏和远距离运输。

（2）钙塑瓦楞箱。用钙塑瓦楞板组装成不同规格的包装箱，轻便、耐用、抗压、防潮、隔热，虽然造价高，但可反复使用，成本可降低。

（3）竹藤制品。造型精美的竹筐、藤筐、篮子作为高档礼品包装容器已进入超级市场。

（4）包装软纸、发泡网、凹窝隔板等，包装效果很好。

3. 包装容器规格

（1）包装箱。我国内销用的包装箱多数用瓦楞纸制成，容量有 5、10、20 千克不等，但多数为 20 千克；20 千克包装箱底部尺寸为 60 厘米×40 厘米或 50 厘米×40 厘米，瓦楞纸平方厘米不低于 180 克，两面箱板纸每平方厘米不低于 500 克，抗压强度不低于 600 千克，纸箱两侧各打 4 个孔。我国出口用的包装箱净重容量为 18 千克，要求苹果逐个包纸后装入纸箱，每箱定量果个数是 72、80、96、120 和 140 个。

（2）包装盒（礼品盒）。容量有 1、2、3、4 千克装的包装盒（礼品盒），有便携式和套盖式，精美、高雅，越来越受消费者青睐。

（3）散装箱（木制）底面尺寸为 80 厘米×120 厘米或 100 厘米×120 厘米，外部高度 75 厘米，内高 60 厘米，盛果容量 400～500 千克，箱底开不少于箱底面积 15% 的孔洞。

（三）果品包装方法

经过清洗、打蜡、分级的苹果，要在进行包装后才能销售。有的在进行清洗、打蜡、分级后，先放入周转箱内，贮入冷库，待出库销售前再进行包装。

包装时先在每个果面上贴商标标签或随机械化清洗、打蜡、分级、贴标一次进行。根据苹果品牌，设计商标标签，其风格、色彩、表现力要与苹果注册商标相一致。在每个果面同一部位贴上商标标签或技术监督部门监制的防伪标签。

包果时，先将果梗朝上，平放于包装纸的中央，先将纸的一角包裹在果梗处，再将左右两角包起来，向前一滚，使第 4 个纸角也搭在果梗上，随手将果梗朝下放于包装箱（盒）内。要求果间挨紧，呈直线排列，装满一层后，上放一层隔板或垫板，直至装满，盖上衬垫物后加盖封严，用胶带封牢或用封箱器捆牢。

在每个包装箱（盒）内，必须装同一个品种、同一级别的苹果，不能混装。相同规格的包装箱（盒）内，装入同一级别的苹果，而且果个数要相同，其果实净重误差不超过 1%。为了运输方便，可将若干件小包装盒装入大的外包装箱。

在每个包装箱（盒）和外包装箱上要填明商标、产品、重量、个数（盒）、级别、绿色食品（取得绿色标志使用权的才可标注）、包装日期、食用时间、发货人等。包装箱（盒）和外包装箱应具有坚固抗压、耐搬运的性能，同时应美观、大方，有广告宣传的效果。如果是 GAP 认证的果园，要在包装箱上标注出口商名称及地址、报检单位注册号码、水果种类、注册果园代码、注册加工厂代码、批次号、加工日期、产地、进口商名称等，若发生质量问题以便追溯。

五、运输

新鲜苹果运输要求快装快运、轻装轻卸、保温防冻防热，特别是陇东果区果品春夏季运往南方及沿海城市，从出库到销售网点需经过几天几夜，同时南方气温高，在运输途中要选择冷藏车或者小型冷藏集装箱（含小型冷藏气调集装箱）运输，到达市场要进冷库保存，否则，果品的新鲜度及硬度会发生较大变化，对果品质量和销售价格将产生较大影响。在果品运输中，必须注意以下几点：

1. 要根据产品类别、特点、包装要求、贮藏要求、运输距离及季节等采用不同的运输方式。

2. 待运时，应批次分明、堆码整齐、环境洁净、通风良好。严禁烈日暴晒、雨淋，注意防冻、防热、缩短待运时间。

3. 在运输过程中，所有工具必须洁净卫生，不能对苹果造成污染。

4. 禁止和农药、化肥及其他化学制品等一起运输。

5. 尽量减少和避免振动。

6. 保持低温和高湿，通风透气并注意留空堆码。

7. 运输和装载过程必须有完整档案记录，并保留相应单据。

附　录

附　录　1

甘肃省农产品质量安全条例

（2008 年 11 月 28 日甘肃省第十一次人大常委会第六次会议通过）

第一章　总　则

第一条　为保障农产品质量安全，维护公众身体健康和生命安全，促进农业和农村经济发展，根据《中华人民共和国农产品质量安全法》等有关法律法规，结合本省实际，制定本条例。

第二条　凡在本省行政区域内从事农产品生产、初加工、包装、贮运、经营和监督管理等活动的单位和个人，应当遵守本条例。

第三条　本条例所称农产品，是指在农业活动中，通过种植、养殖、采集、捕捞等方式获得的植物、动物、微生物及其产品。

本条例所称农产品质量安全，是指农产品质量达到规定的安全标准，符合保障人的健康、安全的要求。

本条例所称农产品初加工，是指通过分拣、去皮、剥壳、粉碎、清洗、切割、冷冻、烘干、打蜡、分级、脱水、包装等方式对农产品进行的简单加工。

第四条　县级以上人民政府农业行政主管部门负责本行政区域内农产品质量安全监督管理工作，其所属的农产品质量安全监督管理机构负责具体工作。

县级以上人民政府质量技术监督、工商、卫生、商务、环保等部门，按照各自职责，做好农产品质量安全相关工作。

乡镇人民政府应当逐步建立农产品质量安全监管公共服务机构，加强农产品质量安全监管。村民委员会、农民专业合作经济组织和乡村农业社会化服务组织应当对农产品生产经营活动进行指导和服务。

第五条　县级以上人民政府应当将农产品质量安全监督管理工作纳入本行政区域国民经济和社会发展规划，建立健全农产品质量安全监督管理体系和技术保障体系，保障农产品质量安全经费。

第六条　各级人民政府应当鼓励和支持农产品质量安全科学技术研究，推广先进安全的生产技术，推行农产品标准化生产，引导农产品生产者、经营者加强质量安全管理。

第七条　各级人民政府及有关部门应当加强农产品质量安全知识宣传，提高公众的质量安全意识，保障农产品消费安全。

县级以上人民政府农业行政主管部门应当强化公共服务意识，为农产品生产者、经营者和消费者提供信息、技术等方面的服务。

省人民政府农业行政主管部门应当根据本省实际，及时向公众发布农产品质量安全状况信息，其他单位和个人不得擅自发布。

第八条　农产品的生产经营者应当依照法律法规的规定和农产品质量安全标准从事生产经营活动，对社会公众负责，保证其生产经营的农产品符合质量安全标准。

第九条　县级以上人民政府农业行政主管部门应当建立农产品质量安全举报制度，公布举报方式，并为举报人保密。

任何组织和个人有权对违反本条例规定的行为向农产品质量安全监督管理部门举报。

第二章　产地管理

第十条　省人民政府农业行政主管部门应当按照保障农产品质量安全的要求，组织实施农产品产地安全标准。

第十一条　县级以上人民政府应当制定规划，采取综合措施，加强标准化农产品生产基地建设。

县级以上人民政府农业行政主管部门应当推进保障农产品质量安全的标准化示范基地、示范农场、养殖小区（场）和无规定动物疫病区的建设，指导农产品生产者按照农产品质量安全标准进行生产。

第十二条　县级以上人民政府农业行政主管部门对农产品产地有毒有害物质不符合产地安全标准，导致农产品不符合质量安全标准的，应当提出禁止生产农产品的区域和品种，报本级人民政府批准后公布。县级人民政府农业行政主管部门应当在禁止生产区设置标示牌，标明名称、地点、范围、面积和禁止生产的农产品品种等内容。

第十三条　农产品生产者应当采取生物、化学、工程等措施，对不符合农产品产地质量安全标准的农产品生产区域进行修复和治理。

产地环境改善的禁止生产区，符合农产品产地质量安全标准的，经县级人民政府农业行政主管部门确认，报本级人民政府批准后恢复生产，并及时变更标示牌内容或者撤除标示牌。

第十四条　鼓励、支持农产品生产的相关单位和个人申报无公害农产品产地认定。取得产地认定证书的，可以在其产地设立相应的标示牌，标明产地名称、范围、面积、生产种类等内容，其内容不得擅自变更，确需变更的，应当按照国家有关规定办理。

第十五条　县级以上人民政府农业行政主管部门应当建立健全农产品产地

安全监测制度，根据需要在农产品生产区设置监测点，对农产品产地安全状况及发展趋势进行监测和评价。

第十六条 禁止任何单位和个人向农产品生产区排放、倾倒、填埋下列污染物：（一）重金属、硝酸盐、油类、酸液、碱液、有毒废物、放射性废物；（二）未达标的工业废渣、废气、废水和含病原体的污水、污物；（三）超过国家规定标准的有毒有害固体废弃物、生活垃圾和其他污染物。

第十七条 因发生事故或者突发事件，造成或者可能造成农产品产地污染的，相关单位和个人应当及时采取控制措施，减轻或者消除危害，并向当地农业行政主管部门或者环境保护行政主管部门报告。收到报告的部门应当在二十四小时内到达现场调查处理，同时报告本级人民政府。

第三章 生产管理

第十八条 省人民政府农业行政主管部门应当制定保障农产品质量安全的生产技术规程，以保障农产品生产的质量安全。

第十九条 县级以上人民政府农业行政主管部门应当加强对农业投入品使用的监督管理，督促和指导生产者科学合理使用农业投入品。

鼓励农产品生产者使用生物农药、生态肥料、有机肥料、微生物肥料和可降解地膜等生产资料。

农产品生产者应当按照有关质量安全标准和生产技术规程，合理使用肥料、农药、兽药、渔药、饲料和饲料添加剂等农业投入品。

第二十条 农产品生产企业、农民专业合作经济组织应当建立农产品生产档案，如实记载下列内容：（一）使用农业投入品的名称、采购地点、购入数量、产品批准文号、用法、用量、使用和停用日期、休药期、间隔期、使用人等；（二）动物疫病、植物病虫草害发生和防治情况；（三）动植物屠宰、捕捞、收获日期等。

鼓励其他生产者建立农产品生产档案。

第二十一条 在农产品生产过程中禁止下列行为：（一）使用国家禁止使用的农业投入品；（二）超范围使用国家限制使用的农业投入品；（三）使用有毒有害物质处理农产品；（四）使用农药捕捞、捕猎；（五）收获、捕捞、屠宰未达到安全间隔期、休药期的农产品；（六）在禁止生产区生产禁止品种的农产品；（七）法律、法规禁止的其他行为。

第二十二条 农产品生产企业、农民专业合作经济组织应当建立健全农产品质量安全的相关制度规范，自行或者委托有资质的检测机构对其生产的农产品实行质量安全检测，对检测结果不符合质量安全要求的，应当进行无害化处理或者自行销毁。

第二十三条 鼓励、支持单位和个人申请无公害农产品认证。

申请无公害农产品认证，应当向县级农产品质量安全监督管理机构书面提出，由省农产品质量安全监督管理机构审核并组织现场检查，对符合要求的，其产品经具有相应资质的检测机构检测合格后，报农业部审批。

绿色食品、有机农产品的认证按国家有关规定执行。

第四章　包装和标识管理

第二十四条　县级以上人民政府农业行政主管部门应当引导、鼓励、支持农产品生产经营者对其产品包装销售。包装销售农产品的单位或者个人，应当对其销售农产品的包装质量和标识内容负责。

第二十五条　农产品生产企业、农民专业合作经济组织以及从事农产品收购的单位或者个人，用于销售的下列农产品应当包装：（一）无公害农产品、绿色食品、有机农产品、地理标志农产品，但鲜活畜、禽、水产品除外；（二）省人民政府农业行政主管部门规定的其他农产品。

符合规定包装的农产品拆包后直接向消费者销售的，可以不再另行包装。

第二十六条　农产品包装应当符合农产品贮藏、运输、销售及保障安全的要求，便于拆卸和搬运，避免机械损伤和二次污染。

禁止使用有毒、有害材料包装农产品。

第二十七条　包装农产品应当符合下列规定：（一）使用的包装材料和保鲜剂、防腐剂、添加剂等应当符合国家强制性技术规范；（二）包装场所卫生条件、用具、用水等符合要求，有必要的冷藏设施、消毒设备；（三）包装人员身体健康。

第二十八条　包装销售的农产品，应当在包装物上标注或者附加标识，标明品名、产地、生产者、生产日期和保质期等。

包装销售的农产品有分级标准的，应当标明质量等级；使用添加剂的，应当标明添加剂的名称和含量。

第二十九条　农产品标识所用文字应当使用规范的中文，标注的内容应当准确、清晰。

无公农产品、绿色食品、有机农产品和地理标志农产品，应当标注相应标志、标识和发证机构。

农业转基因生物产品，按照国家有关规定进行标识。

禁止任何组织和个人假冒、伪造、转让、买卖、超范围使用认证证书或者标志、标识。

第五章　经营管理

第三十条　农产品销售实行市场准入制度。

销售实行市场准入的农产品，应当凭农产品产地证明和农产品质量安全检测机构出具的质量合格证明进入市场。

依法应当实施检疫的动植物及其产品，须经法定机构检疫合格，附具检疫合格标志、检疫合格证明方可入市销售。

第三十一条　实行市场准入制度的农产品种类（名录）、检测检验具体对象、指标内容和区域范围、市场类型（名录）以及实施时间由省人民政府农业行政主管部门提出，报省人民政府批准公布。

第三十二条　农产品批发市场、农贸市场、定点屠宰场、商场（超市）、专卖店、配送中心、仓储企业等单位在农产品经营活动中应当履行下列责任：（一）建立农产品质量安全责任制度和经营档案，配备专兼职质量安全管理人员；（二）运输、储存需冷藏保鲜的农产品配有相应的冷藏设施；（三）对场地及使用器械定期消毒，保证经营场所清洁卫生；（四）查验农产品检验、检疫合格证明及其他合格证明；（五）与经营者签订农产品质量安全协议，明确质量安全责任；（六）发现经营质量不安全的农产品，应当停止销售，并向当地农业、工商行政主管部门报告。

第三十三条　农产品经营实行进销货台账、索证索票制度。农产品经营者应当如实记载农产品的名称、产地、生产者、生产日期、销售日期、保质期、产品质量安全证明等内容，保证农产品质量安全的可追溯。

第三十四条　有下列情形之一的农产品，不得销售：（一）含有国家禁止使用的农药、兽药、渔药或者其他化学物质的；（二）农药、兽药、渔药等化学物质残留或者重金属等有毒有害物质超标的；（三）含有致病性寄生虫、微生物或者生物毒素不符合农产品质量安全标准的；（四）使用的包装材料、保鲜剂、防腐剂、添加剂等不符合国家有关强制性技术规范的；（五）未经检疫检验或者经检疫检验不合格的动植物及其产品；（六）病体、病死动物及其产品；（七）其他不符合农产品质量安全标准的。

第三十五条　对不符合质量安全标准的农产品，当事人应当进行无害化处理或者予以销毁，所需费用自行承担。

第六章　监督检查

第三十六条　县级以上人民政府农业行政主管部门应当加强农产品质量安全监督管理工作，制定例行监测和监督抽查计划，其所属的农产品质量安全监督管理机构，具体行使下列职权：（一）对农产品生产、初加工、包装、贮运、经营等活动进行现场检查；（二）依法对违反农产品质量安全的行为进行调查；（三）实施农产品质量安全例行监测、监督抽查和日常监测；（四）查阅、复制有关的票据、账簿、协议、函电以及其他有关资料；（五）监督当事人对不符合质量安全标准的农产品进行无害化处理或者予以销毁；（六）对农产品质量安全事故进行调查；（七）法律、法规规定的其他职权。

第三十七条　出具有法律效力检测报告或者受委托承担政府监督检测任务的农产品质量安全检测机构，必须依法通过计量认证，并由省级以上人民政府农业行政主管部门或者其授权的部门考核合格。

县级以上农产品质量安全监督检测机构根据需要，可在乡镇、农产品生产基地、农产品批发市场、农产品生产经营企业设立农产品质量安全临时监测点。

农产品生产企业、农民专业合作经济组织、农产品批发市场设立的自检机构，应当具有相应的检测设备、技术人员和管理制度。

第三十八条　农产品质量安全例行监测、监督抽查工作所需经费由同级财政保障，不得向被抽查人收取费用。

委托检验检测的，按照相关标准向委托人收取费用。

第三十九条　县级以上人民政府农业行政主管部门应当建立农产品质量安全预警制度和应急机制。对本行政区域内可能影响农产品质量安全的潜在危险进行风险分析、预测、评估，同时采取有效措施，防止农产品质量安全事故的发生。

发生农产品质量安全突发事件时，发生地县级农业行政主管部门及其所属的农产品质量安全监督管理机构应当及时赶赴现场调查取证和应急处置，根据突发事件等级启动相应的应急预案，并逐级上报。

第七章　法律责任

第四十条　违反本条例规定，擅自变更禁止生产区标示牌内容，损毁禁止生产区标示牌的，由县级以上人民政府农业行政主管部门责令限期改正；逾期未改的，处1 000元以下罚款。

第四十一条　违反本条例规定，有下列情形之一的，由县级以上人民政府农业行政主管部门责令停止违法行为，处2 000元以上2万元以下罚款：（一）擅自变更无公害农产品产地认定标示牌内容的；（二）冒用无公害农产品产地认定标示牌的；（三）冒用无公害农产品产地生产农产品的。

第四十二条　违反本条例规定，假冒、伪造、转让、买卖农产品检测合格证明或者无公害农产品认证证书或者标志、标识的，由县级以上人民政府农业行政主管部门责令停止违法行为，处2 000元以上2万元以下罚款。

第四十三条　违反本条例规定，未建、伪造农产品生产档案的，由县级以上人民政府农业行政主管部门责令限期改正；逾期未改的，处2 000元以下罚款。

第四十四条　农产品生产企业、农民专业合作经济组织销售的农产品有本条例第三十四条规定情形之一的，由县级以上人民政府农业行政主管部门责令停止销售，追回已经销售的农产品，对违法销售的农产品进行无害化处理或者予以监督销毁；没收违法所得，并处2 000元以上2万元以下罚款。

农产品销售企业、农产品批发市场销售的农产品有本条例第三十四条规定情形之一的，由当地工商行政管理部门处理、处罚。

第四十五条 违反本条例规定，农产品批发市场发现进场销售的农产品不符合质量安全标准，隐瞒不报并允许其继续销售的，由县级以上人民政府农业行政主管部门责令改正，处 2 000 元以上 2 万元以下的罚款。

第四十六条 违反本条例规定，拒绝农产品质量安全监督管理机构现场检查或者在被检查时弄虚作假的，由县级以上人民政府农业行政主管部门处以 1 000 元以上 3 000 元以下罚款。

第四十七条 其他违反农产品质量安全法律、法规的行为，依照有关法律、法规的规定处罚。

第四十八条 国家工作人员在农产品质量安全监督管理工作中，玩忽职守、滥用职权、徇私舞弊的，由其所在单位或者有关行政主管部门依法给予行政处分。

第八章 附 则

第四十九条 本条例自 2009 年 3 月 1 日起施行。

附　录　2

平凉金果　苹果

(DB62/T 1380—2009)

1　范围

本标准规定了绿色农产品"平凉金果"苹果的术语与定义、技术要求、试验方法、检验规则、标志、标签、包装、运输和贮存。

本标准适用于平凉市辖区优质苹果适生区生产的富士系列及秦冠苹果的生产管理、商品检验与流通。

2　规范性引用文件

下列文件中的条款通过本标准的引用而成为本标准的条款。凡是注日期的引用文件，其随后所有的修改单（不包括勘误的内容）或修订版均不适用于本标准，然而，鼓励根据本标准达成协议的各方研究是否可使用这些文件的最新版本。凡是不注日期的引用文件，其最新版本适用于本标准。

ISO 8682　苹果气调贮藏

（eu）08－04　欧盟食品中农药残留限量

GB 2763　食品中农药最大残留限量

GB/T 5009.11　食品中总砷及无机砷的测定

GB/T 5009.12　食品中铅的测定

GB/T 5009.13　食品中铜的测定

GB/T 5009.15　食品中镉的测定

GB/T 5009.17　食品中总汞及有机汞的测定

GB/T 5009.18　食品中氟的测定

GB/T 7718　预包装食品标签通则

GB/T 8559　苹果冷藏技术

GB/T 8855　新鲜水果和蔬菜的取样方法

GB/T 10651　鲜苹果

GB/T 13607　苹果、柑橘包装

GB/T 15401　水果、蔬菜及其制品 亚硝酸盐和硝酸盐的测定

DB62/T　平凉金果 苹果生产技术规程

3　术语和定义

下列术语和定义适用于本标准。

3.1　平凉金果

系指在平凉市所辖范围内的苹果优生区，按 DB62/T 1862—2009 生产的具有独特品质并标以"平凉金果"国家注册商标的苹果。

3.2　成熟度

已达成熟的苹果，成熟度是表示果实成熟的不同阶段，分为可采成熟度、食用成熟度、生理成熟度三个阶段。依果实硬度的变化，按下列指标区别果实的成熟度：

a）硬：果肉硬实，并有淀粉味，不适于食用，采收后适于贮存或远距离运输；

b）坚：果肉坚实，正在变脆，略有淀粉味，尚不适于食用，也适于贮存或远距离运输；

c）坚熟：果肉清脆，适于食用，是成熟的正常阶段，适于短、中期贮存，远距离运输须有完善的保护条件；

d）熟：果肉发绵，很快变软，宜立即供应食用；

e）过熟：果实已达种子成熟阶段，果肉十分绵软，已无经济实用价值。

3.3　果形

具有品种果实应有的形状和特征，如外形有严重偏缺，致使变形的果实，即为畸形果。

3.4　果形指数

指果实纵径长度与果实最大横切面的直径之比。

3.5　色泽

指果实采收时应有的片红和条红色泽，必须符合品种和等级规定的着色状况。

3.6　果梗完整

指果实带有完整的果梗或统一剪除，凡带有受损的果梗不能认为果梗完整。

3.7　果锈

果锈包括果实梗洼、萼洼及果面上的片状锈斑和网状锈斑。

3.8　果皮缺陷

由于外界因素的作用，对果皮造成的划伤、压伤、刺伤、磨伤等各种损伤。

3.9　日灼

果实表面因受强日光照射形成的斑，也称烧伤、晒伤或日烧病。

3.10　药害

因喷洒农药在果面上残留的药斑或伤害。

3.11　小疵点

指分散的细小红斑点或梗洼处果表皮细密裂纹。

3.12　果实硬度

指果实胴部单位面积去皮后所承受的试验压力，检测时应用果实硬度计测试，以 kg/cm^2 计。

3.13　可溶性固形物

指果实汁液中在 20 ℃下所含能溶于水的糖类、有机酸、维生素、可溶性蛋白、色素和矿物质等，用手持折光仪检测，以百分率表示测试值。

3.14　总酸量

指一定量原果汁中有机酸的含量，测试值以百分率表示。

3.15　最大残留量

在生产或保护商品过程中，按照良好农业规范（GAP）要求使用农药后，允许农药在各种食品和动物饲料中或其表面残留的最大浓度。

4　技术要求

4.1　果实等级规格

根据果实外观评价，分为特级大、中、小型，一级大、中、小型，二级大、中、小型。

4.2　感官指标

感官指标应符合表 1 的规定

表 1　感官指标等级

等级		特级	一级	二级
基本要求		套袋果和不套袋果果实发育充分，无异常气味，没有不正常的外来水分，具有适于市场和贮存要求的成熟度，果实直径大于或等于 70 mm		
果形		具有品种固有特征，端正，果形指数 0.8 以上	果形指数 0.75 以上	端正、无畸形
色泽		集中着色面85%以上，条红或片红	集中着色面 75%～85%（不含 85%），条红或片红	集中着色面 60%～75%（不含 75%），条红或片红
果梗		完整或统一剪除		
果实大小	小型	135 g～200 g（不含 200g）或 70 mm～80 mm（不含 80 mm）		
	中型	200 g～250 g（不含 250g）或 80 mm～85 mm（不含 85 mm）		
	大型	≥250 g 或 85 mm 以上		
果实缺陷	小斑点	无	允许小斑点，小红点和裂纹的数量不超过 5 个	允许小斑点，小红点和裂纹的数量总量不超过 10 个
	碰压伤	无	无	允许轻微碰压伤，果皮不变褐，面积不超过 0.5 cm^2
	磨伤	无	无	允许轻微磨擦伤 1 处，面积不超过 0.5 cm^2

（续）

等级		特级	一级	二级
果实缺陷	果锈	无	无	无
	药害	无	无	无
	日灼	无	无	允许轻微日灼，面积不超过 1.0 cm²
	雹伤	无	无	允许轻微雹伤，面积不超过 1.0 cm²
	虫伤	无	无	无
	蛀果和裂果	无	无	无

注：以上允许缺陷果不得超过 2 项。

4.3 理化指标

理化指标应按表 2 规定执行。

表 2 平凉金果苹果的理化指标

项 目	指 标	
	富士系	秦冠
硬度，（kg/cm²）≥	8.0	6.0
可溶性固形物，（%）≥	14.5	13.5
总酸，（%）≤	0.40	0.35
维生素 C 含量，（mg/100 g）≥	5.5	5.0

4.4 安全卫生指标

4.4.1 农药残留量

农药残留量应符合 GB 2763 及（eu）08 - 04 的相关规定。各种农药的最大残留量见表 3。

表 3 农药最大残留量

项目	指标（mg/kg）	项目	指标（mg/kg）	项目	指标（mg/kg）
乙酰甲胺磷	≤0.02	硫丹	≤0.3	甲基对硫磷	≤0.01
双甲脒	≤0.05	杀螟硫磷	≤0.5	氯菊酯	≤0.05
三唑锡	≤0.05	甲氰菊酯	≤0.05	克螨特	≤3.0
甲拌磷	≤0.05	三唑酮	≤0.1	敌百虫	≤0.1
多菌灵	≤0.1	溴氰菊酯	≤0.1	阿维菌素	≤0.01

（续）

项目	指标（mg/kg）	项目	指标（mg/kg）	项目	指标（mg/kg）
百菌清	≤0.01	倍硫磷	≤0.05	吡虫啉	≤0.5
毒死蜱	≤0.05	氰戊菊酯	≤0.02	戊唑醇	≤0.01
氟氯氰菊酯	≤0.2	氟氰戊菊酯	≤0.05	蚜灭磷	≤1.0
氯氟氰菊酯	≤0.1	亚胺硫磷	≤0.5	辛硫磷	≤0.05
氯氰菊酯	≤0.5	六六六	≤0.05	四螨嗪	≤0.5
滴滴涕	≤0.05	噻螨酮	≤0.5	烯唑醇	≤0.1
溴氰菊酯	≤0.1	异菌脲	≤5.0	灭多威	≤0.2
敌敌畏	≤0.1	马拉硫磷	≤0.5	多效唑	≤0.05
三氯杀螨醇	≤0.02	代森锰锌	≤3.0	对硫磷	≤0.01
除虫脲	≤1.0	乐果	≤0.02	抗蚜威	≤0.1

4.4.2　重金属类

重金属类金属含量应符合表 4 的规定。

表 4　重金属类金属含量

项目		指标
砷，（以 As 计）（mg/kg）	≤	0.05
铅，（以 Bb 计）（mg/kg）	≤	0.1
铜，（以 Cu 计）（mg/kg）	≤	5.0
镉，（以 Cd 计）（mg/kg）	≤	0.03
汞，（以 Hg 计）（mg/kg）	≤	0.01
氟，（以 F 计）（mg/kg）	≤	0.5
亚硝酸盐，（mg/kg）	≤	4.0

5　试验方法

5.1　感官指标的测定

按 GB/T 16051 的规定执行。

5.2　理化指标的测定

按 GB/T 10651 的规定执行。

5.3　安全卫生指标的检验

5.3.1　农药残留的检验

按 GB 2763 规定的方法执行。

5.3.2　砷的测定

按 GB/T 5009.11 的规定执行。

5.3.3 铅的测定

按 GB/T 5009.12 的规定执行。

5.3.4 铜的测定

按 GB/T 5009.13 的规定执行。

5.3.5 镉的测定

按 GB/T 5009.15 的规定执行。

5.3.6 汞的测定

按 GB/T 5009.17 的规定执行。

5.3.7 氟的测定

按 GB/T 5009.18 的规定执行。

5.3.8 亚硝酸盐的测定

按 GB/T 15401 的规定执行。

6 检验规则

6.1 检验分类

6.1.1 型式检验

型式检验是对产品进行全面考核，即对本标准规定的全部要求（指标）进行检验。有下列情形之一者应进行型式检验。

  a）申请各种认证标志或果品年度质量抽检；

  b）前后两次检验结果差异较大；

  c）因人为或自然因素使生产环境发生较大变化；

  d）国家质量监督机构或主管部门提出型式检验要求。

6.1.2 交收检验

生产单位在产品交收前应进行交收检验，检验项目包括感官指标、净含量、包装、标志的检验。检验合格并附合格证的产品方可交收。

6.2 检验批次

同一生产基地、同一品种、同一包装规格、同一成熟度的果品为一个检验批次。

6.3 抽样方法

按 GB/T 8855 的规定执行。

6.4 判定规则

6.4.1 感官指标

特级果及一级果不得出现不合格果，若检测出不合格果，即为不合格。

6.4.2 理化指标

有一项不合格，应加倍抽样，复检仍有一项不合格，即判定该批果品不合格。

6.4.3　安全卫生指标

有一项不合格，即判定该批果品不合格。

7　标志、标签

标签执行 GB 7718 的规定。

8　包装、运输、贮存

8.1　包装

包装选用钙塑瓦箱或瓦楞纸箱包装，箱内应用纸板分层，单果应套包装用聚乙烯吹塑发泡网套或保鲜纸。包装容器的技术要求应符合 GB/T 13607 的规定。包装容器内不得有枝、叶、沙、石、尘土及其他异物，内包装材料应洁净、无异味，不应对果实造成伤害和污染。每种规格的包装、果实大小、色泽、成熟度、上下层间应均匀一致。

8.2　运输

8.2.1　运输工具清洁卫生，无异味。不得与有毒有害物品混装。尽量采用低温运输。装卸时应轻拿轻放。

8.2.2　待运产品应按批次堆码整齐，存放环境清洁，通风良好。严禁烈日暴晒、雨淋。注意防冻、防热。

8.3　贮存

8.3.1　冷藏应符合 GB/T 8559 的规定。

8.3.2　气调贮藏按 ISO 8682 规定执行。

8.3.3　贮藏库应无异味，果品不能直接着地，堆垛不应过高，垛间应留通道，不得与有毒、有害物质及物品混合存放，不得使用有损果品质量的保鲜试剂和材料，库内要加强防蝇、防鼠措施。

附 录 3

平凉金果 苹果生产技术规程

(DB62/T 1862—2009)

1 范围

本标准规定了平凉金果（苹果）生产的园地选择与规划、品种和苗木选择、栽植、土肥水管理、整形修剪、花果管理、果实套袋、病虫害防治、果实采收的要求。

本标准适用于平凉市苹果优生区平凉金果（苹果）的生产与管理。

2 规范性引用文件

下列文件中的条款通过引用成为本技术规程的条款。凡是注日期的引用文件，其随后所有的修改单（不包括勘误的内容）或修订版均不适用于本标准，然而，鼓励根据本标准达成协议的各方研究是否可使用这些文件的最新版本。凡是不注日期的引用文件，其最新版本适用于本标准。

GB 3095 环境空气质量标准

GB 5084 农田灌溉水质标准

HJ 332 食用农产品产地环境质量评价标准

NY/T 393 绿色食品 农药使用准则

NY/T 394 绿色食品 肥料使用准则

NY/T 1086 苹果采摘技术规范

DB 62/T 1388 双层三色育果袋

3 园地选择与规划

3.1 园地选择

3.1.1 集中连片

以村或乡为单位，调整好土地，集中连片建园，统一规划，以节约土地和投资，便于集约经营管理。

3.1.2 地势要求

选择地势平坦或小于 10°的缓坡地，光照充足，通风良好的地块建园，超过 10°的地段，应先修梯田后建园。

3.1.3 土质良好

园地土层深度要在 1 m 以上，土质疏松，通透性好，酸碱度 7.3～8.3 的黄绵土、壤土或沙壤土，地下水 1.5 m 以下。

3.1.4　海拔高度

应选 1 000 m～1 700 m 处建园。个别避风向阳的山台地梯田可达到 1 750 m。

3.1.5　园地环境要求标准

园址环境、土壤、水质总体应符合 HJ 332 的要求。其中土壤标准应符合 GB 15618 的要求，灌溉水应符合 GB 5084 的要求，空气质量应符合 GB 3095 的要求。若环境质量与相关标准要求不完全符合，应采用切实可行、操作性强的改进措施。如果某些重要因素难以在短期内改进，则应重新选择园址。

3.2　基础设施

3.2.1　灌溉与排水系统

在基地内选择地形最高处，修建储水设施或机井作为水源，从水源出口处修建主干渠、支渠，整个灌溉渠系尽可能略高于园地，并能实现自流灌溉。排水渠系应尽量依托灌溉渠系，出口修建在基地最低处，并能保证积水顺利排出。

3.2.2　水土保持及防护林建设

主要治理措施：山坡地修建水平梯田，基地内部及周边保持良好的植被，靠近沟边地带种植水土保持林，推广雨水集流技术，修建集水窖。

在园地的北边（主风向）建设乔灌混交的果园防护林体系。注意防护林不能有与苹果树共生的有害生物。

3.2.3　生产道路

生产道路包括主干道、支线的设计建设。主干道一般要求宽 5 m 以上，能够满足中型机动车及农用机械的正常行驶和工作，并通向所有的支线。支线一般要求宽 4 m～5 m，能够满足农用机械的正常工作，能够通向所有的小区和地块。道路设计要合理简捷，以网格形式或依地形设计修建。

3.2.4　基本生产设施

基地的基本生产设施主要包括：员工或农户生活居住条件建设，基地内员工休息室、学习培训室建设，植保产品贮存库、植保产品混配点、肥料贮存库、垃圾回收点建设、卫生急救设施等。这些建设项目的数量及分布地点要能够满足生产管理的需求。

4　品种和苗木选择

4.1　品种

宜以富士优系（礼泉短富、烟富 1 至烟富 6、2001 富士、长富 2、秋富 1 等）和秦冠为主栽品种。

4.2　苗木

根据立地条件，苗木应选择乔化、矮化、矮化中间砧、无毒苗或普通苗，其中基砧应选新疆野苹果、楸子、陇东海棠，矮化砧及中间砧应选用 M26、SH 系。苗木质量均须符合国家苹果苗木一级质量标准。

5 栽植

5.1 授粉树配置

授粉品种与主栽品种应有较好的花粉亲和力，且经济价值高。适宜红富士苹果的授粉品种主要有新红星、秦冠、金冠等，主栽品种与授粉品种的比例为4∶1左右。采用隔行或混栽配置。

5.2 栽植密度

乔化砧株行距（3.0 m～3.5 m）×（4.0 m～6 m）；矮化自根砧株行距（1.0 m～1.5 m）×（3.0 m～4.0 m）；半矮化自根砧、矮化中间砧或短枝型苗木，株行距（1.5 m～2.5 m）×（4.0 m～4.5 m）；矮化高密集约栽培，植株行距（0.8 m～1.5 m）×（4.0 m～4.5 m）。

5.3 栽植时间

分秋栽和春栽两种。秋栽在土壤封冻前栽植，栽后灌水并埋土越冬。春栽在土壤解冻后至苗木发芽前栽植，栽后灌足定植水。

5.4 栽植方法

采用定植沟或穴栽植。定植沟宽80 cm～100 cm，深80 cm，定植穴为直径80 cm、深50 cm的圆坑。定植时在穴、沟底部放入秸秆、杂草等，株施农家肥25 kg左右，并配施0.5 kg～1 kg的磷肥。

栽植沟（穴）内施入的肥料应是本规程6.2.3中规定的农家肥和商品肥料。

栽后定干，定干高度80 cm～100 cm；树盘或树行覆膜，苗干套5 cm×90 cm的膜袋，苗木发芽后在阴天或傍晚分步除袋。

6 土肥水管理

6.1 土壤管理

6.1.1 幼园土壤管理

6.1.1.1 深翻改土

分扩穴深翻和全园深翻。每年果实采收后或秋季落叶前，结合秋施基肥进行。对幼龄果园采取扩穴深翻法，在定植穴（沟）外挖宽80 cm、深60 cm左右的环状沟或平行沟，土壤回填时混以有机肥，表土放在底层，底土放在上层，然后灌水，使根与土壤密接，用3a～4a完成全园深翻改土。

6.1.1.2 幼园间作

幼树期行间空地可进行间作。实行间作的果园应保证充足的水肥供应，必须留足够的营养带。1年生树留1 m，2年生树留1.5 m，3年生树留（2 m～3 m）×4 m。中密植园可间作2a～3a，稀植园可间作3a～5a。间作物不能与果树争水、争肥、争光，不能与果树有共同的病虫害。适宜间作的作物有豆类、绿肥、低秆药用植物、西瓜、辣椒、大葱等，不应种植高秆、喜水作物，如玉米、高粱、白菜、小麦等。

6.1.2　挂果园土壤管理

6.1.2.1　覆草

覆草在春季施肥、灌水后进行。可选用麦秸、麦糠、玉米秸、干草。采用全园或树行覆盖，厚度 15 cm～20 cm，上面压少量土，2a～3a 后翻埋。

6.1.2.2　铺沙

干旱地可进行铺沙作业，铺沙时整平园地，每 667 m² 用干净河沙 20 m²，全园覆盖，厚度 3 cm～5 cm。

6.1.2.3　覆膜

推广旱作果园地膜覆盖栽培技术。在施肥穴外顺行向或灌水方向，靠施肥坑外缘做宽、深为 30 cm～40 cm 的灌水沟（也可作为排水沟或集雨沟）。沟土覆盖于行内，高度 15 cm～20 cm，垄面距树干处高、外围低，呈一斜面，树干周围 3 cm～5 cm 处不埋土。根据栽植密度和树龄，在起垄和施肥穴上面每边铺盖 1 m～2 m 的黑色地膜，顶凌覆盖。起到保墒、增温、防止杂草生长的作用。

6.1.2.4　果园生草

在有条件灌水的果园可进行生草管理。生草的方法有全园生草、行间生草和株间生草三种方式。土层深厚、肥沃的果园可全园生草，土层浅薄的果园可用行间和株间生草法。适宜种植的草种有三叶草、黑麦草等。可秋播或春播，每 667 m² 用籽量 0.5 kg。每年可刈割 2 次，将刈割的草可直接覆在树盘，也可作为饲料饲养家畜，畜粪还田。

无灌溉条件的果园，可实行行间自然生草。选择一年生低矮的草种，期间不采取任何除草措施，任其生长，但要清除直立生长、茎秆易木质化的恶性草。草高 30 cm～40 cm 时，割去地上部分，割时留茬 5 cm 左右，以利再生。把割下的青草覆盖在植株周边或树盘，起到"养草保土增肥，养草保湿控温"的作用。

6.2　施肥

6.2.1　测土配方

对园地土壤进行连续定点的土壤肥力测定及叶片营养分析，结合树相诊断，提出科学的施肥配方。

6.2.2　施肥原则

根据产地园地测土结果，依据 NY/T 394 规定的原则，施肥应以有机肥为主、化肥为辅，严格控制氮肥使用量，保持提高土壤肥力及土壤微生物活性。同时所施用的肥料不应对果园环境和果实品质产生不良影响。

6.2.3　允许使用的肥料种类

6.2.3.1　农家肥料

以畜禽粪便、大田作物秸秆、农业废弃物、饼粕等原料，经过发酵、分解和无害化处理而制成生物有机肥。医用垃圾和生活垃圾不得用作生物有机肥的生产原料，未经处理的原料不得进入果园，不允许使用人类粪便及生活中产生的污水淤泥。

6.2.3.2　商品肥料

包括商品有机肥料、腐殖酸类肥、微生物肥、有机复合肥、无机（矿质）肥、叶面肥等。

6.2.3.3　其他肥料

不含有毒物质的食品、油渣、豆渣、骨粉、氨基酸残渣、骨胶废渣、家禽家畜加工废料等有机物料制成的，经农业部门登记允许使用的肥料。

6.2.4　禁止使用的肥料

未经无害化处理的城市垃圾或含有金属、橡胶和有害物质的垃圾，硝态氮，人粪尿及未获登记的肥料产品。

6.2.5　有机肥发酵制作方法及质量要求

在离基地果园 10 m 以外的空旷地区挖深 0.5 m 以上，宽 1.5 m～2 m 地下坑（长视原料多少而定）。周边用薄膜或水泥挂皮，地上高出地面 30 cm 左右即可。或在果园 10 m 以外的空旷地将原料堆集，上覆 5 cm～10 cm 黄土，拍实压严，用薄膜覆盖，厌氧发酵。发酵时间一般为 10 d～15 d。气温低时，发酵 15 d 以上，气温高时发酵 5 d～7 d，见表面长满白菌丝即发酵成功。有机肥质量指标应符合表 1 的要求。

表 1　有机肥质量要求

项　目	指　标
外观及气味	黑（灰）褐色、疏松、无臭味
有效活菌数，亿个/g　≥	0.2
酸碱度	6.0～8.0
有机质（以 C 计），%　≥	3.5
总养分（N、P、K）含量，%	5～10

6.2.6　有机肥无害化指标

有机肥无害化指标应符合表 2 的要求。

表 2　有机肥无害化指标要求

项　目	指　标
蛔虫卵死亡率，%	95～100
大肠杆菌值	10～1
汞（以 Hg 计），mg/kg　≤	5.0
铬（以 Cr 计），mg/kg　≤	70
镉（以 Cd 计），mg/kg　≤	3.0
砷（以 As 计），mg/kg　≤	30
铅（以 Pb 计），mg/kg　≤	60

6.2.7　施肥时间、方法

6.2.7.1　基肥

基肥的施用时间以早中熟苹果采收后、晚熟苹果采收前为最佳。施肥方法以开沟施、穴施为主，施肥深度为 20 cm～40 cm。秋施以腐熟的有机肥为主，667 m² 施 3 000 kg～6 000 kg。当有机肥不足时可通过增施商品有机肥加以弥补。基肥的施用量应占到全年施肥量的 70%～80%。

6.2.7.2　追肥

6.2.7.2.1　土壤追肥

以化学肥料为主，每年 3 次，第一次在萌芽前后，以氮肥为主，磷钾混合施用；第二次在花芽分化及幼果膨大期，以磷、钾肥为主，混合施入适量氮肥；第三次在果实生长后期，以钾肥为主。施肥方法以开沟施或穴施为主，深度 20 cm～25 cm，追肥后及时灌水，最后一次追肥应在果实采收前 30 d 进行。

6.2.7.2.2　叶面追肥

以追施微量元素为主，全年 4 次～5 次。常用肥料及浓度：磷酸二氢钾 0.2%～0.3%，硼砂 0.3%，硫酸亚铁 0.3%，钙、锌、铜、镁等微肥可根据植株长势及树相诊断结果适量使用。

6.2.8　施肥量

有机肥施用量应符合表 3 的要求。

表 3　有机肥施肥量（每 667 m² 施用量，kg）

有机质含量（%）	产量 3 000 kg	产量 4 000 kg	产量 5 000 kg
1.00～2.00	3 000	4 000	5 000
≤1.00	4 000	5 000	6 000

注：化肥每公顷施肥量：纯氮<85 kg，纯磷<115 kg，纯钾<100 kg。氮、磷、钾的施肥比例为：15：15：10。

6.3　水分管理

6.3.1　灌溉水质量要求

灌溉水应符合 GB 5084 的要求。并取得水务部门（管理）用水许可文件。根据基地现状，可用的水源有：地表（水库）水、地下（井）水、集雨（窖）水。不允许使用人类生活产生的污水。

6.3.2　水源及灌溉设施管理

6.3.2.1　水源管理

基地内灌溉水源的水质至少每年检测一次，应经由国家认证的化验室进行检测，水质须符合 GB 5084 的要求，并保存《水质检测报告》；水井、水窖的所有者是其管理维护的责任人；为防止生活垃圾及其他杂质落入，基地水井、水窖口应用水泥砌出高于地面30cm的水口，加盖上锁并标识；基地内水井、水窖周围100 m内不得堆放粪便、生活垃圾；严禁将农药残液、废弃物投入水源，避免污染。水井、水窖的所有者要随时检查其保护措施是否完好，灌溉用水时要对其电源和提水设施进行安全检查，严禁不安全操作，园地负责人要对其重点检查，以确保基地用水安全和人员安全。

6.3.2.2　设施管理

保证水源设施完好，水井、水窖必须加盖，并有明显标识；灌溉之前必须对提水设施、输水管道进行检修维护，确保运行良好；输水明渠畅通卫生，严禁将生活垃圾、废弃物倒入明渠，避免对灌溉水的污染。

6.3.3　合理灌溉

6.3.3.1　灌溉技术

6.3.3.1.1　灌水时期

根据果树生长发育规律和气候状况确定灌水期，一般在土壤封冻前、早春开花前、果实膨大期灌水。

6.3.3.1.2　灌水指标

保持土壤含水量在12％～16％之间，当果园土壤含水量低于10％时应立即灌溉。一般灌水两天后表层土壤湿润25 cm左右即可。

6.3.3.1.3　灌水方法

有灌溉条件的果园，果园灌溉应本着节约用水、减少土壤侵蚀的原则，推广小沟交替灌溉、滴灌、渗灌等节水灌溉技术。依靠自然降水的果园，提倡开沟起垄覆膜，蓄积自然降水，提高水分利用率。

6.3.3.1.4　作好灌水记录

记录包括时间、方法和用水量。

6.3.4　抗旱保墒　防涝排水

6.3.4.1　抗旱保墒技术

6.3.4.1.1　穴贮肥水

旱作果园在树冠投影边缘向内约40 cm处，挖4个～6个直径30 cm～40 cm、深40 cm～50 cm的圆坑，坑内填入用玉米秆、麦草或杂草等捆绑成的长约40 cm、直径为20 cm～30 cm的草捆。每穴施入过磷酸钙100 g、尿素50 g，或有机复合肥100 g～200 g，将肥和土搅拌均匀，填入草捆周围，然后灌水。坑口用农膜覆盖，中间打一小孔，用瓦片盖住，周围修成浅盘状，集纳降雨，或根据果园墒情于果树生长期灌水3次～4次，每次每穴灌水3.5 kg～5 kg。

6.3.4.1.2　覆盖保墒

主要方法：覆膜、覆草、覆沙、种草等。具体操作方法见6.1.2。

6.3.4.2　防涝排水

苹果树不耐涝，当土壤水分达到饱和时要及时进行排水。梯田要管好堰下沟，平地要根据土壤情况每隔一定距离留一排水沟，排水沟的深度要达到活土层以下。

7 整形修剪

7.1 整形修剪原则

因树修剪，随枝作形，抑强扶弱，均衡树势，简单自然，低耗高效。具体要做到：

考虑长远，兼顾当前。如幼树期主要考虑培养良好的骨架，重点促进生长。同时，也要考虑适量结果，使长树结果两不误。

平衡树势，主从分明。各级骨干枝要保持良好的主从关系，抑强扶弱，要使同类枝长势大体相同。中央干强于主枝，主枝上直接着生各类疏松、下垂的结果枝组，主从分明。

简单自然，降低消耗。根据树种、品种特性，在因树作形，随枝修剪的同时，尽量遵循其生物学特性，简化修剪手法，顺其自然，不能对树体造成大的刺激，降低消耗，提高效益。

整形修剪尽可能在果树生长季进行，通过合理修剪、拉枝开角，及时疏除树冠内直立旺长枝、密生枝和剪锯口处的萌蘖枝等，以改善树体通风透光条件。

7.2 主要树形

7.2.1 主干形

适宜密度为（1.5 m～2 m）×（3 m～4 m），667 m² 栽 167 株～83 株。定干高度 1 m 或不定干，直接在 1 m 以上每 15 cm 处刻芽。主干上直接着生结果枝组 20 个左右，树高 3.5 m。

7.2.2 纺锤形

适宜密度为（2 m～3 m）×（4 m～5 m），667 m² 栽 83～55 株。干高 80 cm，主干上着生主枝 10 个～15 个，每个主枝间距 20 cm 左右，呈螺旋上升排列，同侧主枝间距 60 cm 以上，主枝上直接养生结果枝组，树高 3.5 m。

7.2.3 改良纺锤形

适宜密度为 3 m×（4 m～5 m），667 m² 栽 55 株～45 株。适用于前期整形修剪不规范的果园改造。干高 60 cm 左右，第一层三主枝每主枝可选留 1 个～2 个侧枝，距第一层最上部主枝每 20 cm 以上留一主枝，与第一层插空排列，主枝上不留侧枝，直接着生结果枝组。树高 3.5 m，主枝 10 个左右。

7.2.4 开心形

适宜密度为 4 m×6 m，667 m² 栽 28 株，由进入盛果期后的纺锤形、改良纺锤形改造而成，干高 1 m 以上，主枝 3 个～5 个，成单层排列，主枝间距 30 cm 左右，主枝上直接着生大、中、小型疏松、下垂的结果枝组，主枝角度 80°左右，冠厚 2 m 左右，树高 2.5 m～3.0 m。

7.3 修剪时期及方法

7.3.1 春季修剪

以"刻芽促梢"和"抹芽除萌"为主要内容。3月中旬至4月上旬，对一年生辅养枝的两侧芽，主枝两侧芽刻芽，中央干延长枝上每隔20 cm刻一芽，促发新梢。萌芽后，将枝条背上或剪锯口处无用的萌芽抹除，增加有效枝比例。结果树进行花前复剪。

7.3.2 夏季修剪

调节新梢生长量和生长势，对幼树和初结果树，为促发短枝和花芽形成。主要采用拉枝、捋枝、变向等手法缓和其生长势，促进成花。

7.3.3 秋季修剪

以"拉枝开角"为主，根据树形要求，拉开枝条角度，同时调整方位，使其分布均匀，充分占据空间。"纺锤形"树的主枝角度为80°～100°，辅养枝为100°～120°，及时疏除中心干、主枝背上无用的直立新梢及大枝分杈处和剪锯口附近的萌生枝。禁止摘心、扭梢措施，避免造成二次生长和枝叶混乱、郁闭。

7.3.4 冬季修剪

对树体结构进行合理调整，包括大枝数量、枝组比例、枝组大小、总留枝量和花芽数量的调节。疏除重叠枝、徒长枝和干扰树体结构的强旺大枝，更新结果枝组。当主枝上的侧枝过大过多时，要分年疏除，对过大的结果枝组通过回缩调整枝组角度和方位，不再对主枝延长头短剪，可进行回缩换头，保持单轴延伸，培养疏松下垂结果枝组。667 m^{2}枝量控制在6万枝～8万枝为宜。

a）疏枝

疏枝主要是疏除过密的重叠枝、交叉枝、长势强旺的直立大枝以及侧枝、多头枝。对进入初果期的树，枝量控制在8万个左右，并开始选好落头枝进行培养，疏除顶部多余大枝，削弱主枝头生长势，让其单轴延伸。同侧主枝间距保持在80 cm以上，并疏除主枝上的侧枝，背上强旺枝，使其单轴延伸。

b）开角

开张各级、各类枝条的生长角度。对各主枝角度一律拉成80°～90°，对结果枝组拉成水平或下垂，缓和树势，增加光照。开张角度要早，对幼龄果园或初果园的各级骨干枝，应在主枝枝展范围达到80 cm～100 cm时及时开角。对临时枝、结果枝应在生长前期改变生长方向避免长成强旺枝、徒长枝，及早转化成健壮结果枝。对已成形的结果园，主枝角度过小的，也要采取"连三锯"等强拉措施开张角度，以缓和生长势，转化成长势稳定、强健的结果枝。

c）提干

对主干低，下部光照不良，成花少、质量差的主枝进行疏除，抬高主干。一般根据果园密度与下部主枝量，逐年疏除大枝，提高干的高度，干高达80 cm以上。

d) 落头

盛果期果园，当树冠高于 4 m 或大于行距时，则应选择西北方向，枝势较好的主枝处进行落头，使树高控制在 3 m 左右。

e) 间伐

对于通过落头、提干、疏枝后仍然郁闭的果园，对临时株进行逐年或一次间伐。对具有利用价值，对永久株影响较小的临时株，可通过疏枝、落头、提干、逐年缩小缩扁，给永久株让路，直至间伐。如果全园过于郁闭，树冠交接严重的果园，对临时株进行一次性间伐。

7.4　不同类型的树形修剪技术

7.4.1　幼树期整形修剪

树形以细长纺锤形及改良纺锤形为主的果园，应采用"一年定干，二年重剪，三年拉枝，四年成形挂果，五年丰产"的幼树早果、丰产、优质栽培技术途径。具体操作如下：

定植当年于 80 cm～100 cm 处定干。冬剪时，无论发枝长短，选 3 个～4 个主枝（邻近而不邻接），留 2 芽～4 芽重剪，剪口芽朝下，其余枝疏除。弱树中央干从饱满芽处剪，强树中央干不剪。

第二年，春季萌芽后，选留的 3 个～4 个主枝，只留剪口芽使其抽成长枝，其余枝一律抹除。中央干只选留顶芽，抹除或控制竞争枝。

第三年，春季萌芽前对选留的 3 个～4 个主枝均拉成水平，并对各主枝两侧芽每 20 cm 左右，用钢锯条在芽前 0.5 cm 处横拉一下，进行刻芽，使其抽成 10 cm～20 cm 中长枝，抹除背上芽或旺长枝；中央干以剪去 1/5～1/4 为宜，从第一层最上部主枝开始，每 20 cm 左右螺旋上升，选一芽在芽前 0.5 cm 处刻芽，让其发枝，作为主枝培养。

第四年，春季萌芽前，继续拉平第一层以上的各主枝，并进行两侧刻芽，中央干剪去 1/5～1/4，在中干上每隔 20 cm 刻芽。第一层主枝上结果枝组开始挂果，第四年秋树冠基本达到要求高度，主枝数量 10 个以上。

第五年，主干高度在 3 m 以上者，于 3 m 处拉弯主干作主枝用，其余主枝长放不剪，单轴延伸，全树开花结果，平均单株产量可达到 12.5 kg 以上，667 m^2 产量可达到 750 kg 以上。

7.4.2　初果期树的修剪

红富士苹果初果期一般指 5a～7a 生树，营养生长仍然占优势，修剪反应敏感，产量很难稳步上升，修剪上应调整树体结构，分清主辅关系。对辅养枝进行适当环割，使其早结果、多结果，对影响主枝生长的逐步回缩或疏除，为主枝让路。培养疏松、下垂、细长的结果枝组。以夏剪为主，冬夏结合。疏除背上直立枝，缓放斜生、侧生枝，使其单轴延伸。通过夏季拉枝、开角、捋枝、变向，使其水平或下垂，连年缓放，不截不缩，缓和生长势，增加短枝比例，多成花结果。

对 667 m² 栽 55 株以上的密植园，应分永久株与临时株。对永久株继续选留好骨干枝，形成坚强的骨架和良好的结构，为以后丰产奠定基础。对临时株则采用主干环剥或环割，控长促花，完成前期丰产任务。随永久株树冠逐步增大，逐渐缩小临时株，直至间伐，为永久株让路。

7.4.3 盛果期树的修剪

红富士苹果乔化树一般 8a 后（矮化树、短枝型可提前两年）进入盛果期，667 m² 产量稳定在 2 500 kg～3 000 kg 以上。修剪的目标及任务是维持健壮树势，枝量适宜，通风透光良好，产量稳定，优质果率高，尽量延长盛果期年限。围绕上述目标任务，在修剪上要做好以下几点。

调整枝量，改善通风透光条件。进入盛果期后，树冠枝量基本达到高峰期，光照条件开始恶化，应逐步疏除过大辅养枝及主枝上侧枝。分年去除过低主枝和中间多余主枝，拉大层间距。同时削弱主头生长势，为落头开心做准备，使树高控制在 3.5 m 左右，2a～3a 内使主枝数量控制在 10 个以内，667 m² 枝量控制在 6 万枝～8 万枝。

以夏剪为重，细致培养、合理搭配各类结果枝组。除冬剪疏枝外，通过春季空闲位刻芽增梢，密集部位抹芽除萌，夏季调整枝、梢方位、角度，秋季拉枝开角等手法培养疏松、下垂的大、中、小型结果枝组，大枝组间距 60 cm 一个，中型结果枝组 30 cm 一个至 50 cm 一个，小型枝 20 cm 一个。

限产、提质、克服大小年。冬剪时，按照树体情况，确定合理留枝量和花芽数量，花量过大时，疏除细弱串花枝，在分枝处回缩过长结果枝组，减少花量，使花、叶芽比趋于合理，并严格疏花疏果，限制树体负载量，克服大小年结果现象。

保持骨干枝优势和健壮的结果枝组，延长盛果期年限。如果延长枝角度太大或结果后衰弱时，要适当回缩后堵，抬高枝头，使后部结果枝组充实、健壮，延长枝保持一定优势，并注意"营养枝、育花枝、结果枝"比例适宜，轮换更新，交替结果。结果枝 3a～5a 内更新一遍，使结果枝绝大部分处于健壮状态，延长盛果期年限。

7.4.4 旺树的修剪

开张角度。用撑、拉、压、连三锯等办法开张主枝角度，使主枝角度达到 80°～90°，辅养枝、结果枝组达到 90°～120°。环割生长过旺的辅养枝，一年生枝变向缓放，促进成花、结果，使营养生长转向生殖生长。

当树高达到一定高度时，疏除竞争枝，拉弯中干并缓放，作主枝用，使其成花结果，以果压冠。适当疏除密生发育枝，直立旺长枝，有利于解决光照，减少养分消耗，促进成花。

7.4.5　放任树的修剪

放任树往往是大枝过多，双权枝、三权枝大量存在，主枝角度小，基部光秃，营养消耗严重，表层结果，产量低、质量差，病虫害严重等。因此，修剪中应注意以下几点：

因树修剪，随枝作形。按照树体现有特征，顺其自然，确定适宜树形，对选定的主枝开张角度，对多余大枝、辅养枝分年去除，疏除双权枝、三权枝，使其单轴延伸。

明确主从关系，对主枝后部光秃部位春季萌芽前刻芽补梢，对有空间的辅养枝环割、环剥，促其成花，结果后，分年去除。缓放斜生、侧生、一年生枝，培养细长、下垂结果枝组。

7.4.6　衰弱树的修剪

适时修剪。适时偏早修剪，有利于剪口芽充实饱满。一般应以落叶后 30 d～45 d 修剪为宜。如果修剪过迟，伤流大，反而影响树势恢复。

适当疏枝。主要疏除树冠内的干枯枝、枯果枝、病虫枝和衰弱枝组等，尽量少疏大枝。如果大枝过多，可逐年去疏。在疏大枝时要留保护桩。在疏枝中要做到疏弱留强，疏下留上，疏平留直。

少用短截。衰弱树的中、短新枝，一般顶芽比侧芽大而饱满，生长势强，因此宜放不宜短截。而对个别长新枝可实行中短截，剪口下留饱满芽，能够抽生强壮生枝。对于一些可利用的直立枝和竞争枝，可采用短截、甩放和变向等相结合的方法，将其培养成新的骨干枝或结果枝组。

巧用回缩。回缩多年长放枝和单轴延伸衰弱枝组，要回缩到后边强壮分枝处，并留保护桩和多甩直立或斜生"大辫子"。对于各骨干枝前端的分枝应一次回缩到弱枝处，达到截前促后，增强分生枝长势。

少造伤口。对于衰弱树进行疏枝、短截和回缩时，都要注意少造伤。剪口、锯口要和枝干垂直、不要造斜面伤。疏枝时不要造对口伤和连三伤。如果造伤过大，更不利于枝势恢复。对于直径在 1.2 cm 以上剪口、锯口要涂抹封剪油或用菌毒清原液先涂抹消毒，再涂上一层润肤油，达到杀菌并防止水分蒸发。

少留花芽。对于串花枝可剪去三分之二。对于满枝都是花芽的弱树，要采用"破花修剪法"（即剪去花芽三分之二），多创造叶芽生长点，中、长果枝要多中截或轻截，尽量少留花芽，以利树势早日恢复。

7.5　修剪注意事项

a) 制定的修剪技术方案必须符合苹果树生物学特性。苹果树品种不同，生长习性差异很大，如萌芽率、成枝力、枝条角度、极性、成花难易程度均有所不同，在修剪时应采取不同修剪手法，才能达到满意的效果；

b) 整形修剪不能造成病虫害的传播蔓延。重点做到整形修剪使用的工具保持清洁无毒，坚持每次使用前用医用酒精对工具进行消毒，防止病菌交叉感染；对剪除的病虫枝必须及时清理，集中深埋或在果园外垃圾集中点烧毁；

　　c）禁止在果园或生活区焚烧弃枝、落叶，防止对环境造成污染；

　　d）对无病虫的弃枝进行无害化粉碎后与落叶一起深埋在果园，有利于增加土壤有机质。

8　花果管理

8.1　疏花疏果

8.1.1　留果（花）量的确定

8.1.1.1　按 667 m² 留果法

　　盛果期果园 667 m² 产量控制在 2 500 kg～3 000 kg，每 667 m² 总果量为12 000个～15 000 个。

8.1.1.2　按间距留果

　　即在疏花疏果时按 25 cm 左右间距留一果，此法简单易行，容易掌握。

8.1.2　疏花疏果的方法

　　疏花疏果要坚持疏早、疏小，先疏朵后疏果的原则，一般应经过休眠期疏枝、花序分离期疏序、花期疏朵、坐果后定果四次完成。

8.1.2.1　休眠期疏枝

　　根据留果量，对过量的串花枝、过密的临时结果枝，特别是对细弱果枝要进行及时疏除，减少花量，节约养分。

8.1.2.2　花序分离期疏序

　　在 4 月中下旬花序分离期，按间距留序，一次性疏掉多余花序；对花序要从花梗处一次疏除。注意在疏花序时只疏花序，不疏果台，以便促使果台副梢成花，达到以花换花的目的。

8.1.2.3　花期疏朵

　　每个花序一般是 5 朵以上，疏序后紧接着进行疏朵，每序留 2 朵～3 朵，其余一次疏除。

8.1.2.4　坐果后定果

　　一般在花后两周进行定果，可选留果形端正、发育良好的中心果，每序一果，对畸形果、病虫果及疏花时多留的果全部一次性疏除。在留果时，强枝多留，弱枝少留，顶花芽多留，腋花芽不留或少留。侧生、下垂果多留，直立果少留。

8.2　保花保果

8.2.1　人工授粉

8.2.1.1　授粉时间

　　在盛花期进行，连续授粉 2 次。

8.2.1.2　花粉采集

选择适宜授粉品种，当花朵含苞待放或初开时，从健壮植株上采集花朵，手工或机械将花药采集，并散落在油光纸上，放在干燥通风的室内阴干，室内温度保持 20 ℃～25 ℃，相对湿度 50％～70％，随时翻动以加速散粉，1 d～2 d 花药裂开散出花粉，过筛后即可使用。如果不能立刻应用，装入广口瓶内，放在低温干燥处保存。长期储存温度应控制在－10 ℃以下。

8.2.1.3　授粉方法

8.2.1.3.1　人工点授

按照一份花粉加十份添加剂（滑石粉、食用淀粉）的比例进行稀释，然后用毛笔或软橡皮蘸上稀释的花粉，向初开花朵的柱头上轻点，使花粉均匀地粘在柱头顶端。蘸一次可授 7 朵～10 朵花。

8.2.1.3.2　喷雾授粉

每 667 m² 取花粉 15 g～20 g、加水 30 kg、砂糖 0.5 kg、硼砂 100 g，配制成花粉溶液，在盛花期喷雾在花朵上，即可起到授粉作用。花粉溶液的配制应先将花粉加入小玻璃瓶中，加水反复摇动，充分溶解后再加入喷雾器中。在喷雾过程中也应不停摇动喷雾器防止花粉沉淀。配好的花粉溶液应在 2 h 内完成喷雾，否则影响授粉效果。

8.2.2　生长调节剂应用

在初花期和末花期各喷一次 300 倍液～400 倍液的保丰灵或蛇果美，提高坐果率和果形指数。如与花粉混合使用，效果更佳。

8.2.3　叶面施肥及放蜂

在初花期和盛花期，各喷 1 次 0.3％硼砂、0.1％尿素和 1％蔗糖的混合液；积极推行果园花期放蜂（蜜蜂或壁蜂），促进授粉坐果。

8.2.4　花期低温霜冻预防

a）综合应用农业措施　主要是早施基肥，增施有机肥；合理修剪，及早疏花；加强各类病虫害的防治；萌芽期用氨基酸液肥进行涂刷树干，发芽后喷洒磷酸二氢钾、尿素、氨基酸钙等高效肥料；

b）早春灌水　在土壤解冻至开花前对果园灌水，有效降低地温，推迟果树生育期 2 d～4 d，避开晚霜危害。

8.2.4.1　烟熏防霜

熏烟法是目前应用最广泛的一种预防措施，应群放群防，通过大面积放烟，在园内上空大范围形成烟雾层，才能达到预防目的。当气象预报气温低于组织器官受冻的临界值（苹果花芽萌动期忍受的临界最低气温为－2.8 ℃至－3.8 ℃，花期为－1.7 ℃至－2.2 ℃，幼果期为－1.1 ℃至－2.2 ℃）时，要进行烟熏防冻。

具体方法是：在冻害来临前一天下午，提前做好生烟准备工作。用落叶、作物秸秆、杂草等（有条件的可加入废柴油）在果园上风口处，每 667 m² 堆放 6 堆～8 堆，草堆外覆湿草或湿土，使其点燃后只放烟而不产生明火。在晚上气温降至 2 ℃～3 ℃时，时间凌晨 4 时～5 时点燃草堆，不断产生浓烟，当柴堆燃尽时，要及时加燃烧材料，使放烟持续到日出。

8.2.4.2 加盖防护设施。

有条件的果园可于晚霜来临前，在树体上覆盖遮阳网、塑料布进行防霜。

9 果实套袋

9.1 果袋质量

应符合 DB 62/T 1388 的规定。

9.2 套袋时期

苹果落花后 35 d～40 d 开始，以 6 月上旬至 6 月下旬为宜，套袋时间一般选在每天上午 8 时～11 时，下午 3 时～6 时为宜，应避开中午的高温时段。

9.3 套袋的方法

9.3.1 套袋前一天将袋口蘸水 2 cm～3 cm 后放于潮湿处使袋口回软。

9.3.2 套袋时用手撑开果袋，打开通气孔，使果袋呈筒状。

9.3.3 将果柄放在袋口开口处，使幼果置于果袋中央，扎紧袋口。避免扎丝缠在果柄上，使幼果在袋内悬空，袋底朝上。套袋时，用力宜轻，尽量不碰触幼果。

9.3.4 套袋时，主张全树套袋，先套树上果、内膛果，再套外围果、树下果。

9.4 摘袋的时期与方法

果实在袋内的生长期应掌握在 90 d～120 d。摘袋一般在 9 月 25 日到国庆前后全部摘除，一天中适宜摘袋时间为上午的 9 时～11 时，下午 3 时～5 时。摘袋分两次进行，外袋可沿袋切线撕开，不打开袋口使其留在果实上，4 个～5 个晴天后连同内袋一起摘除。

9.5 摘袋后果实管理

9.5.1 摘叶

摘除紧贴果面影响着色的叶片。

9.5.2 转果

用改变枝条位置和果实方向的方法，将果实阴面转向阳面。为防止果实转回原位，可用透明胶带将果实固定使之充分受光。转果时间掌握在上午 10 时前和下午 4 时后进行，以防发生日灼。

9.5.3 铺反光膜

摘袋后在树盘下铺反光膜，充分利用散射光使树冠下部果实及果实萼洼部充分着色。有全园铺膜、行间铺膜两种，可根据树冠及株行距大小确定。一般在树冠下两侧覆盖两行各 1 m 的反光膜，用后清洗干净以备下年使用。

9.5.4　适期采收

根据市场需求和果实着色情况，适期分批采收，一般采收适期为除袋后 7 d~10 d，过早采收着色不良，过晚则色泽过浓，缺少光泽。

10　病虫害防治

10.1　防治原则

按照"预防为主，综合治理"的植保方针和"有害生物综合管理（IPM）"的新理念，从保护农业生态环境出发，本着安全、有效、经济、简便的原则，有机协调地使用农业的、生物的、物理的、化学的防治措施，把病虫害的发生数量控制在经济允许水平以下，达到果品优质安全的目的。

——所有的苹果园应不间断地监测病虫害的危害情况，以确定是否需要采取措施以及采取措施的时间和方式；

——监测可以在专业技术人员指导下由熟悉监测技术的种植者或专业技术人员来执行；

——用监测方法为苹果园所在区域制定特定害虫发生的经济阈值。应使用杀虫灯、诱虫板、诱捕器等设备来确定是否需要使用杀菌（虫）剂以及使用的时间；

——在允许使用的农药中，农药不应该对使用者或果园的工作人员产生毒害；不能对环境（水、土壤、大气）造成不必要的污染；要首先保证果园中没有农药残留；

——只有在确需使用农药时，应选择使用毒性小、防效高的杀菌（虫）剂。

10.2　农业防治

农业防治法主要措施有培育无毒苗木，搞好果园卫生、合理修剪、合理施肥与排灌、适期采收与合理贮藏、选育和利用抗病品种等。

苹果园的绝大多数病虫害冬季蛰伏在果树的裂缝、翘皮、剪锯口、枯枝、落叶和僵果中越冬，应在果树休眠期对越冬害虫进行防治，破坏害虫的越冬场所，减少虫口密度。冬季清园，结合冬剪将落叶、病虫枝及病果清理出果园，减少卷叶蛾类和潜叶蛾类害虫的虫口密度及果、叶病害；刮老树皮，消灭螨类及食心虫；早春翻树盘，压低桃小食心虫、象鼻虫等害虫的虫口基数，对于介壳虫，可以在冬季采用树上喷水结冰震击法消灭。

10.3　物理防治

根据害虫的生活习性特点，利用光、电、机械装置及气味、果实套袋、诱虫带等方法来诱杀、阻隔、窒息杀灭害虫。目前，防控苹果园害虫的物理防治方法主要有：频震式杀虫灯、瓦楞纸诱虫带、胶带黏虫带、诱蚜黏胶板、糖醋液、性诱剂等。

10.4 生物防治

生物防治是在农业生态系统中利用某些生物或生物代谢产物来防治病虫的方法。主要内容包括：

a）以虫治虫 用瓢虫类、草蛉类、小花蝽类、食虫虻、食虫蝽等对蚜虫、叶螨、卷叶虫、食心虫的食灭；

b）以菌治虫 主要用杀螟杆菌、苏云金杆菌、白僵菌等对鳞翅目的多种幼虫进行防治；

c）以菌治菌 用春雷霉素防治苹果腐烂病，青霉素、井冈霉素防治苹果早期落叶病，内疗素防治轮纹病和白粉病，灰霉素防治苹果花腐病等。

10.5 化学防治

10.5.1 用药原则

严格执行 NY/T 393 的规定。依据病虫害发生、发展规律，掌握关键防治时期，做到一次用药兼治多种病虫，尽量减少农药的使用次数和使用量，严格禁止使用高毒、高残留农药，提倡使用生物源、矿物源农药。

10.5.2 植保产品的选择

苹果害虫的化学防治主要以生物农药控制为主。

潜叶蛾类（包括金纹细蛾和螺纹潜叶蛾）可用灭幼脲生物农药控制在经济阈值以内；食心虫、卷叶蛾类害虫可用苏云金杆菌可湿性粉剂等生物农药控制其发生和蔓延；螨类、蚜虫类、介壳虫类可用 10%烟碱乳油 800～1 000 倍液。

在多种害虫发生时，对食心虫类、卷叶蛾类、潜叶蛾类（包括金纹细蛾和螺纹潜叶蛾）、螨类、蚜虫类、介壳虫类应交替用药，如 0.3%苦参碱水剂、10%烟碱乳油、10%浏阳霉素等交替使用。

在预测预报和大田虫情调查的基础上，生物物理控制和生物农药难以将害虫控制在发生流行情况下时：潜叶蛾类（包括金纹细蛾和螺纹潜叶蛾）可用灭幼脲、蛾螨灵、吡虫啉；食心虫、卷叶蛾类、螨类、蚜虫类、介壳虫类害虫可用吡虫啉、噻虫嗪、哒螨灵（哒灭脲）、尼索朗乳油、蚜灭多乳油等。

对于苹果园的主要病害早期落叶病、轮纹病、炭疽病、白粉病、黑星病等可用农抗 120、多抗霉素、浏阳霉素、绿乳铜、石硫合剂、波尔多液、菌毒清、大生、易保、福星、甲基硫菌灵、代森锰锌、烯唑醇、三唑酮、多菌灵等药剂防治或多种药剂交替使用。

10.5.3 化学防治关键时期

a）萌芽前一周 喷一遍 3 波美度～5 波美度石硫合剂，保护、清洁树体，铲除越冬病虫，降低病虫指数；

b）花后一周内 喷一次高效、低毒、广谱性杀虫、杀螨、杀菌剂及氨基酸钙叶面肥，苦参碱 1 000 倍液＋3%多抗霉素 500 倍液＋氨基酸液肥 800 倍液防治白粉病、红蜘蛛、苦痘病等；

　　c) 套袋前　喷一次甲基硫菌灵 1 000 倍液＋0.3％苦参碱水剂 1 000 倍液＋10％吡虫啉粉剂 3 000 倍液＋氨基酸钙 80 倍液防治斑点落叶病、苦痘病、红蜘蛛类、蚜虫等；

　　d) 麦收前后喷 1.8％齐螨素 5 000 倍液＋扑菌灵 1 000 倍液，防治食心虫、红蜘蛛类、斑点落叶病等病虫害。

10.6　植保产品的使用

10.6.1 使用方法

　　a) 用药须知　施药人员施药前一定确保接受过用药培训，并填写培训记录。施药时要穿戴必要的防护用品如工作服、口罩等，必要时戴防毒面具。必须严格按照标签上的使用量、浓度、使用次数及安全间隔期等规定用药。产地各配药点填写《农药配制记录》，技术人员在喷药的过程中和喷药后应及时查对施药记录，主要内容为防治对象、农药名称、喷施时间、使用浓度、数量（种植面积及应对的农药数量）、效果、器械及防护服清洗、空瓶（袋）及残液回收等。作业完毕后，施药器械在配药点清洗，农药包装物、农药残液等应归类集中处置；

　　b) 配药流程　按标签上的说明配制农药，用称量器具如天平、量筒等准确量取，先在盛药容器中加入 1/3 清水，分别加入量取的农药混匀（禁止单剂原液直接混合后稀释），然后加入清水至刻度线，搅匀施用；

　　c) 喷雾法　乳油、可湿性粉剂或可溶解在水、油里的农药，稀释配制成所需的浓度，用喷雾器把液态的药液以细雾珠状喷布到果树上；

　　d) 涂药环　在果树的主干或主枝，用一定浓度的药液涂抹宽 3 cm～5 cm 的药环，通过作物导管吸收起到防治害虫的作用；

　　e) 涂抹法　用一定浓度的药液涂抹果树的主干、主枝或其发病（虫）部位。

10.6.2　喷施时间

　　在防治病虫害时，应考虑到天气状况、温度、湿度等环境条件的影响，以提高药效，减少药害和环境污染。喷施农药的时间一般为上午 9 时左右，下午 3 时～4 时。避免高温与太阳直射，阴天可全天喷施，下雨天不要施用，若施药时遇雨应在雨后及时补施。

10.6.3　喷施位置

　　喷药时应在病虫害发生初期喷施于发病部位。如苹果叶部病虫害的生长繁殖大部分在叶的背面，喷药时应把喷头向上，自上而下均匀细致地喷施，最后在叶的表面均匀喷一遍，才能达到最佳防治效果。

11　果实采收

11.1　适时采收

　　根据品种的成熟度和市场用途，适期分批采收：一是根据果实的生育天数；

二是根据果实色泽、肉质、风味、香气与种子颜色等。应用时，将上述方法结合起来，以确定采收期。富士苹果采收期为 10 月上旬至 10 月中旬。

11.2 采摘

应符合 NY/T 1086 的规定。

11.2.1 采摘卫生要求

11.2.1.1 个人卫生

注意个人卫生，做到不佩戴饰物、不留长指甲，采前洗手，着工作服或穿干净的便装，衣着整洁，戴手套；有传染病者不得进入果园；不得在果园内大小便。

11.2.1.2 采摘工具

采收人员要剪短指甲并戴手套，防止碰伤果面。所使用的笼、筐、箱必须内有衬垫并于采收前一天集中在密封室用紫外线照射消毒，消毒时间一般为 12 h～24 h。

11.2.1.3 运输工具

使用前应对装运工具进行清洗，自然风干后检查箱体内无油污、杂物、异味，铺垫已消毒的内衬材料，方可装运果品。

11.2.2 采摘方法

采收时，先外后内，先下后上，轻拿轻放，以防擦伤或刺伤果实。果实不要直接放在地面，避免与土壤直接接触，造成果面的再次污染。

11.2.3 果实暂存

如采收后的果实要在果园内过夜，应放置在清洁干燥、防雨淋、防晒、防热、无污染及防鼠害的简易塑料棚内，一般暂存 1 d～2 d，不可长时间存放，应及时入库贮藏。

附　录　A
（资料性附录）

平凉金果　苹果果园病虫害防治历

防治时期	防治对象	农业、物理、生物防治措施	化学防治措施
休眠期（11月至翌年2月）	苹果红蜘蛛、山楂红蜘蛛、腐烂病、斑点落叶病	清园、刮粗皮、剪除病虫枝及干枯枝集中烧毁；剪剧口消毒保护、检查刮治腐烂病；解除诱虫带集中烧毁	树干涂刷园易清30倍液，防治腐烂病
萌芽期（3月下旬至4月上中旬）	红蜘蛛类、白粉病、腐烂病、小叶病、黄花病等	刮治腐烂病疤、频震式杀虫灯（挂至10月初）、糖醋液罐（至7月底）；金纹细蛾、梨小食心虫性诱剂（每月一次，至9月上中旬）	花芽露绿期喷3波美度~5波美度石硫合剂
花后（4月下旬至5月上旬）	红蜘蛛类、金龟子、卷叶蛾类、金纹细蛾、介壳虫、白粉病、锈病、霉心病、水心病、苦痘病等	挂桃小食心虫、苹小卷叶蛾性诱剂（每月更换诱芯一次，至7月底）	杀虫剂＋杀菌剂＋杀螨剂＋钙肥，如：苦参碱800倍液＋甲基硫菌灵800~1 000倍液＋蛾螨灵2 000倍液＋氨基酸钙800倍液
套袋前（5月下旬至6月中旬）	早期落叶病、苦痘病、水心病、兼治红蜘蛛、蚜虫、卷叶蛾类	捕食螨、粘虫板（挂至8月底、9月初）	杀虫剂＋杀菌剂＋杀螨剂＋钙肥，具体使用药剂根据实际情况掌握
果实膨大期（6月下旬至7月上旬）	桃小食心虫、金纹细蛾、红蜘蛛类斑点落叶病、苦痘病	—	杀螨剂＋杀菌剂＋杀虫剂，具体使用药剂根据实际情况自己掌握
早熟品种成熟期（7月中旬至9月下旬）	桃小食心虫（二代）、金纹细蛾、金龟子、斑点落叶病	8月初绑扎诱虫带	根据病虫害发生情况灵活掌握用药1~2次，主要以防治斑点落叶病和红蜘蛛为主 8月底至9月初树干涂刷园易清30倍液，预防腐烂病
果实采收至落叶前（10月上旬至11月）	桃小食心虫（二代）、金纹细蛾、金龟子、斑点落叶病	及时清理落叶	—

附 录 4

平凉金果 苹果贮藏分级包装运输技术规程

(DB62/T 1803—2009)

1 范围

本标准规定了鲜食苹果的采收、入贮、入库前要求，简易库贮藏、冷藏库贮藏、气调贮藏，贮藏结束时的分级、包装、运输及检验。

本标准适用于平凉市辖区内生产的平凉金果（苹果）的贮藏、分级、包装及运输。

2 规范性引用文件

下列文件中的条款通过本标准的引用而成为本标准的条款。凡是注日期的引用文件，其随后所有的修改单（不包括勘误的内容）或修订版均不适用于本标准，然而，鼓励根据本标准达成协议的各方研究是否可使用这些文件的最新版本。凡是不注日期的引用文件，其最新版本适用于本标准。

GB/T 8559 苹果冷藏技术

GB/T 13607 苹果、柑橘包装

NY/T 983 苹果贮运技术规范

DB62/T 1380 平凉金果 苹果

3 采收及入贮

3.1 品种

红富士、秦冠苹果

3.2 采收

3.2.1 贮运苹果适宜采收成熟度指标

——果肉硬度 用果实硬度计测量：红富士 $8.0 \, kg/cm^2$，秦冠 $6.0 \, kg/cm^2$；

——果实发育期 苹果品种适宜采收的平均发育天数；

——果实着色度 借助经验来判断，达到 70% 以上；

——可溶性固形物含量 用糖度计测定：红富士达到 14.5% 以上，秦冠苹果达到 13.5% 以上。

3.2.2 采收时间和方法

采收时间为 10 月上、中旬。用于长期贮藏或长途运输的苹果应按成熟度分批采收，做到适时采收，避免雨天、雨后、晴天、高温或有露水的时段采收。采收后果实按 DB 62/T 1380 的规定进行分级；留果梗或根据客户要求适当剪短；应轻拿轻放，避免机械损伤。

3.3　预冷降温

苹果入库前，应进行预冷降温。预冷应在通风、冷凉、干燥避光的环境中堆放，厚度以 30 cm～50 cm 为宜。一般苹果预冷期 24 h～48 h。在预冷期间，避免阳光照射，傍晚揭开覆盖物通风降温，非雨天不能用塑料膜遮盖果实。

4　入库前要求

果实采收后应迅速预冷降温，及时入库。一般情况下应在苹果采收后 48 h 内入库。入库果实质量应符合 DB 62/T 1380 标准要求。采后长时间在常温下存放或采前 10 d～15 d 施肥、灌溉的果实不适于长期贮藏和长途运输。

5　简易库贮藏

5.1　入库

入库前应对果库先用多菌灵、21％过氧乙酸、石硫合剂等药剂任选一种进行消毒。将果品按级别装筐、箱或果品保鲜袋，没有降温设备的不可将袋口扎得过紧，以防二氧化碳伤害果实。

5.2　入库后的管理

在库内挂上干湿温度计。苹果贮藏的最适温度范围－1 ℃～1 ℃，果面结冰温度约－2 ℃。空气相对湿度是 80％～90％。如温度高、湿度不够时，应在夜间打开通风设备让外界冷气进入库内降低库温，同时在库内洒水、湿锯末或放入冰块，起降温增湿的双重效果。白天关闭通气设备，防止外界热气进入库内。如温度低于－1 ℃时应注意保温防冻，增设保温门，关闭通气孔。

5.3　出库

出库前要逐渐升温，每天升 1 ℃～2 ℃，当果温与外界温度相差 4 ℃～5 ℃ 时即可出库。

6　冷藏库贮藏

6.1　入贮及堆码

6.1.1　库房准备

入贮前按 GB/T 8559 的要求对库房及包装材料进行灭菌消毒处理，然后及时通风换气，库房温度应预先 3 d～5 d 降至 0 ℃～2 ℃，使库体充分蓄冷。对于气调贮藏，还应检查库体的气密性。

6.1.2　入库方式

经过预冷的苹果可一次性入库；未经预冷的苹果需分批次入库，一般每次入库量宜小于库容量的 20％。

6.1.3 堆码方式

货位堆码要求按 GB/T 8559 执行。不同品种、等级、基地号的苹果应分别堆放。不得与有毒有味的物品混贮。贮藏密度一般不超过 250 kg/m³；用大木箱包装的苹果贮藏密度可增加 10%～20%。垛位不宜过大，入贮后应及时填写货位标签和平面货位图。

6.2 冷藏条件

执行 GB/T 8559 的规定。

6.2.1 温度、相对湿度

红富士、秦冠苹果冷藏的适宜温度范围为 -1℃～1℃，相对湿度90%～95%。定时定点测定库房温度及相对湿度，测量点的选择要具有代表性，测量点的多少与分布视库容而定。

6.2.2 空气流通

垛间和包装之间的空气应保持流通，但不超过 0.5 m/s。

6.3 通风换气

在贮藏过程中定期通风换气，排除苹果代谢活动释放和积累的有害气体成分（如乙烯、挥发性物质乙醇和乙醛等），但应防止库内温度出现大的波动。

7 气调贮藏

7.1 标准气调贮藏

气调贮藏的气体成分一般为 1.5%～3% 的氧气和 1%～3% 的二氧化碳。气调贮藏的包装采用坚固耐用、容量大的木制板条箱或塑料周转箱，容量在 200 kg～300 kg。

苹果入贮封库后的 2 d～3 d 内应将库温降至 -1.5℃～1.5℃ 的适宜贮温范围之内，并始终保持这一温度，避免较大的温度波动。贮藏期间库内温度变化幅度不得超过 ±1℃，气调库内空气的相对湿度应在 90%～95% 之间。尽可能缩小蒸发器与库内环境温度之间的差异（一般为 2℃～4℃）。加湿器以入贮一周之后启用为宜。加湿器开启程度和每天开机时间，视监测结果而定。一般以保证鲜果没有明显失水又不引起染菌发霉为宜。

达到适宜贮藏温度后，应立即调节贮藏库内气体成分，库内气体成分应保持在该品种的适宜范围之内。当库温和果温稳定之后迅速降低氧气浓度，使库内的氧气浓度降至 5% 时，再利用水果自身的呼吸作用继续降低库内的氧气浓度和提高二氧化碳含量，直到达到适宜的氧气和二氧化碳浓度。这一过程约需 20 d 的时间，而后即靠二氧化碳脱除器和补氧气的办法，使库内氧气和二氧化碳浓度稳定在适宜范围之内，直到贮藏结束。

7.2 塑料薄膜包装贮藏

选用的塑料薄膜要符合食品安全的要求，不对果实造成生理伤害。在贮藏过程中要定期检测薄膜包装内或大帐内的气体成分，防止有害气体积累过多，对果实造成生理伤害。

7.3　贮藏期限和出库指标

贮藏时间的延长以不影响苹果销售质量为限，为此，要定期抽样检查。苹果出库时，要求好果率≥95％，失重率≤5％，硬度指标符合 3.2.1 的规定。

7.4　出库时的管理

7.4.1　气调贮藏苹果出库前，为避免造成人休伤害，应先打开门，开动风机 1 h～2 h。驱散过浓的二氧化碳，并使氧气分压基本恢复到正常水平。

7.4.2　为避免结露，库温要逐渐回升，使库温与外界气温的温差<10 ℃。

7.4.3　出库后，果实要轻搬、轻放、轻拿，避免果实伤害。

8　分级

8.1　分级标准

应符合 DB 62/T 1380 的规定。

8.2　分级方法

分级的方法有人工分级法和机械分级法。人工分级用分级板确定果实大小，按 80 mm、75 mm、70 mm 等不同规格的横径，可将果实按大小分成若干等级。果形、色泽、果面洁净度等指标用目测和经验确定。

机械分级有果个分级机，即按果实重量，借传送带分出若干等级。用光电分级机，确定果色，分出果重。自动化程度高的设备，可将洗果、吹干、打蜡、分级、包装一次完成。出口果品要求全部用机械分级。

9　运输

9.1　要求

9.1.1　防震减震

应轻装轻卸，适量装载，行车平稳，快装快运，运输中应尽量减少震动。

9.1.2　预冷

长途运输前应进行预冷处理，一般在冷藏条件下最少贮藏 48 h 以上。

9.1.3　运输温度

运输过程中以 3 ℃～10 ℃为宜。

9.1.4　湿度要求

运输时间短，可不采取保湿措施。远程运输时果实需要采取保湿或增湿措施。

9.1.5　气体成分

远程运输应采取通风的办法防止有害气体积累造成果实伤害。

9.1.6 包装及要求

包装容器的技术要求应符合 GB/T 13607 的规定。特级果和一级果应单果包装后层装。用柔韧、干净、无异味的包装材料逐个包紧包严；二级果层装和散装均可。层装苹果装箱时应果梗朝下，排平放实，箱子要捆实扎紧，防止苹果在容器中晃动。包装内不得有枝、叶、砂、石、尘土及其他异物。封箱后要在箱面上注明产地、重量、等级、品种及加工厂标识。

果实装箱后，经检验各项指标（包括重量、质量、等级、个数、排列、包装等）均合格者即可封箱成件。

9.1.7 堆码

9.1.7.1 在保证运输质量的基础上充分利用车辆的装载重量和容积。

9.1.7.2 冷藏运输时，要保持车内温度均匀，每件货物均可接触到冷空气。保温运输时，应确保货堆中部及四周的温度适中，防止货堆中部积热和四周产生冻害。

9.1.7.3 堆码时，货物不应直接接触车的底板和壁板，货件与车底板及壁板之间须留有间隙。

9.2 运输工具与运输方式

长途运输和大规模运输应采用冷藏集装箱或气调集装箱，减少中转环节，便于在铁路、公路、水路和航空运输之间联运。短途运输可采用普通货车运输，应注意保温保湿。装运苹果的车、船应清洁、干燥、无毒、便于通风，不与有毒、有害物质混装混运。

10 检验方法与规则

执行 DB 62/T 1380 的规定。

附　录　5

绿色果品基地农药使用准则

　　绿色果品生产中农药的使用必须符合生产绿色食品的农药使用准则的规定，无论是生产 AA 级绿色果品，还是生产 A 级绿色果品，都禁止使用剧毒、高毒、高残留或者具有致癌、致畸、致突变的农药；禁止使用国家明令禁止生产、销售和使用的农药；限制使用全杀性和能够使害虫产生高抗性的农药；严格控制各种遗传工程微生物制剂和激素类药剂的使用。

　　1. 国家禁止使用的化学农药　见表 1。

表 1　禁止使用的农药种类

禁用的农药种类	农　药　名　称	禁用的原因
有机磷类杀虫剂	甲拌磷、乙拌磷、甲基对硫磷、甲胺磷、久效磷、甲基异柳磷、治螟磷、磷胺、地虫磷、灭虫磷、水胺硫磷、杀扑磷、克线磷、甲基硫环磷、氧化乐果、特丁磷	剧毒或高毒、残效期长、人畜易中毒、易伤害天敌
氨基甲酸酯类杀虫剂	涕灭威、克百威、灭多威、丁硫百克威、丙硫百克威	剧毒或高毒、残效期长、人畜易中毒、易伤害天敌
有机氯类杀虫剂	滴滴涕、六六六、林丹、硫丹、三氯杀螨醇	残留长、污染重、难分解、积累中毒
二甲基脒类杀虫剂	杀虫脒	残留期长、积累中毒、能致癌
有机砷类杀菌剂	福美砷、福美甲砷	难分解、易药害、污染重、能致癌
2,4-D 类植物生长调节剂	比久、萘乙酸、除草剂或植物生长调节剂	致畸、致癌、高毒

　　2. 限制使用的农药　生产 A 级绿色食品（果品），在确实有必要的情况下，允许有限地使用某些低毒农药和个别中毒农药，并且在果树年生长期内只许喷雾使用 1 次（表 2）。

表 2　限制使用的农药种类

限制使用的农药种类	农　药　名　称	限制的原因
有机磷类杀虫剂	乐果、敌敌畏、敌百虫、抗蚜威、桃小灵、乐斯本、杀螟硫磷、辛硫磷等	毒性中等，对天敌杀伤力大
菊酯类杀虫剂	功夫、灭扫利、敌杀死、杀灭菊酯、氯氰菊酯、退菌特（杀菌剂）等	1. 对天敌杀伤力大；2. 易产生抗药性；3. 后两种对螨类无效

3. 允许使用的农药 生产 AA 级绿色食品（果品）提倡使用生物源农药（包括微生物源农药、动物源农药、植物源农药）和矿物源农药（包括硫制剂、硫铜制剂、矿物油制剂），以及昆虫生长调节剂。现将这些农药的常用品种列于表 3。

表 3 允许使用的农药种类

允许使用的农药种类	农 药 名 称	允许的原因
生物源类杀虫、杀菌剂	白僵菌、青虫菌、杀虫菌、齐螨素、多抗霉素、春雷霉素、井冈霉素、农抗120、武夷霉素、浏阳霉素、华光霉素等	低毒、无污染
植物源类杀虫剂	烟碱、苦参碱、除虫菊、鱼藤、茴蒿素、大蒜素等	低毒、无污染
矿物源类杀虫、杀菌剂	硫黄制剂、硫酸铜制剂、多硫化钡	无污染、不易产生抗药性，杀虫又杀菌
化学合成杀虫、杀菌、杀螨剂	灭幼脲 2 号、灭幼脲 3 号、除虫脲、抑太保、爱力螨克、杀螨丹、螨死净、达螨灵、蛾螨灵、克螨特、三唑锡、苯丁锡、菌毒清、代森锰锌、大生 M-45、喷克、甲基硫菌灵、多菌灵、百菌清、扑海因、甲霜灵、雷奇等	不伤害天敌

附　录　6

几种常用药剂的配制

药剂名称	配制比例	配制方法及注意事项	防治对象
石硫合剂	生石灰∶硫黄粉∶水 1∶2∶10	水中加入硫黄粉到近沸，倒入挑选好的生石灰，不停搅动，大火熬煮约1小时许，至药剂呈酱油状，滤去渣即成原液	防治果树多种病虫害
波尔多液 等量式 石灰半量式 石灰少量式 石灰多量式 石灰倍量式	硫酸铜∶生石灰∶水 1∶1∶160～240 1∶0.5∶160～240 1∶1/3∶160～240 1∶2～4∶160～240 1∶2∶160～240	取两个非金属容器，将总水量的20%溶生石灰，滤去渣成浓石灰乳，用80%的水溶解硫酸铜成稀硫酸铜液，然后将稀硫酸铜液缓缓倒入浓石灰乳中，边倒边搅，即成天蓝色的药液	防治叶片果实病害
煤油乳剂	煤油1份 肥皂0.03千克 水0.3千克	先把肥皂切成小块，放在水中加热溶化。煤油在另一容器中加热至60℃，将煤油倒入肥皂水中，边倒边搅，再将混合液用喷雾器喷入另一容器，反复2～3，直到乳白色为止，即成含油量60%的原液	防治枝干害虫
黏土柴油乳剂	柴油1份 干黏土2份 水2份	干黏土过细箩，越细乳化越好，按比例将黏土倒入柴油，完全湿润后搅成糊状，将水慢慢倒入，边倒边搅，至表皮无乳油即成含油量为20%的原液	防治枝干害虫
糖醋液	(1) 红糖1份、醋4份、水16份 (2) 红糖2份、醋3份、酒1份		诱杀害虫

附 录 7

几种常用保护剂的配制

保护剂名称	配制比例	配制方法及注意事项
伤口保护剂	酚醛清漆 250 克、敌百虫 2 克、松香 120 克、栋素 120 克、硫黄粉 3 克、硫酸铜 5 克	先将清漆在铁锅内加温至沸腾，速将栋素、松香掺入拌匀后退火，降温到 13～15℃时再将敌百虫、硫酸铜、硫黄粉拌入搅匀即成棕色液体，然后装瓶密封待用。用毛笔涂于伤口处，形成保护层即可
清毒保护剂波尔多浆	硫酸铜 1 份、生石灰 3 份、水 15 份	
松香桐油	松香 1.2 份、桐油 1 份	两者同时入铁锅熬化 10 分钟即可，可防木质部腐朽及病菌入侵
涂白剂	生石灰 12～15 千克、食盐 2 千克、废机油 0.2 千克、石硫合剂原液 5 千克、硫黄粉 2 千克、水 36 千克	
剪锯口保护剂防水漆铅油合剂	防水漆 3 份、白铅粉适量	搅拌均匀即可
植物油、硫酸铜、石灰合剂	硫酸铜 1 千克、消石灰 0.5 千克、植物油适量	植物油煮沸，放入细末状硫酸铜、消石灰，调成糊状即可
粘虫剂	松香 10 份、石蜡 0.5 份、蓖麻油 8 份	加热熔化即可使用

附 录 8

稀释药剂的计算方法

一、药剂浓度表示方法

表示方法	符号	含 义
百分浓度	%	100 份药液（或药粉）中含农药的份数
百万分浓度	毫克/千克，毫克/升	100 万份药液（或药粉）中含农药的份数
倍数法		药液（药粉）中稀释剂（水或填充料等）的量为原农药加工品量的多少倍

二、稀释药剂的计算方法

	项 目	公 式	举 例
按有效成分计算	求稀释剂用量稀释百倍以上	稀释剂用量＝$\dfrac{\text{原药剂重量×原药剂浓度}}{\text{所配药剂浓度}}$	例：将 40％乙烯利 1 克，稀释成 100 毫克/千克，需加水多少？ 解：$\dfrac{1 \times 400\,000}{100} = 4\,000$（克）
	稀释百倍以下	稀释剂用量＝$\dfrac{\text{原药剂重量×（原药剂浓度－所配药剂浓度）}}{\text{所配药剂浓度}}$	例：50 千克 70％甲基硫菌灵配成 50％稀释液，需加水多少？ 解：$\dfrac{[50 \times (70\% - 50\%)]}{50\%} = 20$（千克）
	求用药量	原药剂用量＝$\dfrac{\text{所配药剂重量×药剂浓度}}{\text{原药剂浓度}}$	例：要配备 1 000 毫克/千克乙烯利浓度 25 000 克需用 40％乙烯利多少？ 解：$\dfrac{25\,000 \times 1\,000}{400\,000} = 62.5$（克）

附 录 9

农药稀释用水量查对表

用水量（千克）稀释倍数 用药量	10	15	20	30	50
400	25.0	37.5	50.0	75.0	125
500	120.0	30.0	40.0	60.0	100
600	16.7	25.0	33.3	50.0	83.5
800	12.5	18.8	25.0	37.5	62.5
1 000	10.0	15.0	20.0	30.0	50
1 500	6.7	10.0	13.3	20.0	33.5
2 000	5.0	7.5	10.0	15.0	25.0
2 500	4.0	6.0	8.0	12.0	20.0
3 000	3.3	5.0	6.7	10.0	16.5
3 500	2.9	4.3	5.7	8.6	14.5
4 000	2.5	3.8	5.0	7.5	12.5

注：（1）稀释倍数：指每千克农药，兑水千克数。

（2）用药量：液剂以毫升计，粉剂以克计。

附　录　10

石硫合剂的熬制方法及重量稀释倍数表

石硫合剂是用生石灰和硫黄粉为原料加水熬制而成的红褐色透明液体，具有臭鸡蛋味，呈强碱性。对人的眼睛、鼻黏膜、皮肤有刺激性和腐蚀性。

原料配方比例为生石灰1份、硫黄粉2份、水12～15份。先把生石灰放入铁锅中，加入少量水将石灰块粉开，再加入足量水制成石灰乳，而后大火加热煮至沸腾；然后把事先用少量水调成浆糊状的硫黄粉浆缓缓倒入沸腾的石灰乳中，边倒边搅拌，同时记下水位线。大火煮沸45～60分钟，并不断搅拌，待药液熬成红褐色、锅底残渣呈黄绿色时即成；熬煮时应不断用开水补足因蒸发而减少的水分（12份水时需要不断补足水分，15份水时不需要补充）。冷却后用纱布滤去残渣，便得到红褐色透明的石硫合剂母液。这样一般熬制的石硫合剂浓度多在22～28波美度。使用前先用波美比重表测量原液的波美浓度，然后再根据喷施浓度加水稀释即可（表1）。

表1　石硫合剂重量稀释倍数表

需要浓度（波美度） 原液浓度（波美度）	0.1	0.2	0.3	0.4	0.5	1.0	3.0	5.0
15	149.0	74.0	49.0	36.5	29.0	14.0	4.0	2.0
16	159.0	79.0	52.3	39.0	31.0	15.0	4.3	2.2
17	169.0	84.0	55.3	41.5	33.0	16.0	4.6	2.4
18	179.0	89.0	59.0	44.0	35.0	17.0	5.0	2.6
19	189.0	94.0	62.3	46.5	37.0	18.0	5.3	2.8
20	199.0	99.0	65.6	49.0	39.0	19.0	5.6	3.0
21	209.0	104.0	69.0	51.5	41.0	20.0	6.0	3.2
22	219.0	109.0	72.3	54.0	43.0	21.0	6.3	3.4
23	229.0	114.0	75.6	56.5	45.0	22.0	6.6	3.6
24	239.0	119.0	79.0	59.0	47.0	23.0	7.0	3.8
25	249.0	124.0	82.3	61.5	49.0	24.0	7.3	4.0
26	259.0	129.0	85.6	46.0	51.0	25.0	7.6	4.2
27	269.0	134.0	89.0	66.5	53.0	26.0	8.0	4.4
28	279.0	139.0	92.3	69.0	55.0	27.0	8.3	4.0
29	289.0	144.0	95.6	71.0	57.0	28.0	8.6	4.8
30	299.0	149.0	99.0	74.0	59.0	29.0	9.0	5.0

注：原液浓度÷需要浓度－1＝稀释倍数

附 录 11

农药剂型和常见计量单位

粉剂（DP）：有一定规格和含量的细粉状农药，只能作喷粉或拌种、制毒饵等用。是农药原药与填料混合后，经过粉碎而成的具有一定细度、混合均匀的粉状物，可用于喷粉、拌种、配制毒饵、处理土壤等，如硫黄粉。

水剂（AS）：是将可溶于水的原药与可溶于水的助剂混合并直接溶于水加工而成的药剂，一般稳定性较差，不宜长期储存，用于喷雾等，如杀虫双水剂。

颗粒剂（GR）：附着或含有一定量的药剂，是将农药原药与载体混合后加工而成的颗粒状农药制剂，具有药效长、使用方便、粉尘飞扬少、对益虫安全等特点。可用于撒施、灌心等。如辛硫磷颗粒剂等。

可湿性粉剂（WP）：加有一定湿润剂，有一定规格含量，能被水所湿润的药剂。是由农药原药与填料、助剂等混合、粉碎而成的粉状农药，加水后可配成分散均匀的悬浮剂，用于喷雾等，如多菌灵可湿性粉剂。

可（水）溶性粉剂（SP）：可对水稀释以代替乳油作喷雾使用的粉剂农药。

烟剂（FU）：是将农药原药与燃料、氧化剂、消燃剂等混合制成的可以经点燃生成大量药烟的药剂，主要用于温室、大棚、仓库等密闭场所的病虫害防治。

乳油（EC）：是将农药原药溶解在一定的乳化剂、溶剂中而成的一种透明、分布均匀的液体，一般较稳定，可用于喷雾、拌种、土壤处理等。乳油是目前最常见的农药剂型，如敌敌畏乳油。

悬浮剂（SC）：黏稠状可流的液体，能与水混合，具有乳油和可湿性粉剂的共同优点。又叫悬浮剂，是由农药原药、助剂在水或油中多次磨碎而成的一种胶状液体，其中油悬浮剂专用于飞机等超低容量喷雾，水悬浮剂用于各种喷雾。悬浮剂容易产生沉淀，使用时摇匀后再用，如灭幼脲悬浮剂。

常用符号：

ai：有效成分　kg/hm^2：千克/公顷

WT：重量　SG：比重

pH：酸碱度　ppm：百万分浓度（10^{-6}或 mg/kg）

PC：百分浓度　LD50：致死中量

LC50：致死中浓度　LT50：致死中时间

ED：杀菌致死剂量　EC：有效浓度

MED：最小有效浓度　MAC：最大有效浓度

ULV：超剂量喷雾

附　录　12

生物菌肥制作方法及使用要点

在农村制作生物菌肥，能就地取材、就近生产，既适宜于广大农民群众以家庭为单元制作，也适宜于规模化、工厂化制作商品化生物菌肥，可节约成本1/2，提高肥效 2～3 倍，并可减少养分损失和环境污染，是建设生态果园、生产有机果品的物质基础，现将此法予以介绍。

一、原料选择及比例

1. 畜禽粪便占 70％，其中羊粪、牛粪 70％；蛋鸡粪、猪粪占 30％。
2. 秸秆，粉碎成寸段，占 20％；油菜渣，粉末状，占 10％。如果以鸡粪、猪粪为主，占比 60％，秸秆比例调整为 30％，油菜渣为 10％。

二、混合堆垛

把物料和发酵剂混合均匀，1 米³ 物料配 2（千克）发酵剂。堆成宽 2 米、高 0.8 米的小垛，或者宽 3 米、高 1 米的大垛。堆垛不宜过宽过高，否则影响发酵时间和质量。

三、调整湿度

混合物料时，同时喷水调整湿度为 60％～70％，即手攥成团、手松即散的状态。

四、无害化处理

当温度升到 55 ℃左右，维持一周翻倒。第二次升温到 55 ℃左右时再翻倒一次，一般翻倒 2～3 次温度就不再上升了，这个阶段把草籽、虫卵、杂菌全部灭活，降温到 30 ℃左右就可以进行功能菌熟化处理。

五、熟化处理

物料降温到 30 ℃左右，取物料做发苗试验，麦苗或菜苗能够在 5～7 天内正常出苗，就可混合功能性菌团和海洋营养物质，再堆放一周后菌肥制作完毕。

六、使用方法

1. 在汛期来临前，将菌肥撒施在树盘内，用旋耕机打地，并将树行中土培到树根上起垄。

2. 秋施基肥与少量控释型化肥在树行中间开沟施入，沟深30～40厘米，每667米² 施 500～1 000 千克。

七、其他事宜

1. 配比是体积比，较符合果农习惯，1米³（1方）菌肥折合 750 千克。

2. 遇到降雨或降雪要用篷布遮上，雨后或雪后揭开。

附　录　13

主要农家肥料养分含量表（％）

种　类	有机物	氮（N）	磷（P_2O_5）	钾（K_2O_5）
人粪尿	4.9	0.85	0.26	0.21
猪粪尿	8.65	0.45	0.26	0.72
牛粪尿	9.0	0.64	0.12	0.56
马粪尿	14.05	0.85	0.16	0.87
羊粪尿	19.85	1.17	0.25	1.22
厕粪	6.2	0.51	0.48	2.48
圈粪	2.4	0.19	0.17	2.10
猪圈粪	1.8	0.17	0.28	2.39
牛圈粪	3.4	0.14	0.23	2.18
骡马圈粪	5.1	0.16	0.30	2.12
鸡　粪		1.0	1.70	0.9
堆　肥	10.92	0.22	0.22	1.93
坑土		0.28	0.33	0.76
陈墙土		0.12～0.20	0.10～0.45	0.47～0.91
塘　泥		0.33	0.39	0.34
垃　圾	25～40	0.2～0.6	8.2～0.5	0.3～0.5
菜籽饼	69.2	4.60	2.48	1.40
草　灰		0.84	2.30	8.09
小麦秆		0.75	1.70	
玉米秆		1.30	1.90	
大豆秆			0.50	

附 录 14

各种肥料肥效速查表

种类	肥效时间（天）			开始发挥肥效时间（天）
	第一年	第二年	第三年	
腐熟细粪	75	15	10	12~15
圈 粪	34	33	33	15~20
土 粪	65	25	10	15~20
坑 土	75	15	10	12~15
人 粪	75	15	10	10~15
人 尿	100	0	0	5~10
马 粪	40	35	25	15~20
羊 粪	45	35	20	15~20
猪 粪	45	35	20	15~20
牛 粪	25	40	35	15~20
鸡 粪	65	25	10	15~20
生骨粉	30	35	35	15 天左右
草木灰	75	15	10	15 天左右
硫酸铵	100	0	0	7 天左右
硝酸铵	100	0	0	5 天左右
尿 素	100	0	0	7~8
过磷酸钙	45	35	20	9~10

附　录　15

液体肥料养分含量换算方法

肥料的有效养分标识，通常以氧化物含量的百分数表示。如：氮以纯氮（N）表示，磷以五氧化二磷（P_2O_5）表示，钾以氧化钾（K_2O）表示。当某种肥料标志为 15 - 15 - 15 即意为氮磷钾有效含量各为 15％。某些情况下（母液的配制）以元素来计算磷钾更为方便。下面介绍元素与氧化物之间的换算方法。

1. 氮肥　不存在换算。

2. 磷肥的换算　由 P_2O_5 换算成 P 的换算因子为 0.437；由磷换算 P_2O_5 的换算因子为 2.291。即 1 千克 P_2O_5＝0.473 千克磷，1 千克磷＝2.291 千克 P_2O_5。

3. 钾肥的换算　由 K_2O 换算成钾的换算因子为 0.83；由钾换算成 K_2O 的换算因子为 1.205。即 1 千克 K_2O＝0.83 千克钾，1 千克钾＝1.205 千克 K_2O。

例 1：配制一定养分浓度的营养贮备（母）液。

配制 100 千克 P_2O_5 的氮磷钾比例 6.4：2.1：6.4 的营养液，过程如下：

（1）计算 N、P_2O_5、K_2O 含量

N＝6.4 千克；P_2O_5＝2.1 千克；K_2O＝6.4 千克。

（2）计算具体肥料用量

6.4 千克的 N 需尿素的量：6.4/46％＝13.9 千克；

2.1 千克的 P_2O_5 需磷酸二氢钾的量：2.1/52％＝4.04 千克；

4.04 千克的磷酸二氢钾含 K_2O 的量：6.4/34％＝1.37 千克；

余下的钾（6.4－1.37＝5.03 千克）由氯化钾提供，需氧化钾的量：5.03/61％＝8.24 千克。

所以，配制 100 千克母液需：尿素 13.9 千克，磷酸二氢钾 4.04 千克，氯化钾 8.24 千克。

（3）配制过程

在容器中加入 74 升的水，加入磷酸二氢钾 4.04 千克，尿素 13.9 千克，氯化钾 8.24 千克，搅拌完全溶解后即可。

例 2：计算一定体积液体肥料中营养元素的数量。

密度为 1.15 千克/升的 1 升 2 - 0 - 10 的液体肥料，养分计算如下：

N 含量：1 升×2％×1.15 千克/升＝23 克氮；

K 含量：1 升×10％×1.15 千克/升＝115 克 K_2O＝115×0.83＝95.45 克 K；

P 含量：1 升×0×1.15 千克/升＝0 克 P。

参 考 文 献

曹儒，2011. 矮化苹果优质丰产栽培技术［M］. 陕西：西北农林科技大学出版社.

韩明玉，赵彩平，张森林，李丙智 . 2006. 世界果品综合生产（IFP）制度［M］. 西安：陕西科学技术出版社.

劳秀荣，等 . 2009. 果园测土配方施肥技术百问百答［M］. 北京：中国农业出版社.

刘北平，等 . 2006. 平凉金果果农实用生产技术手册［M］. 兰州：甘肃科学技术出版社.

汪景彦 . 2001. 苹果优质生产入门到精通［M］. 北京：中国农业出版社.

王江柱，等 . 2015. 苹果病虫害诊断与防治［M］. 北京：化学工业出版社.

吴健君，等 . 2009. 陇东苹果标准化生产技术［M］. 兰州：甘肃民族出版社.

徐卫红，等 . 2015. 水肥一体化实用新技术［M］. 北京：化学工业出版社.

后 记

　　进入 21 世纪以来，全国各地相继发展了具有代表世界先进栽培模式和管理方法的矮砧密植苹果园，为苹果产业规模化、集约化、机械化、产业化发展奠定了基础，使我国苹果产业快速跨入世界苹果生产先进行列。为了大力推广现代苹果生产技术，编著者在总结已使用的先进技术的基础上，借鉴国内外最新的研究成果，编写了《现代苹果提质增效生产技术》一书，重点介绍现代苹果园管理方法和栽培模式，特别将影响苹果提质增效的肥水一体化等关键管理技术分别介绍，所用技术处于国际国内前沿水平，可操作性强，语言通俗易懂，对现代苹果产业发展将具有积极的指导作用。本书适于广大果农、果树科技工作者、果园管理者、农林院校师生阅读、学习和使用。

　　本书在编写过程中得到了国家苹果产业技术体系栽培与机械研究室主任、西北农林科技大学千阳苹果试验站首席专家李丙智教授的指导，并对书稿审核和作序，在此表示感谢。

　　感谢甘肃省果品产业办公室、经作站和平凉市果品产业办公室等部门领导的关心、帮助和支持。

　　感谢陇东学院吴健君、天水市麦积区果业局秦安泰等同志的支持和帮助。

　　由于作者水平有限，书中错谬之处难免，敬请各位读者批评指正。

编著者

2016 年 8 月于甘肃泾川

图书在版编目（CIP）数据

现代苹果提质增效生产技术 / 王怀学，史小锋主编．
—北京：中国农业出版社，2016.9（2019.1 重印）
ISBN 078 - 7 - 109 - 22109 - 3

Ⅰ.①现⋯ Ⅱ.①王⋯ ②史⋯ Ⅲ.①苹果-果树园
艺 Ⅳ.①S661.1

中国版本图书馆 CIP 数据核字（2016）第 219778 号

中国农业出版社出版
（北京市朝阳区麦子店街 18 号楼）
（邮政编码 100125）
责任编辑 张 利 黄 宇

北京万友印刷有限公司印刷 新华书店北京发行所发行
2016 年 9 月第 1 版 2019 年 1 月北京第 2 次印刷

开本：700mm×1000mm 1/16 印张：15.25 彩插：4
字数：293 千字
定价：49.80 元
（凡本版图书出现印刷、装订错误，请向出版社发行部调换）